图解数据智能

张燕玲　许正军　张军／编著

清华大学出版社
北京

内容简介

一个万物互联的数字化世界正在悄然形成，不知不觉中，我们已经进入了一个前所未有的数字化与智能化时代。

数智化时代对人类社会的改变是颠覆性的。半导体芯片技术的突飞猛进，使得万物皆可“数”；宽带泛在网络的普及应用，使得万物皆可“连”；云计算（算力）与人工智能（算法）的并行发展，使得万事皆可“算”。数据已成为新的生产要素，算法和算力已成为新的生产动力，机器智能将成为新的生产工具，数字经济、数字社会、数字生活和数字治理都将成为智能革命广阔的主战场。我们该如何认识并适应这个时刻变化中的世界？

无论你是数智化领域的专业从业人员，还是刚刚毕业想要进入该领域的技术小白，抑或是正面临数字化转型的政府或企业人员，或者是千千万万个生活在这个数智化社会中的普通人，都可以阅读此书，你将从酣畅淋漓的技术释疑和轻松有趣的漫画解读中，找到自己的答案。

图书在版编目（CIP）数据

图解数据智能 / 张燕玲，许正军，张军编著. —北京：清华大学出版社，2022.10
ISBN 978-7-302-61735-8

Ⅰ. ①图… Ⅱ. ①张… ②许… ③张… Ⅲ. ①数据处理－图解 Ⅳ. ① TP274-64

中国版本图书馆 CIP 数据核字（2022）第 157355 号

责任编辑： 贾小红
封面设计： 秦　丽
版式设计： 文森时代
责任校对： 马军令
责任印制： 宋　林

出版发行： 清华大学出版社
网　　址： http://www.tup.com.cn，http://www.wqbook.com
地　　址： 北京清华大学学研大厦 A 座　**邮　　编：** 100084
社 总 机： 010-83470000　**邮　　购：** 010-62786544
投稿与读者服务： 010-62776969，c-service@tup.tsinghua.edu.cn
质量反馈： 010-62772015，zhiliang@tup.tsinghua.edu.cn
印 装 者： 三河市东方印刷有限公司
经　　销： 全国新华书店
开　　本： 145mm×210mm　**印　　张：** 13.625　**字　　数：** 291 千字
版　　次： 2022 年 10 月第 1 版　**印　　次：** 2022 年 10 月第 1 次印刷
定　　价： 89.80 元

产品编号：096295-01

序　　言

几十年前的我们可能无法相信，我们生活在一个多么令人难以置信的时代。互联网的飞速发展让我们以光速跃进了信息时代，信息大爆炸又让我们跌入了大数据时代，紧接着大数据等新一代信息技术的进一步发展和应用让人工智能时代迎面撞来。曾经的我们还处在人类棋手被人工智能击败的错愕之中，短短几年，我们的生活场景就逐渐被人工智能算法所充满。

2021 年 10 月 28 日，Facebook 宣布更名为 Meta，从此转向以虚拟现实为主的新兴计算平台。公司 CEO 扎克伯格表示，Facebook 数年内将从“一家社交媒体公司变成一家元宇宙公司”。

一石激起千层浪。业界在惊呼：“元宇宙”真的要来了吗？尽管学术界和工业界半信半疑，但似乎也没有鲜明的反对声音。人类社会发展到今天，人们已经开始习惯了科技大佬们的“未卜先知”。今天，我们就奔跑在《未来之路》（比尔·盖茨，1995）所描绘的信息高速公路上，沉浸在《数字化生存》（尼古拉·尼葛洛庞帝，1996）所预言的数字化虚拟空间中。本以为是游戏世界中的场景，没想到真的要照进人类社会的现实中。

一个万物互联的数字化世界正在悄然形成，不知不觉中，我们已经进入了一个前所未有的数字化与智能化时代。

与以往的任何时代都迥然不同，今天的数智化时代对人类社会的改变是颠覆性的。半导体芯片技术的突飞猛进，使得万物皆可“数”；宽带泛在网络的普及应用，使得万物皆可“连”；云计算（算力）与人工智能（算法）的并行发展，使得万事皆可“算”。数据已成为新的生产要素，算法和算力已成为新的生产动力，机器智能将成为新的生产工具，数字经济、数字社会、数字生活和数字治理都将成为智能革命广阔的主战场。

一个个横空出世的新兴概念，一场场新概念下的资本狂欢，乃至一瞬间筑起高楼的新兴行业。然而，我们在享受数智化时代便利性的同时，也感受到了技术飞速演进所带来的困惑及裹挟。我们仿佛刚刚理解了什么是“信息化”，它就升级为了“数字化”，刚刚才适应了“智能化”社会，现在又面临着“数智化”转型。或许我们还未曾意识到，新时代意义下的“数字鸿沟”并非只存在于代际或城乡之间，实则广泛存在于主动的概念创造者（掌握着数字话语权的知名企业、大型机构、意见领袖等）与被动的概念接受者（普罗大众）之间。

面对这些从新行业中衍生出的一个个新岗位，被新岗位倒逼出的一个个新专业……作为普通人，我们到底应该选择躬身入局还是应等待潮水退尽?

无论你是正面临数字化转型的政府或企业相关负责人，还是数智化领域的专业从业人员，抑或是刚刚毕业想要进入该领域的技术小白，或者是千千万万个生活在这个数智化社会中的普通人，我们都面临着一个亟须解决的迫切问题：该如何认识并适应当下所处的这个时刻变化中的世界。

在世界百年未有之大变局的今日，这既是巨大的机遇，也意味着艰难的挑战。在面对未知的恐惧时，本书或可稍稍弭平我们与这些专业技术之间的数字鸿沟，帮助我们形成在数智化时代下寻求问题解决路径的专业化思维模式，让新技术更好地服务于我们的美好生活，而非我们自己成为被模糊不清的技术概念操纵的提线木偶。

这也正是我们编著本书的初衷，一方面是为了向政府或者企业中的非专业人士科普数据智能的相关概念，促进专业与非专业人士之间实现更高效、顺畅的沟通协作；另一方面也为即将踏出校门的高校毕业生们打开数据智能领域的大门，毕竟数智化思维已逐渐成为我们生活和工作中的必备思维。

如上所述，《图解数据智能》是一本为数字资源的对接方、分配方以及广大的入门学习者提供相关数据智能概念的科普读物。书中各个概念之间相对独立，读者可以将其作为一本检索用的工具书籍，也可以根据自己的兴趣灵活查阅相关篇章。作为本书的编著团队，我们基于在零点有数从事相关领域工作的有限经验，借助数智化视野，以“数据”“算力”“算法”“技术”“应用”为主线，将其间涉及的通识性概念进行通俗化的转译，并以故事化和漫画化的形式加以呈现，力求将晦涩、专业的概念深入浅出地呈现给大家。

在本书中，我们分为五个篇章为大家解答如下问题。

一、什么是数据？我们经常接触到的数据类型有哪些？我们如何对这些数据进行处理、存放和计算？

二、什么是算法？算法如何赋予机器以智能（智慧）？为什么算法会存在偏见？我们应该如何让算法对自己的偏见行为负责？

三、什么是算力？我们该如何提升计算能力，以应对大数据的快速增长？

四、新一代信息技术有哪些？它们如何从技术层面彻底颠覆了我们的日常生活？

五、人工智能是如何应用于各行各业，作为普惠科技照亮千家万户，甚至成为各国必争之地的？

这本书籍的完成是团队付出的结晶。全书得到了零点有数董事长袁岳博士、零点有数技术副总裁许正军博士的悉心指导，参与本书撰写的团队成员还包括黄一敏、黄超、黄金波、王绍雨、刘桂兰、郝毅、郭盖、李雯、李潇潇、杨烁熵。

由于时间匆促和水平所限，书中难免存在不足与疏漏之处，欢迎读者批评指正。

张燕玲

2022 年 8 月于广州

本书导读

一个半世纪前，狄更斯在其所著的《双城记》中有一句名言：这是一个最好的时代，也是一个最坏的时代；这是一个智慧的年代，也是一个愚蠢的年代；这是一个信任的时代，也是一个怀疑的时代。在新一轮科技革命和产业变革的今天，这句名言仍然应景。

人类社会的发展史，也是一部科技革命和产业变革的发展史。18世纪60年代到19世纪中期，蒸汽轮机的发明和使用，标志着人类社会开始进入蒸汽时代（第一次工业革命）；19世纪下半叶到20世纪初，电力的发明和使用，标志着人类社会开始进入电气时代（第二次工业革命）；20世纪后半期，计算机及信息技术的发展，标志着人类社会开始进入信息时代（第三次工业革命）；近年来，随着大数据、云计算、人工智能、5G、物联网、区块链等新一代信息技术的发展与应用，人类社会开始进入人工智能时代。

人工智能时代以“人工智能”的发展与应用为主要驱动力之一。

人工智能

世人对人工智能（artificial intelligence，AI）的认知，大多是从2016年3月谷歌的阿尔法围棋（AlphaGo）击败围棋九段李世石开始的。短短的几年中，人工智能不断地进入一个又一个领域，改变着我们的工作和生活。如今，智能推荐、智能客服、智能搜索、智能导航、智能问诊、无人驾驶、无人机等，人工智能的应用场景俯拾皆是。

事实上，早在20世纪50年代，人工智能就开始发展萌芽了。

1950年，英国数学家、逻辑学家艾伦·图灵（Alan Turing）发表了一篇划时代的论文《计算机与智能》，文中提出了著名的图灵测试（Turing test）构想，即如果一台机器能够与人类展开对话（通过电传设备）而不被辨别出其机器身份，那么称这台机器具有智能；随后，图灵又发表了论文《机器能思考吗》。两篇划时代的论文及后来的图灵测试，强有力地证明了一个判断，那就是机器具有智能的可能性，并对其后的机器智能发展做了大胆预测。正因为如此，艾伦·图灵被称为“人工智能之父”。

1956年8月，在美国达特茅斯学院，约翰·麦卡锡（John McCarthy，LISP语言创始人）、马文·闵斯基（Marvin Minsky，人工智能与认知学专家）、克劳德·香农（Claude Shannon，信息论创始人）、艾伦·纽厄尔（Allen Newell，计算机科学家）、赫伯特·西蒙（Herbert Simon，诺贝尔经济学奖得主）等科学家聚在一起，讨论是否可用机器来模仿人类学习以及其他方面的智能等问题。两个月的讨论虽然没能达成共识，但他们却为会议内容起了一个名字——人工智能。

时至今日，无论是学界还是业界，关于人工智能并没有一个统一的定义，但大体上形成了以下共识：人工智能是计算机科学的一个广泛分支，试图让机器模拟人类的智能，以构建通常需要人类智能才能够实施执行任务的智能机器。

其中，人工智能算法模型的训练和建立是核心。由于人工智能算法模型的训练和建立取决于算量（数据）、算法和算力的共同发展，因此时隔六十年后，人工智能才开始为大众所认知。

人工智能算法模型

人工智能算法模型的主要工作是将经验模型化、模型算法化、算法代码化和代码软件化。其中最为关键的两步是“经验模型化”和“模型算法化”。

所谓“经验模型化”，就是根据事物变化的历史经验总结出规律性的逻辑机理。例如，我们可以根据某一商品的历史销售数据，总结出某一地区该商品季节性的需求变化规律；可以根据该商品在不同地区的历史销售数据，分析不同地区对该商品的需求变化差异；进而分析出影响这些需求变化规律和需求变化差异的主要因素有哪些，不同因素的影响程度等，并可对未来的需求进行预测，以调整销售计划，或根据这些经验，调整或改进针对不同地区、不同季节的产品功能（即对地区或季节进行画像，以调整产品策略，进行精准营销）。前文提到的智能推荐、智能客服、智能搜索、智能导航、智能问诊，大都是基于这样的思路，只不过所依赖的“历史经验”来自多方面，如来自某一类群体、某一类行业，甚至来自整个社会的“历史经验”总结。显然，这些“历史经验”需要表示成计算机可以处理的数据格式，这些数据就是“大数据”。

根据常识，在将经验总结成模型时，所依赖的数据量越大，模型就会越准确。反过来，如果想得到更为准确的经验模型，就需要收集更多的数据，即需要大数据进行支持。业界流行一句话：大数据是人工智能算法模型的“原料”。通常，也把大数据称为算量。

近年来，随着计算机通信技术和互联网技术的飞速发展，大数据得到前所未有的发展，包括大数据的产生、采集、存储和计算等大数据技术、大数据产业以及大数据思维（详见第1章）。大数据的发展为人工智能算法模型的构建提供了必要的原料，是人工智能发展的先决条件。

有了大数据，人工智能便有了原料。但要从这些原料中总结“经验”（即知识），并且将这些“经验”用于实际应用（如分析预测或辅助决策，类似前文提到的销售案例），离不开“模型算法化”这一关键步骤。

通常，大数据本身（原始数据）是没有用的，必须经过一定的处理后才能派上用场。这些数据来自多源，种类繁多，错综复杂，既有结构化数据（如关系型数据库与表格），也有非结构化数据（如Word、PDF、PPT、Excel，各种格式的图片、视频等），还有半结构化数据（如日志文件、XML 文档、JSON 文档、Email 等）。虽然这些数据携带很多信息，但需要经过一定的梳理和清洗，才能形成有用的“信息”（information），这些信息里包含多种规律，需要借助智能算法进行挖掘才能提炼成“知识”（knowledge），然后需要把这些知识应用于问题解决和决策支持等实践，这便产生了“智慧”（intelligence）。

因此，所谓“模型算法化”就是利用大数据技术从各类数据中提炼、抽取出不同维度特征（即形成结构化数据，详见第 1 章特征工程），并建立这些不同维度特征与“经验”（即规律知识）之间的关系表达式（通常为数据公式）。通常这一过程分为两个步骤：使用一部分大数据进行“训练”，即对一部分历史大数据进行“拟合”，初步得到一个关系表达式；再使用另一部分大数据进行“测试”，以修正和完善该关系表达式。直到测试结果达到一定的性能要求（如准确率达到 95% 以上），就可将这个关系表达式固定下来，再通过后续的“算法代码化”“代码软件化”过程将模型嵌入实际应用中，从而让机器（计算机软件或计算机硬件）具有类似人脑的智能并代替人们进行预测或决策。可见，从大数据中寻找“关系表达式”是“模型算法化”的核心工程。

人工智能算法中，大部分的关系表达式是可以表示成数学公式形式的。其中，有众多现存的经典机器学习算法（也称为传统机器学习算法）可供参考使用，如常见的支持向量机、人工神经网络、逻辑回归、朴素贝叶斯、决策树、K- 均值、K- 最近邻、随机森林、线性回归和降维等，或用于解决分类问题，或用于解决回归问题（详见第 2 章机器学习）。对于较为复杂的系统（如数据特征维度非常多的情况），可将上述经典算法进行集成组合，构成集成算法模型；也可采用基于神经网络模型的深度学习算法进行训练与测试，这取决于实际应用效果。近年来，深度学习逐渐发展成为机器学习中的一个重要分支。

算力及其发展

算力是人工智能的三要素之一，已成为人工智能产业化进一步发展的关键。算力，就是计算能力，算力的大小代表对数字化信息处理（信息的获取、存储、计算和传输）能力的强弱。从原始社会的手动式计算到古代的机械式计算、近现代的电子计算，再到如今的数字计算，算力代表着人类对数据的处理能力，也代表着人类智慧的发展水平。

大数据的飞速发展对算力提出了较高的要求。早在 2017 年，国际数据公司 IDC 公布的《数据时代 2025》报告显示，2025 年人类的大数据量将达到 163ZB；2020 年国际消费类电子产品展览会上，英特尔预测 2025 年全球数据量将达 175ZB（1ZB=1024EB，1EB=1024PB，1PB=1024TB，1TB=1024GB），相当于 65 亿年时长的高清视频内容。而据 IDC 统计，近 10 年来全球算力增长明显滞后于数据增长，也就是说，全球算力的需求每 3.5 个月就会翻一倍，远远超过了当前算力的增长速度。

多年来，CPU（center processing unit，中央处理单元 / 器）一直是大多数计算机中唯一的计算单元。尽管“摩尔定律”（即每 18 个月在价格不变的情况下，计算机硬件性能提高一倍）一直都存在，但受制于 CPU 固有的计算模式，CPU 硬件性能的提升速度远远赶不上数据增长的速度。

为了应对这种困局，人们在物理上将上千台、上万台甚至上百万台计算机“集群”起来，采用分布式计算，形成了“数据中心”解决方案。接着，人们采用虚拟化技术，把这些物理集群的计算机资源（包括存储、网络和计算等资源）在逻辑上进行“切片”“切时”以应对各种动态变化需求，这就相对地让分布式计算能力得以倍增。更进一步，将虚拟化技术设计成可根据业务需求进行集群资源自动调度，这便是“云计算”的背后机理。

大数据的增长实在太快，云计算仍然存在瓶颈。为此，“端边云”计算思路应运而生。它将计算任务分解到数据产生的源端、数据采集的边缘，以缓解云计算的压力。因为实际应用中，尽管未来接入 5G 网络的物联网设备产生的数据量会呈指数级增长，但大多数数据没有应用价值，这样就可以通过端边计算过滤掉。例如，麦肯锡公司的一项研究发现，一个海上石油钻井平台可从 3 万个传感器中产生数据，但只有不到 1% 的数据可用于做出决策。

同时，为了应对人工智能算法的时间复杂度，提高算法效率，可将各种加速计算，如图形处理、人工智能、深度学习和大数据分析等应用专门分配给 GPU（graphics processing unit，图形处理单元 / 器）处理，以缓解 CPU 的计算压力。无独有偶，近两年出现的 DPU（data processing unit，数据处理单元 / 器），是继 CPU 和 GPU 后的第三个计算单元，主要负责数据中心安全、网络、存储等网络基础的运行管理计算，高性能计算，以及人工智能等专用任务的加速处理。CPU、GPU 和 DPU 分工协作，共同担负起面向大数据时代的数据中心的计算任务。

“算力时代”已经到来。一方面，算力有望替代热力、电力，成为拉动数字经济向前发展的新动能、新引擎；另一方面，算力正在成为影响国家综合实力和国际话语权的关键要素，国与国的核心竞争力正在聚焦于以计算速度、计算方法、通信能力、存储能力为代表的算力，未来谁掌握先进的算力，谁就掌握了发展的主动权。基于此，2022 年 2 月 17 日，国家发改委、中央网信办、工业和信息化部、国家能源局联合印发通知，同意在京津冀、长三角、粤港澳大湾区、成渝、内蒙古、贵州、甘肃、宁夏等启动国家算力枢纽节点的建设，并规划了 10 个国家数据中心集群。至此，全国一体化大数据中心体系完成总体布局设计，“东数西算”工程正式全面启动。

人工智能的展望

如今，人们的生活、学习、工作等都融合在一个以智能手机为中心的生态体系之中，移动支付、移动社交、移动办公、移动购物等，不一而足。国家和政府借助大数据、云计算、5G 网络、区块链等技术催生出“数字政府”等新的政务服务模式（“一网通办”）和社会治理模式（“一网统管”）；企业的生产管理和市场营销开始拥抱各种数据技术，通过工业互联网和产业互联网的新业态、新模式加速数字化转型，以促进我国“数字经济”的发展；“数字民生”让人们充分享受智慧医疗、智慧家居、智慧交通、智慧出行带来的便利；“智慧城市”和“城市大脑”让百姓生活在一个人工智能无处不在的智慧社区、智慧城市之中；无人机、GPS 定位等已应用于智慧农业、智慧物流等各种场景之中……

在这一切的数字化技术应用过程中，人工智能如影随形。

继 2015 年 8 月国务院印发《促进大数据发展行动纲要》（国发〔2015〕50 号）后，2017 年 7 月，国务院印发了《新一代人工智能发展规划》（国发〔2017〕35 号）。我国从此开启了一个“数智化”时代。

人工智能已成为国际竞争的新焦点和经济发展的新引擎。人工智能在给社会建设带来新机遇的同时，因其发展的不确定性也给社会带来了新挑战。人工智能是影响面极广的颠覆性技术，可能带来改变就业结构、冲击法律与社会伦理、侵犯个人隐私、挑战国际关系准则等问题，将对政府管理、经济安全、社会稳定乃至全球治理产生深远影响。在大力发展人工智能的同时，必须高度重视因此带来的安全风险挑战，加强前瞻预防与约束引导，最大限度地降低风险，确保人工智能安全、可靠、可控地发展。需要在《中华人民共和国个人信息保护法》《中华人民共和国数据安全法》基础上，进一步制定“算法问责法案”，明确算法开发者资格评估（包括开发者的社会信用、价值观和社会责任，流程管控、安全制度以及专业程度）、技术方案评估（如算法模型的人类伦理规范、算法设计的可解释性等）、风险影响评估（如数据和信息安全影响、算法责任等）、透明监管条例（能穿透“算法歧视”和“算法黑箱”进行审查）等具体流程和核心要点，以及各主体的法律责任、社会义务和法律界限。同时需要依法建立多层级监管体系，加强各个环节的透明监管。

目　　录

第1章 算　　量

本章导读

本章将介绍人工智能三要素之一——数据（业界也称为算量）。业界流行这样一句话：数据和特征（从数据中提取的用以输入机器学习算法模型中的维度数据）决定了机器学习的上限，而模型和算法只是逼近这个上限而已。从中可见数据对于人工智能发展的重要性。

此处的数据指的是**大数据**。数据承载着信息，不同的信息源与信息形式对应着不同的数据类型。日常生活中，以表格形式记载的信息数据类型我们都已司空见惯，这类数据通常显现出不同特征维度上的数据表现。例如，常见的有关销售的数据表格能显现出不同地区、不同时间、不同品种、不同部门的销售情况，一般称这类数据为**结构化数据**。还有文字、图片与视频等数据，这类数据就不像结构化数据那样能显现不同特征维度上的数据表现，在输入机器学习算法模型之前需要运用**特征工程**来抽取与选择隐藏在不同特征维度上的数据表现，通常称这类数据为**非结构化数据**。当然，还有介于结构化数据与非结构化数据之间的**半结构化数据**，如邮件等。

大数据之所以很有价值，其中一个因素是因为“多源”。为了能更准确地分析与预测某些事情，往往需要从多个渠道、多个角度采集历史数据。把各种相关的不同来源的数据汇集起来，有利于让人工智能算法模型更完善，更具有泛化应用能力，这就是**多源数据**的含义。为了获取更多渠道的数据信息，例如互联网上各类公开的报道资料，**网络爬虫**技术被广泛应用。显然，多源数据可能包含结构化数据、非结构化数据和半结构化数据。

行为数据是大数据分析与应用过程中很重要的一类数据。行为数据亦即人们在日常生产和生活中的行为留痕，这些行为动作的数字化记录对于分析、预测、判断人们的行为动机与行为趋势很有参考意义。今天，广为谈及的精准推送、智能推荐等大数据应用就主要是基于行为数据的。

计算机在存储与处理大数据的过程中，经常需要对各类数据进行“管理”。数据来自何方、数据去往何处、数据如何编排、数据是否有更新、数据的使用记录等信息，都需要进行管理，用来管理这些数据的数据记录就是**元数据**。数据是资产，需要用元数据对这些数据资产进行管理。

无论是元数据，还是各类数据本身，通常需要用**数据仓库**进行存储。为了实现对数据的并行处理和安全保障，通常可以将数据分布存储在不同的计算机上，即采用**分布式系统**架构对数据进行存储和计算处理，并通过**集群系统**技术将这些分布式存储和计算进行统一管理与调度。

类似于物流配送中心需要提升物流配送效率和降低物流配送综合成本一样，从原数据到数据应用之间也存在一个“**数据中台**”概念。数据中台的目的是将对原数据的汇集和加工处理与数据分析应用进行分离，即通过对原数据的汇集和加工处理，形成数据分析应用所需要的各种“组件”，以支撑数据分析的快速响应与数据应用的敏捷开发。

在大数据发展应用过程中，也面临着数据安全和个人隐私保护方面的挑战。除了通过立法加强监管外，技术层面的安全保障措施也尤为重要，各类加密技术和区块链技术将在大数据发展应用过程中大放异彩。

大数据

【**导读**】21世纪之初，人类社会最伟大的发明之一当属大数据。大数据的影响可以比肩第一次工业革命时期的蒸汽机、第二次工业革命时期的电力以及第三次工业革命时期的计算机及信息技术，业内普遍把大数据的出现与第四次工业革命紧密关联。

关于最早是谁提出“**大数据**”（big data）这个概念的，说法有点不一。较多人认为是美国著名咨询公司麦肯锡（McKinsey）；也有人认为是维克托·迈尔-舍恩伯格（Viktor Mayer-Schönberger），2010年，维克托·迈尔-舍恩伯格在《经济学人》上发布了长达14页对大数据应用的前瞻性研究；还有人认为应归功于美国未来学家阿尔文·托夫勒（Alvin Toffler），1980年，阿尔文·托夫勒在《第三次浪潮》一书中就提到“信息爆炸”这个概念，被认为提及了大数据的雏形。

时至今日，到底哪种说法正确已经不再重要，重要的是人类已经处于大数据时代。

什么是大数据

2015 年 8 月，我国出台《促进大数据发展行动纲要》，并对大数据进行了定义。《纲要》指出：“大数据是以容量大、类型多、存取速度快、应用价值高为主要特征的数据集合，正快速发展为对数量巨大、来源分散、格式多样的数据进行采集、存储和关联分析，从中发现新知识、创造新价值、提升新能力的新一代信息技术和服务业态。”

除此之外，大数据具有海量性（volume）、多样性（variety）、高速性（velocity）、易变性（variability）和价值（value）的“5V”特性。

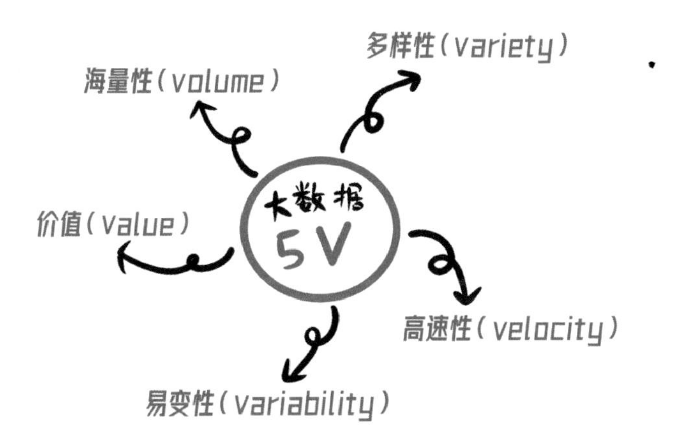

其实，还可以从实践的层面来认识大数据。从类型上看，大数

据包括网络日志、音频、视频、图片、地理位置信息等种类繁多的数据；从来源上看，大数据既有来自物理世界，也有来自心理世界和虚拟人工世界的各种变化发展活动的信息化表征和数据记录（来自英国哲学家卡尔·波普尔（Karl Popper）的“三个世界”理论）；从发展上看，大数据是信息技术的高速发展及其在各行各业的广泛应用所带来的信息爆炸式增长的结果；从价值上看，爆炸式增长的各类数据是一种资源，具有潜在的价值，人们可以通过挖掘利用数据价值，来改变我们的生活、工作和思维方式，使我们能够以大数据思维和大数据方法来认识世界、改造世界。

大数据是如此之重要，可以说，大数据是如同电一样重要的生产要素；或者说，大数据是如同水、电、气一样重要的基础设施。

大数据的形成

大数据，首先是数据。数据是指计算机可以处理的，以电子化、数字化形式记录和表示的信息。将信息加工成电子化和数字化记录的过程离不开信息技术的发展与应用，正是因为信息技术的飞速发展与广泛应用，大数据才应运而生。

在计算机和通信技术出现之前，信息主要以模拟数据的形式进行记录和表示。存储媒介通常为报纸、书籍、影像、照片、档案、磁带等。信息的计量单位一般采用媒介的计量单位，如藏书多少册、档案多少袋、记录多少本、影像多少卷、照片多少张等。信息获取不便利、信息交流不通畅、信息量相对较少是这一时期的典型特征。

20 世纪 60 年代中期，微型计算机问世，从此信息可以使用电子化、数字化的形式进行记录和表示。随着 20 世纪 80 年代中期个人计算机的诞生和 20 世纪 90 年代中期互联网络的兴起，信息技术以“摩尔定律”（即每 18 个月在价格不变的情况下，计算机硬件性能提高一倍）的速度高速发展，并广泛应用在各行各业中。办公自动化、电子邮件、搜索引擎、即时通讯等新的信息获取与信息交互方式竞相出现，相伴而生的是越来越多的信息以电子化、数字化方式进行表示、存储和传输。信息获取越来越便利、信息交流越来越通畅、信息量越来越多是这一时期的主要特征。尽管曾有“信息大爆炸”的预言，但这一时期的信息量相对今天而言，还是“小数据”时代，信息还可以用 MB、GB 为单位进行度量与存储。

2000 年前后出现过短暂的“网络泡沫”，此后互联网技术以前所未有的速度一路高歌猛进。2005 年前后，电子商务成为一种新的流行，虚拟经济迅猛增长，给传统实体经济活动模式带来一场影响至深的变革。无独有偶，电子政务也开始影响着政府公共服务方式。此时，政治、经济、文化、生活、工作等各项人类社会活动开始走到线上——电子化、数字化的信息呈爆炸式增长。

2010 年移动互联网的出现，使得人类社会各项活动可以跨时空地进行，这进一步加速了人类社会的信息化进程。数据急剧增长，数据的度量与存储开始使用 TB（1TB=1024GB）为单位，大数据时代初露尖尖角。尔后的 2013 年被认为是大数据元年。

1TB=1024GB

由此可见，大数据是信息技术的高速发展与广泛应用所带来的信息爆炸式增长的结果。

今天，信息爆炸式增长不只来自互联网和移动互联网（主要解决人与人（human to human，H2H）之间的信息通信），人机交互（human-computer interaction 或 human-machine interaction，HCI/HMI）、机与机（machine to machine，M2M，机器与机器之间的通信）及物联网（Internet of Things，IoT）等将是信息爆炸式增长并进而形成大量数据的重要来源。

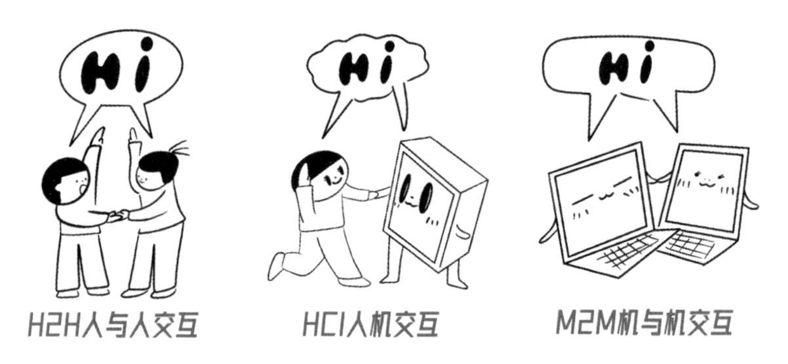

大数据到底会有多大？早在 2017 年，国际数据公司 IDC 公布的《数据时代 2025》报告显示，2025 年人类的大数据量将达到 163ZB；2020 年国际消费类电子产品展览会上，英特尔预测 2025 年全球数据量将达 175ZB（1ZB=1024EB，1EB=1024PB，1PB=1024TB，1TB=1024GB），相当于65亿年时长的高清视频内容。

姑且不论哪个预测更准确，但有一点是趋同的，那就是全球的数据量将呈爆炸式增长。

大数据有什么用

2011 年 5 月，美国咨询公司麦肯锡发表了著名的题为《大数据：下一个创新、竞争和生产力前沿技术》（*Big Data:The Next Frontier for Innovation,Competition and Productivity*）的研究报告，并在报告中指出：“大数据，如同实物资本和人力资本一样，将成为现代经济活动创新和增长的重要要素。”

2012 年，被誉为“大数据时代的预言家”的维克托•迈尔 - 舍恩伯格在《大数据时代：生活、工作与思维的大变革》一书中前瞻性地指出，大数据带来的信息风暴正在改变着我们的生活、工作和思维方式，大数据开启了一次重大的时代转型，对人类的认知及其与世界的交流方式提出了全新的挑战。他认为数据的核心就是预测，大数据将为人类的生活创造前所未有的可量化的维度，大数据已经成为新发明和新服务的源泉，并在书中详细展示了谷歌、微软、亚马逊、IBM、苹果、脸书、推特、VISA 等大数据先锋们如何使用大数据进行新发明和新服务的应用案例，并且断定，大数据作为资产计入企业资产负债表是迟早的事情。

2015 年，我国《促进大数据发展行动纲要》指出，大数据将成为推动经济转型发展的新动力，重塑国家竞争优势的新机遇，以及提升政府治理能力的新途径。全球范围内，运用大数据推动经济发展、完善社会治理、提升政务服务和监管能力正成为趋势。

由此可见，大数据不但是资产，而且是关键生产要素。大数据因其潜在的资源价值，已成为社会经济发展、国家治理能力和治理体系建设、企业业务创新增值、人们追求美好生活的重要驱动力。围绕大数据价值挖掘与应用的各项产业发展（如云计算、5G、物联网、人工智能等数字产业化和传统产业数字化转型等），将引领世界新一轮科技创新和产业变革。

大数据要如何使用

大数据的本质还是数据，只是对数据的使用需要用到大数据思维和方法。大数据中的**数据**（data）来源广泛，种类繁多，错综复杂，它们通常携带很多信息，但需要经过一定的梳理和清洗，才能形成有用的**信息**（information）；这些信息里包含许多规律，可以借助智能算法进行挖掘，提炼成**知识**（knowledge）；这些知识可以应用于问题解决和决策支持等实践，这便产生了**智慧**（intelligence）。

今天，如雷贯耳的“**智能化**”，其实就是从数据中形成信息，从信息中提炼知识，再将知识应用于实践的一系列过程。实际过程中，需要结合业务领域知识，通过“经验模型化、模型算法化、算法软件化”三步曲，即根据业务领域知识建立业务模型（经验模型化），然后根据数据变化趋势设计智能算法（模型算法化），并通过数据训练、数据验证和数据测试得到最优模型，最后将算法模型进行代码编程封装成软件模块（算法软件化），为智慧应用敏捷开发提供智能服务引擎。在商业领域，基于数据的价值挖掘应用案例已经比比皆是。在政府公共服务领域，基于大数据的公共服务和政府科学决策也方兴未艾。例如，基于 12345 政务服务便民热线中的数据挖掘，可实现智能分析，对市民可能遇到的“急难愁盼”问题提前关注，化被动应对为主动干预，赋予城市治理以智慧。

大数据发展到一定地步，借助人工智能算法，充分挖掘大数据的知识价值，用以对未来世界的变化发展进行预测；人们也可以借助数字孪生技术来指导、优化客观世界的运行逻辑。

大数据面临的挑战

鉴于大数据对国计民生的重要作用与意义，在实施大数据发展战略，鼓励和支持数据在各行业、各领域的创新应用的过程中，如何加强数据的安全管理是必须面对的一个挑战；面对“大数据杀熟”，如何加强对大数据创新应用的有效监管以及个人信息保护，也是大数据发展过程中需要应对的问题。

为了应对这些挑战，我国于 2021 年 6 月 10 日和 8 月 20 日先后出台了《中华人民共和国数据安全法》和《中华人民共和国个人信息保护法》，这为我国大数据产业的健康发展起到了保驾护航的作用。

【扩展概念】

存储单位：是一种计量单位，指在某一领域以一个特定量或标准作为一个记录（计数）点，再以此点的某个倍数去定义另一个点，而这个点的代名词就是计数单位或存储单位。计算机常用的存储单位有 bit（比特）、B（字节）、KB（千字节）、MB（兆字节）、GB（吉字节）、TB（太字节）、PB（拍字节）、EB（艾字节）、ZB（泽字节）、YB（尧字节）、BB（珀字节）、NB（诺字节）、DB（刀字节）等。其中的换算关系为：8bit=1B，1024B=1KB，1024KB=1MB，1024MB=1GB，1024GB=1TB，1024TB=1PB，1024PB=1EB，1024EB=1ZB，1024ZB=1YB，1024YB=1BB，1024BB=1NB，1024NB=1DB。

结构化数据

【导读】世间万物，皆可变为数据。其中，那些具有一定格式、满足一定条件，看起来整齐、有规律的数据就是结构化数据。

数据（data）就是一组表示客观事实的可鉴别的符号，它可以是数字、字符、声音、图形、图像和视频等。

在自动控制、计算机和通信技术领域，数据被引申为数字化的信息，主要是指用二进制数字 0 和 1 所表示的信息，通俗地说，就

是可以在计算机中通过一定的算法或模型进行处理的信息。

什么是结构化数据

结构化数据（structured data），是具有一定格式、满足一定条件的数据。这里的格式与条件，通常指的是数据的一系列属性或者特征，也被称为定量数据，是能够用数据或统一的结构加以表示的信息。结构化数据在二维关系上，也称作行数据，一般特点是：数据以行为单位，一行数据表示一个实体的信息，每一行数据的属性是相同的。典型的结构化数据包括信用卡号码、日期、财务金额、电话号码、地址、产品名称等。

结构化数据的一列通常称为一个字段，即一种变量，在数据库中每个字段都包含某一专题的信息。例如，在员工信息数据库中，“姓名”“性别”这些列都是表中所有行共有的属性，所以把这些列称为“姓名”字段和“性别”字段。

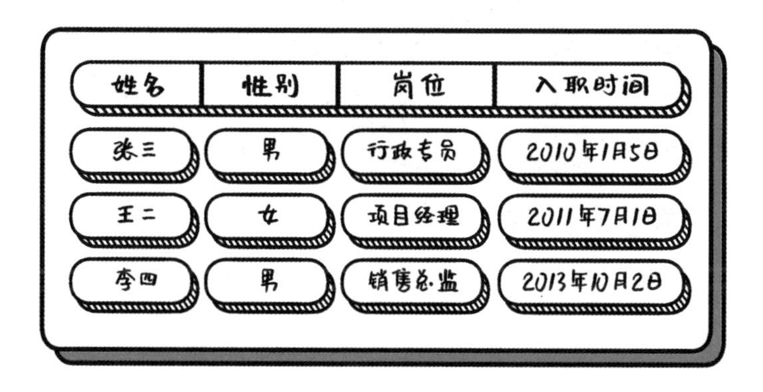

姓名	性别	岗位	入职时间
张三	男	行政专员	2010年1月5日
王二	女	项目经理	2011年7月1日
李四	男	销售总监	2013年10月2日

结构化数据是可以分割的，它们既可以单独使用，也可以在适当情况下作为一个独立的单元使用。

例如，小美上的幼儿园有 5 个班级，每个班级都有自己的学生花名册，每本花名册都是相同的格式，五本花名册可以用同样的格式组合成一本全幼儿园的学生花名册。这些花名册都是结构化数据，它们既可以分班级使用，也可以合并起来作为校园花名册整体使用。

结构化数据的存储

结构化数据可以存储在关系数据库中。每当我们使用台式电脑、笔记本电脑或智能手机的时候，都是在访问存储在数据库中的数据。

为了管理这些结构化数据，需要使用关系数据库管理系统来创建、维护、访问和控制数据，并使用结构化查询语言对其进行检索。

结构化查询语言（structured query language，SQL）极大地方便了对关系型数据库信息的查询。在结构化查询语言发明之前，用户要想查询信息，首先需要了解各个数据库的组建规则，进而根据组建规则制定出信息的查询规则，才能搜索出想要的信息。有了结构化查询语言之后，用户无须了解数据库的组建规则，也不需要自己去设置查询规则，结构化查询语言会自动在后台实现这一过程。

举个例子，如果用户想求解一个多边形的面积，在有结构化查询语言之前，首先需要知道怎么拆分多边形，比如分成多个三角形、四方形等，然后把这些小图形的面积加起来算出多边形的面积，或者用复杂的微积分等其他方法来解决问题。这要求用户首先得知道用什么方法去计算面积，但是有了结构化查询语言之后，用户只需要知道目标是想要多边形的面积，不需要知道是用拆分图形法还是微积分法算出来的这一过程，而可以直接运用该语言查询出结果。

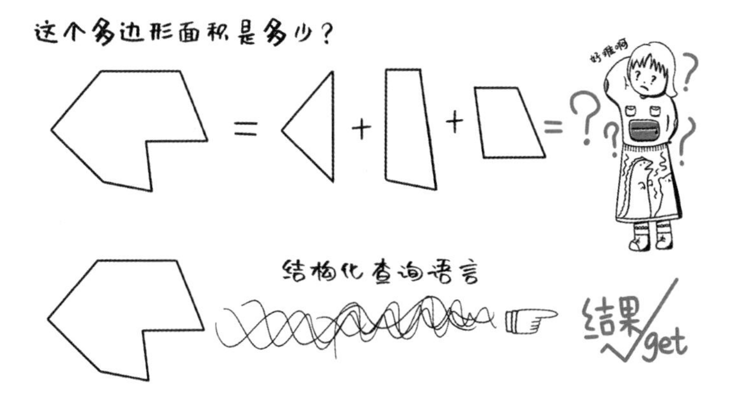

随着数据库容量的逐渐增大，它就会变得缓慢且不可靠。当数据的规模增大到单一节点的数据库无法支撑时（如达到 TB、PB 及以上级别），关系数据库管理系统就不能再有效工作，即使对于结构化数据来说也是如此。这时候，就需要用到分布式存储技术。

分布式存储技术并不是将数据存储在某个或多个特定的节点上，而是通过网络使用企业中各机器上的磁盘空间，并将这些分散的存储资源构成一个虚拟的存储设备，将数据分散地存储在各个角落。分布式存储又可以用垂直扩展与水平扩展两种方式来进行。

垂直扩展比较好理解，简单来说就是按照列切分数据库，将不同功能的数据存储在不同的数据库中，这样一个大数据库就被切分成多个小数据库，从而达到了数据库的扩展。

什么是水平扩展呢？可以将数据库的水平拓展理解为按照数据行来切分，就是将表中的某些行切分到一个数据库中，而另外的某些行又切分到其他数据库中。为了能够比较容易地判断各行数据被切分到了哪个数据库中，切分需要按照某种特定的规则来进行，如按照某个数字字段的范围、某个时间类型字段的范围进行切分。

一起来看下小美幼儿园储存食物的例子，来理解下这几个概念。

气象台发布了台风预警，小美所在幼儿园的厨房为了保障食材供给，需要临时储备大量的食材（可看成做菜的“数据”）。平时，食材（数据）都是集中存放在幼儿园中央厨房的大冰箱（数据库）里，现在大冰箱空间不够用了，园长决定把各班级的储藏室都用来存放食材，这样就分散了大冰箱的存储压力。在存放之前，园长让采购老师把所有采买的食材都登记在一张电子表格清单（结构化数据）上。

如果按照早餐、午餐、晚餐（不同功能和价值）需要用到的不同食材来进行分开存储，例如早餐的食材存放在班级 A 的储藏室，午餐的食材存放在班级 B 的储藏室，这样就类似于垂直扩展；如果不论食材做什么用，在清单上都以采购时间先后的顺序，分别进行存储，如周一采购的食材存放在班级 A，周二采购的食材存在班级 B，这样就类似于水平扩展。

不论是垂直扩展，还是水平扩展，目的都是通过分布式技术加快对结构化数据的处理效率。

【扩展概念】

关系型数据库：是依据关系模型创建的数据库。所谓关系模型，就是一对一、一对多、多对多等二维表格模型，因而一个关系型数据库就是由一个二维表及其之间的联系组成的数据组织。关系型数据库可以很好地存储一些关系模型的数据，比如不同科目老师对应多个学生的数据（多对多），一本书对应多个作者的数据（一对多），一本书对应一个出版日期的数据（一对一）。

非结构化数据

【导读】非结构化数据就是除结构化数据之外的一切数据。

相对于结构化数据而言，**非结构化数据**（unstructured data）的数据结构不规则或不完整，它不符合任何预定义的模型。简单地说，非结构化数据就是字段可变的数据。

非结构化数据

非结构化数据无法使用数据库的二维逻辑表来表现，也没有像结构化数据那样统一的查询语言。事实上，每一种存储非结构化数据的系统都有自己特有的查询语言。非结构化数据可以是人为生成的也可以是机器生成的，可以是文本的也可以是非文本的。

典型的人为生成的非结构化数据一般来自如下渠道。

- 文本文件：文字处理文件、电子表格文件、演示文稿、日志等。
- 社交媒体：来自新浪微博、微信、QQ、脸书、推特、领英等平台的数据。

- 网站：YouTube、Instagram、照片共享网站等平台的数据。
- 移动数据：短信、位置等。
- 通讯：聊天、即时消息、电话录音、协作软件等。
- 多媒体：MP3、数码照片、音频文件、视频文件等。
- 业务应用程序：MS Office 文档等生产力应用程序。

典型的机器生成的非结构化数据一般来自如下渠道。

- 卫星图像：天气、地形、军事活动等数据。
- 科学数据：石油和天然气勘探数据、空间勘探数据、地震图像数据、大气数据等。
- 数字监控：监控照片和视频等。
- 传感器数据：交通、天气、海洋传感器等。

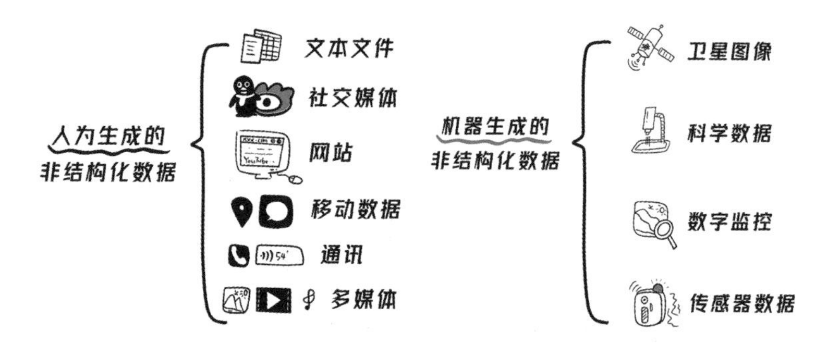

世界上大多数的数据都是以非结构化数据的形式存在的，如何收集、处理和分析这些非结构化数据是一项重大挑战。例如，在很多知识库系统中，为了查询大量积累下来的文档，需要从 PDF、Word、Rtf、Excel 和 PowerPoint 等格式的文档中提取描述文档的文字信息，这些描述性的信息包括文档标题、作者、主要内容等，

这就是非结构化数据的采集过程。

目前，对结构化数据的处理存在成熟的分析工具，但用于挖掘非结构化数据的分析工具仍处于萌芽和发展阶段。结构化数据和非结构化数据的区别，除了应分别存储在关系型数据库和非关系型数据库中之外，还在于分析的便利性不同。

看看我们的区别吧

结构化数据

非结构化数据

类型	结构化数据	非结构化数据
特征	预定义的数据模型 明确定义的定量数据 容易访问、容易分析	没有预定义的数据模型 没有明确定义的定性数据 难获得、难分析
存储	关系型数据库 数据仓库 电子表格	非关系型数据库 数据湖 数据仓库
分析方法	回归、分类、聚类	自然语言处理、向量搜索
运用案例	在线预订 自动取款机 库存控制系统	语音识别 图像识别 文本分析
e.g 例子	日期、地址、电话号码	图片、音频、视频

半结构化数据

在结构化数据和非结构化数据之间，还存在一种半结构化数据类型，其处理的便利性介于结构化数据与非结构化数据之间。

半结构化数据，虽不完全符合关系型数据库的模型结构，但包含相关标记，可以用来分隔语义元素以及对记录和字段进行分层。半结构化数据常见的类型有日志文件、XML 文档、JSON 文档、电子邮件（Email）等。比如，Email 由于其元数据具有一些稳定的内部结构，存在一定程度的结构化，但是其消息字段是非结构化的，传统的分析工具无法解析它。因此，我们可将其称为半结构化数据。

一起来看下为什么电子邮件属于半结构化数据。

圣诞节快到了，小美妈妈决定给认识的小伙伴们都发一封祝福的电子邮件。每封电子邮件都必须填写邮箱名称、收件人、发件人等信息，这些信息都有固定的格式。例如，收发邮箱名称中都必须有 @ 符，这些就是结构化的信息。然而，针对每位朋友，小美妈妈想送去的圣诞祝福是不一样的，需要用不一样的文字语言进行表达，这些文字就写在邮件的正文部分。这些洋洋洒洒的文字相较于前面的内容，形式是比较自由的，属于非结构化数据。

事实上，数据是结构化的还是非结构化的，并没有非常严格而明确的界限，取决于使用者要怎么去分析和使用这个数据。以电子邮件来看，如果使用者并不关心邮件的正文内容，即把正文都看成是文本，那么整个邮件都可以认为是结构化的。但如果是想从邮件正文中挖掘出某些有用的信息，正文文本就是非结构化的。

【扩展概念】

非关系型数据库：它的出现是为了弥补关系型数据库因为事务等机制带来的对海量数据、高并发请求的处理在性能上的欠缺。具有如下优点。

- 易扩展。虽然非关系型数据库种类繁多，但由于去掉了关系型数据库的关系特性，数据之间无关系，这样就非常容易扩展，无形之间也在架构层面带来了可扩展的能力。
- 大数据量与高性能。非关系型数据库都具有非常高的读写性能，在大数据量下也表现优秀，这同样得益于它的无关系性，数据库结构简单。

特征工程

【导读】 我们都知道，建筑工程是关于建筑的工程，即通过一系列基建动作搭建一座建筑。与之类似，特征工程就是关于“特征”的工程，更确切一点，就是通过一系列手段获取事物或现象的特征。

什么是特征工程

特征工程（feature engineering），是指通过获取事物或现象的特征（数据），尤其是能够表述事物或现象的主要特征（数据），结合先验经验，对未知事物或现象进行判别。

日常生活中，我们经常有意或无意地进行着特征工程。

例如，小美跟着爸爸去公园玩，无意中一扭头，看到别人牵了一条很大的动物路过。小美问爸爸，她刚刚看到了一只高大、凶猛、多毛的动物。小美爸爸一听，就猜小美可能看到了一只藏獒。

这个例子中，小美和爸爸做了两件事：特征工程和事物判别。小美看了一眼并获得“一只高大、凶猛、多毛的动物”的认知过程，事实上是在做特征工程，即通过视觉获取这个动物的特征“高大、凶猛、多毛”；小美爸爸根据小美描述的特征数据，并结合先验经验，判断可能是一种叫“藏獒”的狗，小美的爸爸事实上在做事物判别。

当然，这里的特征工程不是泛指生活中对各种各样事物的特征

获取，而是针对机器学习领域中的特征工程。机器学习就是让机器去学习人的推理与判断能力，以便人们可以把许多工作外包给机器去执行。这一过程通常由两个阶段构成：一个是机器学习阶段，另一个是机器判别阶段。机器学习是机器判别的前提，机器判别是机器学习的目的。

无论是机器学习还是机器判别，都需要给机器输入数据。

机器学习阶段，输入的数据是先验经验数据，包括事物或现象的特征数据和类别标签（特征数据与类别标签之间具有已知的对应关系）。人们首先根据大量已知事物或现象（简称“**样本**”）的特征数据与类别标签之间的对应关系，建立一套推理与判断规则（简称“**算法模型**”），然后把各样本的特征数据输入机器，期望机器通过算法模型的计算，输出与真实类别标签结果一模一样的答案，或者至少不要差别太大。

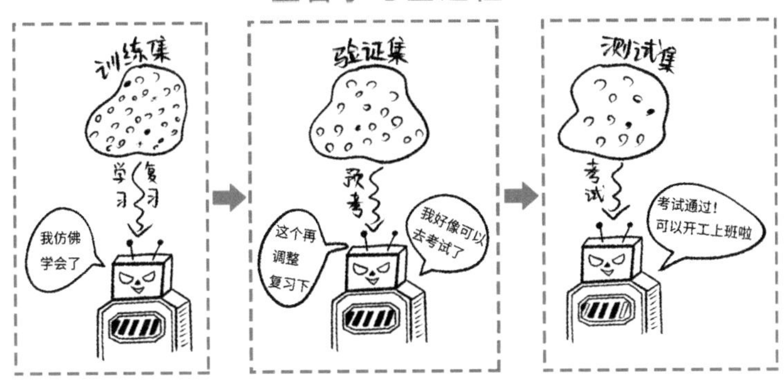

实际过程中，机器通过算法模型计算输出的结果会跟真实类别标签之间存在一定偏差（读者可以思考一下这个问题：为什么一定会有偏差）。如何减少这个偏差，让输出结果尽可能地接近真实类别标签呢？答案是调整算法模型的有关参数（类似传统收音机的调频按钮），然后再让机器根据各样本的特征数据进行计算输出，再测算输出结果与真实类别标签之间的偏差……如此不断反复，直到机器通过算法模型计算输出的结果与真实样本类别标签之间的偏差越来越小，并且小到某一个（规定）程度后，我们就把算法模型的有关参数固定下来，即将算法模型固定下来。这个过程就是机器学习。

有了机器学习阶段得到的算法模型，日后就可用此算法模型根据未知事物或现象的特征数据进行类别判别。这个过程就是机器判别。

可见，获取事物或现象的特征数据是整个机器学习与机器判别的前道工序。由于事物或现象种类繁多、千差万别，对事物与现象的特征数据的获取是无法靠人工来实现的，只能借助众多计算机技术手段。这些手段就构成了特征工程。

为什么机器学习需要特征工程

现实生活中，人们对事物与现象的认识都是基于特征的。反言之，基于特征，人们就可以对一个事物与现象进行定义、表示和判别。例如，针对问题“谁是比尔·盖茨？”，人们的第一反应是“微软的主要创始人、软件领域的天才、很富有、Windows 操作系统的发明者”等。针对问题“华为是一家什么样的公司？”，人们的第一反应是“5G 技术领先者、研发能力很强、高端人才汇聚地、员工薪资待遇好”等。几个关键特征就可以概括出事物与现象的本质了。

回到前述例子，小美给爸爸描述“高大、凶猛、多毛的动物”时，小美的爸爸很快就可以判断出可能是藏獒，而无须小美再去描述这个动物的肤色、毛的颜色、腿的长度、腿的条数、肚皮大小、眼睛大小、眼睛颜色、头的大小、走路的动作速度……事实上，其他特征数据可能不是藏獒独有的，对小美爸爸的判断起不到有效作用，甚至还会引起干扰，导致误判。

这说明一个问题：我们对事物或现象的判断，有时不需要太过于细节、全面的描述，只需要抽取适量关键特征就可以。机器学习试图模拟人的学习和思考能力，无疑，也只需要这些适量关键的特征数据即可。

另一方面，机器学习要处理的数据必须是计算机可以处理的定量化的数字数据，而特征数据正是可以定量化的数字数据。

例如，我们把“高大、凶猛、多毛的动物”表示为“1111”四个数字，分别代表“高大”“凶猛”“多毛”“动物”，而“0001”则分别表示“矮小”“温柔”“无毛”“动物”，“1111”和“0001”就是计算机可以处理的定量化的数字数据。

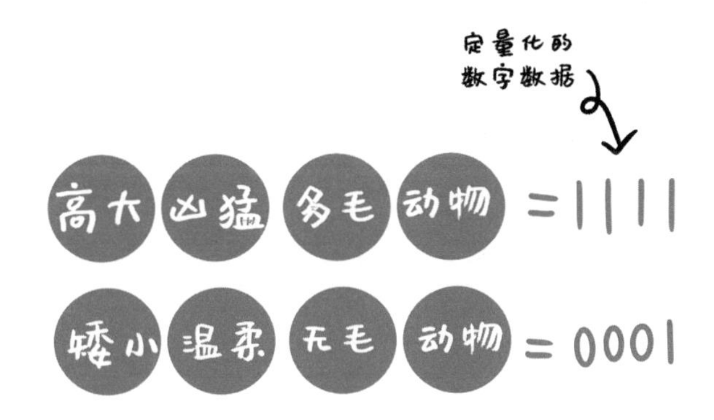

再则，如上所述，特征工程还可以过滤掉那些无效数据，一方面可以降低误判风险，另一方面可以减少计算机资源的消耗。

例如，一篇文章，如何通过机器学习来判断是关于哪方面的文章，是关于体育的还是关于娱乐或财经的，是关于褒义的还是关于贬义的，是关于表扬的还是关于批评的……事实上，我们可以根据其中的关键词（即特征数据）大致判断出来。一幅图像（由像素组成），我们也可以通过计算机技术提取图像的关键特征，然后再通过机器学习来进行图像识别。总之，我们无须把整篇文章的所有文字、字符、符号都输入到机器学习算法模型中，或是把整幅图像的成千上万的像素输入到机器学习算法模型中。一方面，不需要大量无效的数据；另一方面，可以充分降低计算机的计算和存储资源消耗，同时也可以提高机器学习的速度，还不影响机器学习的效果。

特征工程到底涉及哪些“工程”

一般地，特征工程就是从事物与现象的“**原始数据**”（如一篇文章、一幅图像、一段视频等）中提炼“**特征数据**”的过程。这个过程通常会涉及异常数据的清洗和样本数据的选取、特征提取、数据预处理、特征选择、数据降维等技术手段，每一个技术手段背后的逻辑原理与知识都很复杂。关于这方面的知识，有兴趣的读者可以参阅有关文献。

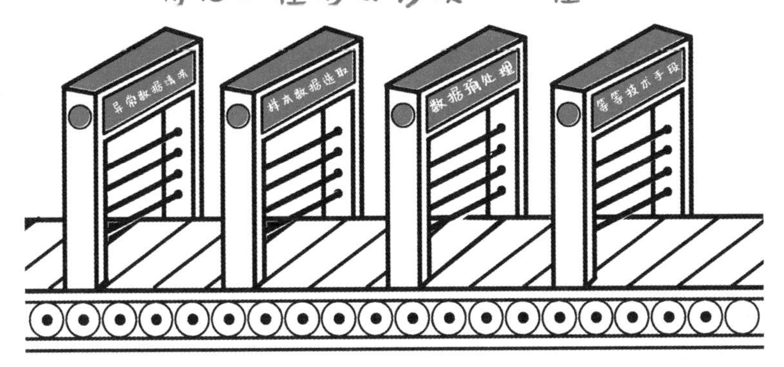

【扩展概念】

特征抽取、特征选择：两者达到的效果是一样的，都是从已获取的特征数据集中继续提炼更为关键、更为主要的特征数据集（从多到少），目的是在不影响机器学习效果的情况下，尽可能地提高机器学习的效率，降低计算机的资源消耗。但是两者所采用的方式方法却不同，特征提取主要是通过特征属性间的关系，如组合不同的特征属性，以得到新的属性；特征选择是从特征数据集中进一步选择出子集，以用于机器学习。

多源数据

【导读】古人云："孤证不立""兼听则明"，指的就是，人们在分析问题时常常需要从多个角度来收集信息，力求最大程度地接近真相，以便做出最有力的洞察以及最优的决策。

数据信息爆炸的今天，每天都有多样、海量的数据自动生成。人们对信息的多维度需求，也越来越成为决策的常态。因此，**多源数据**（multi-source data）的概念越来越常被提及与认识。多源，指的是数据来源的多样化，如各类传统统计报表、互联网社交平台数据、物联网各类无线传感器收集到的数据、各移动设备自动采集的数据等。

数据信息时代，万物互联，世界的普遍联系性可以通过各类大大小小的数据表征被感知，人们对于世界的认知，也越来越依赖于多源数据融合后分析得出的智能决策。

下面通过小美妈妈购物的例子，来认识一下多源数据。

小美妈妈的面霜用完了，便决定去商场买一瓶。到了柜台，发现里面摆着各种各样的面霜，有好几十种，看得人眼睛都花了。根据外观和产品介绍，貌似A款面霜不错。但是不是真的就买A款呢？小美妈妈继续做了如下操作。

- 拿出手机，在315消费者网站上查询这款产品有没有因为质量问题被投诉举报的情况。
- 在购物网站上，查了查这款产品的价格，对比一下商店的标价是否可以接受。
- 看了看面霜的成分表，逐一在互联网上查阅是否包含有害成分。
- 在某商品评价类网站上，查阅这款产品的好评率。
- 在某款消费者社交APP上，看了看人们对这款产品使用效果的描述，是否方便易用。
- 打电话给闺蜜，问了问她是否用过这款产品，感觉如何，是否推荐。

- ❑ 拿起旁边的试用装，擦在手上，闻闻香味，看看肤色效果。
- ❑ 问问旁边的售货员，这款产品是不是有优惠。

上述一系列操作，就是从各种不同的渠道收集不同维度的多源数据的行动。小美妈妈购物的决策过程，就是一个汇集多源数据进行分析的决策过程。

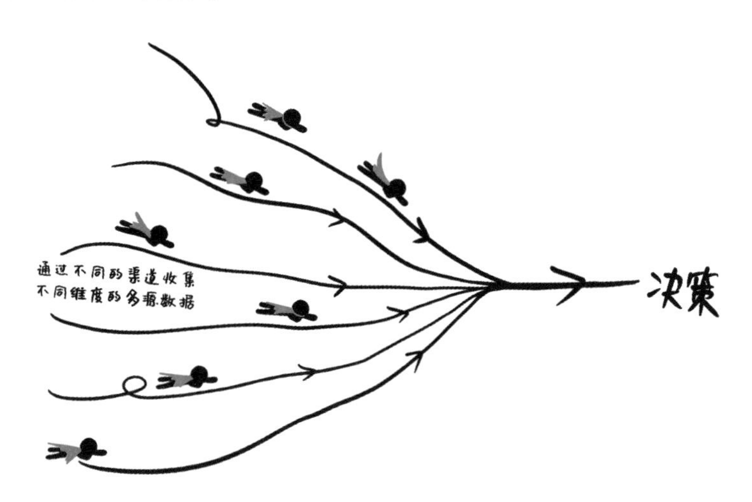

当今时代，谁能更好掌握数据挖掘、数据分析的方法，谁就能

更好地享用多源数据融合后的巨大价值，感受数据智能带来的时代红利。

【扩展概念】

多源异构数据： 多源指多个数据持有方，异构指数据的类型、特征等不一致。例如，交通管理局、各类交通 APP 等均持有与交通相关的部分数据，此为多源；交通管理局持有关于个体的驾龄、违章次数等关系型数据，交通 APP 持有关于个体地理位置信息的时序数据，它们所持有的数据类型不同，或者说持有的个体特征不同，此为异构。

网络爬虫

【导读】网络爬虫，又称为网页蜘蛛、网络机器人，是一种按照一定规则、自动地抓取网络信息的程序或脚本。简单地说，爬虫就是在网络上爬行，找寻有用资料的自动化程序。

什么是网络爬虫

网络爬虫（web crawler）就是一个探测机器，其本质是一个获取网页并提取和保存信息的自动化程序，它的基本操作就是模拟人的行为去各个网站溜达，点点按钮，查查数据，或者把看到的信息背回来。

爬虫的“爬”非常形象，就像一只虫子在一幢楼里不知疲倦地爬来爬去；也像是蜘蛛，在互联网这个“网”上不断地逡巡，收取相关的数据。

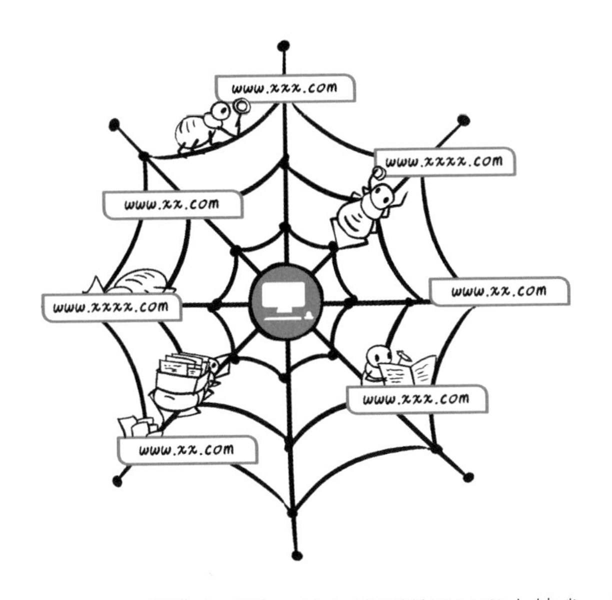

我们每天使用的**搜索引擎**，其实就是利用了爬虫技术。搜索引擎每天会放出无数个爬虫到各个网站，把它们的信息抓回来，然后在服务器上整理好，等人们来检索。当用户在搜索引擎上检索对应关键词时，搜索引擎将对该关键词进行分析处理，从收录的网页中找出相关网页，按照一定的排名规则进行排序，并将结果展现给用户。之所以有些信息和网站会搜索不到，是因为网站屏蔽了搜索引擎的爬虫。总之，要想高效地完成这些过程，离不开爬虫算法。事实上，做搜索引擎的公司不少，但是优秀的搜索引擎并不多，它们背后都有着优秀的爬虫算法作为支撑。

爬虫的作用

大数据时代，要进行数据分析首先要有数据源，而爬虫可以让我们获取更多的数据源，并且可以按我们的目的对这些数据源进行采集，去掉很多无关数据。在进行大数据分析或者数据挖掘的时候，数据源可以从一些提供数据统计的网站中获得，也可以从某些文献或内部资料中获得，但是这些获得数据的方式有时很难满足我们对数据的需求，而手动从互联网中寻找这些数据，则耗费的精力过大。此时就可以利用爬虫技术，自动从互联网中获取我们感兴趣的数据内容，并将这些数据爬取回来，作为我们的数据源进行更深层次的数据分析，以获得更多有价值的信息。

除了在搜索引擎上的应用外，一些比价网站也会使用爬虫技术，把各个电商网站的商品价格提取回来，通过比价的形式提供给用户，以方便他们找到最低价的商品。例如，小美一家人准备去海南旅游，想知道哪家航空公司的机票更便宜，一家家航空公司去找，除了累人以外，数据还不同步。使用爬虫技术可以把全部航空公司的机票价格同时提取出来，并实时更新，还能自动帮助下单买票，用起来非常方便。

特别要注意的是，爬虫的应用目前受到法律的监管。爬虫本身是不违法的，但是如果使用爬虫技术获取有版权保护的内容和个人敏感信息，或者导致别人的服务器宕机等，则会有触犯法律的风险。

爬虫本身是不违法的，
但如使用爬虫技术
获取有版权保护的内容、
个人敏感信息，或导致
别人的服务器宕机等，
则会有触犯法律的风险。

行为数据

【导读】行为数据指的是用户在网络平台上的留痕。用户行为数据可以深度反映出用户的购买心理和购买意向，帮助商家更高效地推送合适的商品，提升供需对接效率。

不知道大家有没有同感，就是你经常在网上浏览什么类型的产品，那么你就会在网站浏览器中更多地看到这种类型的产品，这类产品也会在各类购物相关的 APP 中被默认推送。这是为什么呢?

先来看一个个性化推荐的例子。小美妈妈和闺蜜一起喝下午茶，聊起今年衣服的流行款。小美妈妈说，“今年百褶裙真是流行啊，手机上到处都是百褶裙的推荐！”闺蜜很惊讶地说道，“啊？我怎么觉得今年流行的是阔腿裤呢，我看到的都是阔腿裤的推荐。”说着，两个人打开手机上的某宝开始印证，果然，两人的屏幕上出现的服装风格差异很大，小美妈妈手机上有很多百褶裙推荐款，而闺蜜的手机上则是很多阔腿裤推荐款。

上面的例子中，购物网站在后台利用用户行为实时产生的数据，对用户的行为特征进行了建模算法的迭代分析，进而可以越来越精准地向用户进行个性化推荐。

比如，小美妈妈连续浏览了 5 款裙子，其中 4 款都是百褶裙，1 款是其他款；5 款的价格分别为 899 元、629 元、599 元、739 元、669 元。这些行为某种程度上反映了小美妈妈的服装倾向性，如偏向于中高价位的百褶裙。所以系统就会向小美妈妈更多推送类似款式的服装。

当然，这仅是一个简单的例子。实际上，后台系统会基于用户更多的数据标签和数据量，运用算法模型，实时做出综合判断。

什么是用户行为数据

我们在网站上产生的所有行为，如搜索、浏览、打分、点评、加入购物车、取出购物车、购买、使用减价券和退货等，甚至包括在第三方网站上的相关行为，如关注、点赞、比价、看相关评测、参与讨论、社交媒体上的交流、与好友互动等，都会被后台默默地记录下来并打上数据标签，而这些数据就被称为用户的**行为数据**（behavior data）。

简单来讲，用户行为由人物、时间、地点、行为、内容五大要素组成。那么对应地，用户的行为数据就包括五类：用户的 ID（注册名）、什么时间、什么平台、搜索行为以及搜索的内容。通过这样给行为数据打标签的方式，我们可以在网站或 APP 中定义出亿万级的用户行为数据。据专注于电商行业用户行为分析部门的不完全统计，一个用户在选择一个产品之前，平均要浏览 5 个网站、36 个页面，在社会化媒体和搜索引擎上的交互行为也多达数十次。

和线下门店通常能够获得的最终交易相关的信息相比，互联网推动的电子商务最突出的特点就是可以收集到大量用户在购买前的行为信息，而不像是线下门店只能收集到交易信息。而且，在过往互联网还没有这么发达的时代，如果要做用户行为洞察，只能通过门店获得用户的购买行为交易数据（如购买金额、货号、退货、折扣、返券等）进行分析，而没有办法获取用户内在复杂的购买心理和决策过程（以前就只能通过针对个别典型用户的访谈获得）。有了用户购买前、中、后的全链条行为数据后，就可以把用户行为连起来观察，不同用户的决策流程特点和差异一目了然。

用户行为数据的价值

用户行为数据，可以深度反映出其购买心理和购买意向，帮助商家更高效地推送合适的商品，提升供需对接效率。

以亚马逊为例，亚马逊会对用户在网站上浏览和选购商品的用户行为信息进行分析和理解，制定对用户的贴心服务及个性化推荐。例如，当某位用户浏览了多款手机而没有做出购买决策行为时，在一定时间范围内，亚马逊会依据后台算法模型，把适合该用户的品牌、价位和类型的另一款手机的促销信息通过电子邮件主动发送给该用户，以促使用户做出购买决策。这种个性化推荐服务不仅可以缩短用户购买的路径和时间，提高用户的购买意愿，还能在恰当的时机点捕捉到用户的下单节奏，同时也大大降低传统营销方式对用户的打扰。

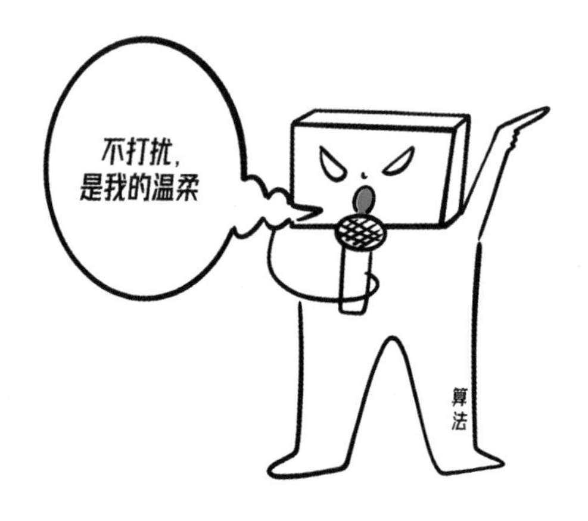

用户行为数据的弊端

凡事都有正反两面。一方面，我们充分享受着大数据给生活带来的各种便利性；另一方面，我们却对越来越不安全的信息环境感到担忧。事实上，用户的个人信息是否保持安全，主动权并不在用户手上，而在于采集用户行为数据的商家们会将数据运用到什么地方，运用到何种程度。例如，某打车 APP 就被很多人曝光称平台定价不合理、因人而异、老用户比新用户的价格更高、使用苹果手机的用户看到的价格比安卓手机用户更高，等等。这就是大家都熟知的“大数据杀熟”现象，一些不良商家会利用用户在网络平台上的行为数据留痕，掌握用户的消费偏好而有意侵犯消费者权益。

总而言之，用户行为数据是一把双刃剑，在鼓励商家运用用户行为数据去更好地发展商业服务的同时，政府和行业也需要建立起相应的监督管理机制，以保护好用户的个人隐私安全。

【扩展概念】

个人信息和隐私：个人信息是大众化的，主要记录一个人的个人信息，如年龄、身份特征、就读院校、性别、民族、有无宗教倾向等，有相应模板和固定框架；隐私是个人的、私有的，根据个体的主观意识来判定其是否属于一种隐私。对个人信息的保护具有强制性，而对隐私的保护一般不具有强制性。

元数据

【导读】在哈佛大学的数字图书馆项目里，元数据（metadata）被定义为“帮助查找、存取、使用和管理信息资源的信息”。简而言之，元数据就是描述数据的数据。

什么是元数据

数据是一个很广泛的概念，可以是数据串、文献信息、图像信息和其他任何以电子化形式出现的信息。而**元数据**，简而言之，就是描述数据的数据。

要想进一步理解“元数据”这个概念，先来回忆下我们是怎么在图书馆内查找图书的。很显然，我们会在电子查询系统中输入关键词，然后会得到对应的阅览室及图书编号信息。同时，还会查到这本书的版本、归类、出版社、出版年份等信息。

这里，如果把书看成一个个“数据”，那么目录索引、书籍版本、归类、出版社、出版年份等，就是关于书这个数据的“元数据”。元数据可以帮助我们对数据进行描述、归类、定位、检索等。

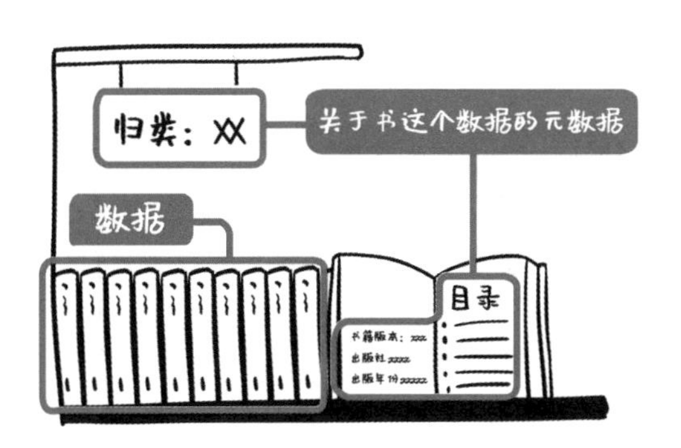

再比如，我们想查一下字典里对于“熊”字的描述，那么把“熊”字看作一个“数据”，关于这个字的注音、含义、组词、举例等基本信息及其字体结构、相关引用、出处等，就是这个数据的“元数据”。

上述案例体现在元数据的业务使用层面，描述了数据的业务含义、业务规则等，对业务元数据的管理让人们更容易在业务层面理解和使用数据。如果不同国家的学生，都想了解“熊”这个字的读音，那么对于“熊”这个字的注音规范就需要说明是“汉语拼音”还是“国际音标”，也就是对“注音”这个元数据进行进一步规范，方便各国的学生们都知晓它的准确内容，以提取使用。

元数据包括业务元数据、技术元数据和操作元数据。

业务元数据

常见的业务元数据有：

- 业务定义、业务术语解释等；
- 业务指标名称、计算口径、衍生指标等；
- 业务引擎的规则、数据质量检测规则、数据挖掘算法等；
- 数据的安全或敏感级别等。

由于元数据在大多数情况下都是以电子化形式出现的，所以其技术层面上的使用规范也非常重要。

技术元数据是结构化处理后的数据，方便计算机或数据库对数据进行识别、存储、传输和交换。技术元数据可以服务于开发人员，让开发人员更加明确数据的存储、结构，从而为应用开发和系统集成奠定基础。技术元数据也可服务于业务人员，通过元数据厘清数据关系，让业务人员更快速地找到想要的数据，进而对数据的来源和去向进行分析，支持数据血缘追溯和影响分析。比如，在图书管理中，对于某一类书目的索引号码的字符串长度进行明确的字符数和字符形式的规范，这样的技术元数据就能为后续的数据使用奠定技术基础。

技术元数据

常见的技术元数据有：

- 物理数据库表名称、列名称、字段长度、字段类型、约束信息、数据依赖关系等；
- 数据存储类型、位置、文件格式、数据压缩类型等；
- 字段级血缘关系、SQL 脚本信息、ETL 信息、接口程序等；
- 调度依赖关系、进度和数据更新频率等。

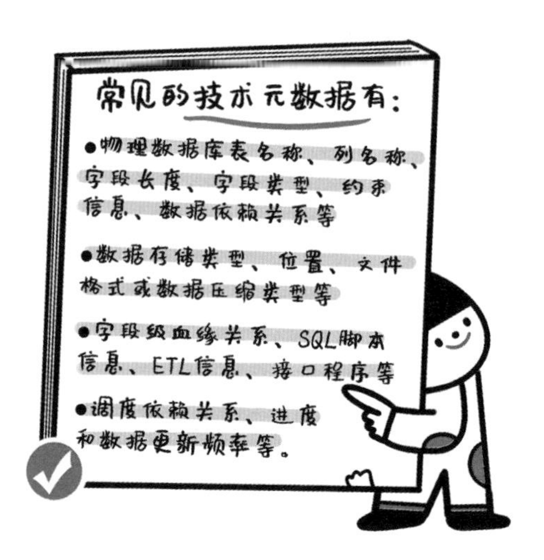

除了业务理解和技术处理层面外，还有一类操作元数据，来描述数据的操作属性，它包括对使用各类数据的管理部门、管理责任人属性的规范等。例如，在数字图书馆中，对于不同类别书目资料的内部访问和外部访问的权限设置。操作元数据明确数据的管理属性，有利于将数据管理责任落实到部门和个人，是数据安全管理的基础。

操作元数据

常见的操作元数据有：

- 数据的所有者、使用者等；
- 数据的访问方式、访问时间、访问限制等；
- 数据访问权限、组和角色等；
- 数据处理作业的结果、系统执行日志等；

- 数据备份、归档人、归档时间等。

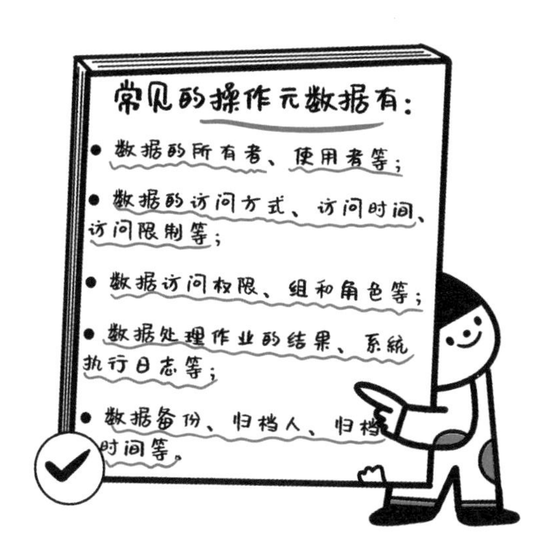

总之，数字化时代，不论是个体还是机构、企业、政府等，都需要知道它们拥有什么数据，数据在哪里，由谁负责，数据中的值意味着什么，数据的质量怎么样，数据的生命周期是什么，哪些数据安全性和隐私性需要保护等。元数据在其中发挥着重要的作用，它以数字化方式为各类数字资产提供了上下使用环境，使得数据的价值能得以真正发挥。

【扩展概念】

元数据标准：元数据标准是描述某类资源的具体对象时所有规则的集合。不同类型的资源可能有不同的元数据标准，一般包括完整描述一个具体对象所需的数据项集合、各数据项语义定义、著录规则和计算机应用时的语法规定。

数据仓库

【导读】数据仓库就是存放数据的仓库，但它不是为存储而生的仓库（为存储而生的是数据库），而是面向分析的存储系统，为支持决策分析而生。

什么是数据仓库

进入数据仓库（data warehouse）里的数据有一定讲究，需要经过抽取、转换和加载（extraction transformation loading，ETL）。准确来说，**数据仓库**是一个面向主题的（指所要分析的具体方面），集成的（指从不同的数据源采集数据到同一个数据源的过程，其间会有一些 ETL 操作），随时间变化，但信息本身又相对稳定的数据集合，用于支持管理决策的过程。

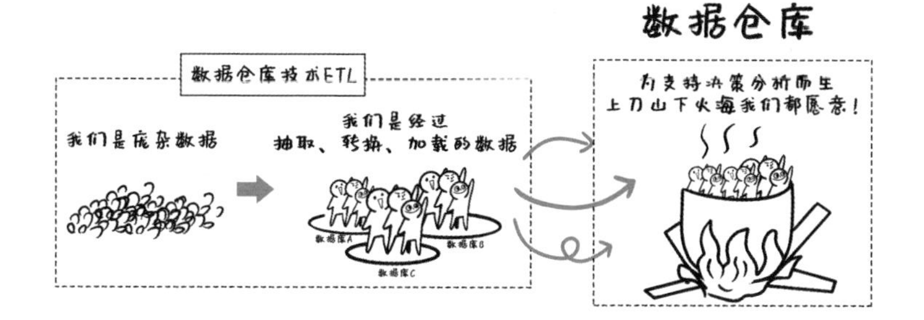

接下来，将围绕给小美举办生日宴会的故事，告诉你什么是数据仓库。

再过几天，就是小美的生日了，你准备为小美举办一个像样的生日宴会。

首先，你在某宝上下单买了一些场景布置道具，有生日头箍、气球摆件、浪漫星星灯，你又在超市 APP 上下单买了乐翻天气泡酒、生日礼服、生日卡片，定制了生日蛋糕，还购买了苹果、猕猴桃、桃子、西瓜等水果，以及雪饼、坚果类小零食。

叮咚，门铃响了，原来是快递。顿时 N 个快递包裹大大小小地在客厅里堆成了小山。

这些快递包裹堆积成的小山，就相当于“数据湖”。**数据湖**是一个以原始格式存储数据的存储库或系统，它按原样存储数据，无须事先对数据进行结构化处理。

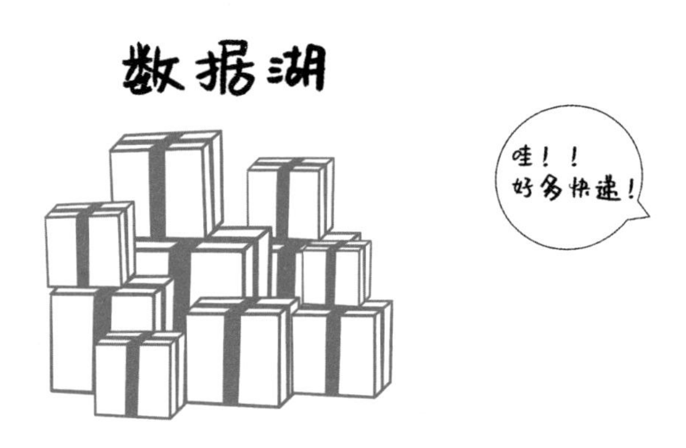

你用裁纸刀快速地打开一个个包裹，首先扔掉了各种隔层纸片、防震泡沫垫、包装纸袋等，把商品一个个整理出来。哦，My God！居然有两个桃子烂了，于是你把烂桃子扔在了一边。

接着，你又把拆包出来的商品分门别类，并且把这些经过你整理后的不同类别的商品分别放在不同的地方，把气泡酒、水果和生日蛋糕放进冰箱的不同分层里，把小零食放在客厅的干货柜，把生日道具放进玩具箱，把生日礼服挂在衣柜。

刚刚你“拆快递包裹并拿出烂桃子→将商品整理分类→放入不同储存区”的过程，其实就相当于数据仓库技术 ETL，ETL 在数据仓库中经常用到。

数据仓库技术ETL

而刚刚提及的冰箱、干货柜、玩具箱、衣柜，这些就相当于一个又一个的“数据库”。数据库，就是存储电子文件的处所，你可以根据自己的需要，对文件中的数据进行新增、截取、更新、删除等操作。值得注意的是，数据库之间彼此是相互独立的，各有各的系统，它们之间互不兼容。比如冰箱和衣柜，它们是没法合并在一起的。

生日这天终于到了！你开心地分别从冰箱、干货柜、玩具箱、衣柜里取出提前准备好的物品，为小美办了一个温馨的生日宴会。

这里，你分别从冰箱、干货柜、玩具箱、衣柜里取出之前准备好的生日宴会物品（这些物品就相当于经过 ETL 之后的数据），并放在生日宴会现场的过程（相当于从不同的数据源采集数据到同一个数据源的过程，被称作“集成化”），相当于因为小美的生日宴会这件事（这就是一个“主题”），横向打通了一个又一个的数据库（冰箱、干货柜、玩具箱、衣柜），让不同数据库里的数据彼此共享起来，这就是数据仓库。

数据仓库

总而言之，数据仓库就是一个面向主题的，集成的，随时间变化，但信息本身又相对稳定的数据集合，用于支持管理决策的过程。

【扩展概念】

联机事务处理过程（OLTP）：也称为面向交易的处理过程。基本特征是前台接收的用户数据可以立即传送到计算中心进行处理，并在很短的时间内给出处理结果，是对用户操作快速响应的方式之一，具有结构复杂、实时性要求高等特点。主要面向操作人员和初级管理人员。

联机分析处理（OLAP）：是一种软件技术，主要面向决策人员和高级管理人员。基本特征是分析人员能够迅速、一致、交互地从各个方面观察信息，以达到深入理解数据的目的。特点是直接仿照用户的多角度思考模式，预先为用户组建多维的数据模型。

集群系统

【导读】集群系统就是将一组松散集成的计算机节点连接起来，高效、紧密地协作完成工作任务的系统。

什么是集群系统

集群系统（cluster system）把多台服务器集中在一起，将同一个任务部署在多台服务器上。举例来讲，假设一台服务器完成某项工作任务需要 10 个小时，那么集群方案可以提供 10 台服务器来同时执行这项任务。10 个小时后，这个任务被完成了 10 次。也就是说，集群系统通过提高单位时间内执行的任务次数来提升效率。

下面以小美家隔壁的餐馆为例，来说明集群系统的运算能力优于单机的原因。

这家小餐馆刚开业的时候，只雇用了一名厨师，我们称他为厨师 A。厨师 A 每完成一道菜，都需要执行买菜、备菜、烹饪、上菜整个流程的工作任务。这就相当于是在单机运行做菜这项任务，做完一道菜需要耗时40分钟，这叫作**单体架构**。

后来餐馆生意越来越好，厨师A实在忙不过来了，于是老板又雇了厨师B、厨师C和厨师D，他们四人的工作内容完全一样，每做一道菜，需分别完成买菜、备菜、烹饪、上菜的整个工作流程。40分钟后，他们一共烹饪出了四道菜，效率比以前只有厨师A的时候，提高了整整四倍。这四名厨师，就构成了集群系统。

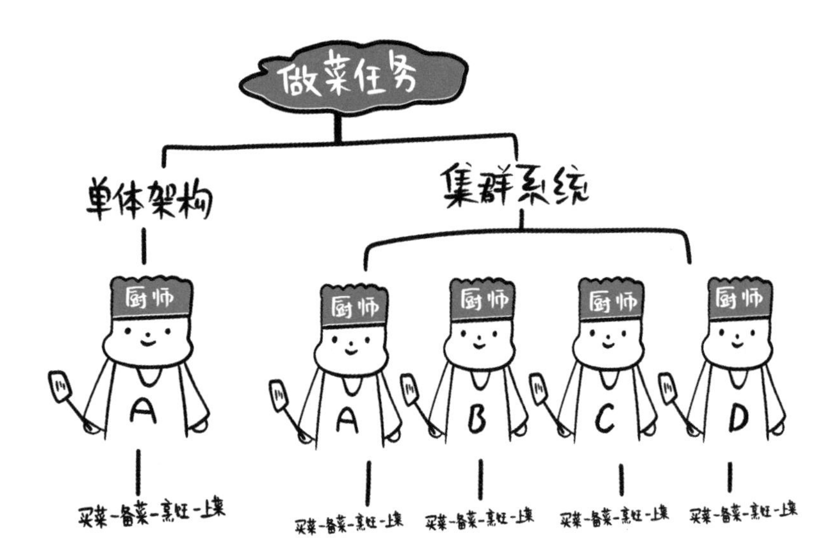

使用集群系统有什么好处

集群系统的优点有很多。比如某天，厨师中有一人请假了，仍然有另外三人在工作，虽然效率会降低，但还是能出餐，这就叫作“高可用”；如果发现，四名厨师仍然忙不过来，餐馆还可以继续招人，新的厨师可以动态加入集群系统，继续提高餐馆的出餐效率，这就叫作“可扩展”。不过，在集群系统中，要尽量保证负载均衡，让每个厨师的工作量都差不多，不能忙的忙死，闲的闲死。

在商业社会中，伴随着企业的成长，业务量的增加，对数据处理能力和计算速度的要求会相应提高，使得单一设备无法承担。在这种情况下，如果换掉现有设备进行硬件升级，势必会造成现有资源的浪费和高额的成本投入，而且当业务量再次提升时，又将面临

相同的问题。因此，为了满足日益增长的信息服务需求，解决单体架构运算能力不足的问题，产生了集群系统。其造价较低，可以实现很高的运算速度，完成大运算量的计算，且具有较高的响应能力。

集群系统具有以下特性。

- 高可用性：因为有多台服务器在执行同样的任务，因此当某个节点发生故障时，其他节点可以自动接替它继续完成工作，以保障系统的正常运转。
- 可扩展性：其性能不限于单一的计算机节点，新的节点可以动态加入，从而增强整体性能。
- 负载均衡：集群系统能将任务较为平均地分布给每个节点，使得各个节点的压力差不多。

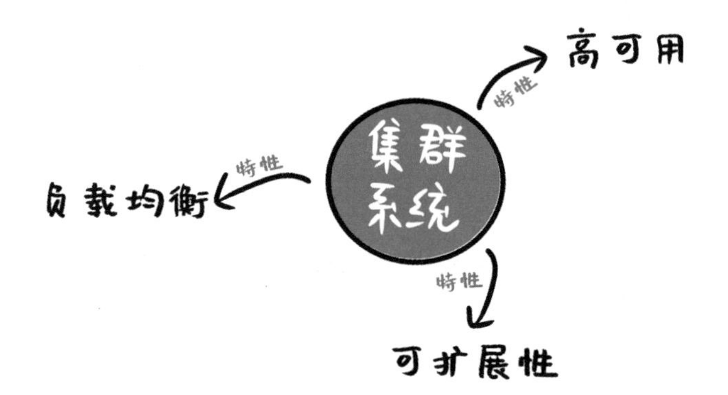

分布式系统

【**导读**】分布式系统就是一组通过网络进行通信并协调工作，以共同完成工作任务的由计算机节点所组成的系统。

什么是分布式系统

分布式系统（distributed system）将一个任务拆分成若干子任务，部署在不同的服务器上。举例来说，假设一台服务器完成某项工作任务需要 10 个小时，那么分布式方案可以将其拆分成 10 个子任务，每个子任务分别需要 1 个小时，再将这 10 个子任务部署到 10 台不同的服务器上，每台服务器只负责处理其中一个子任务，执行完这个任务只需 1 个小时。也就是说，分布式系统是通过缩短单个任务的执行时间来提升效率的。

让我们继续以小美家隔壁餐馆为例，来说明什么是分布式系统，以及它与前一节提到的集群系统的区别。

书接上文，这家小餐馆刚开业的时候，只雇用了一名厨师 A，他要完成一道菜的话，需要执行买菜、备菜、烹饪、上菜整个流程的工作任务，共耗时 40 分钟，这叫作单体架构。

后来餐馆生意越来越好，厨师 A 实在忙不过来了，于是老板又雇了 B 来负责买菜，雇了 C 负责备菜，雇了 D 负责上菜，这样的话，厨师 A 只需要负责烹饪就行了。一个做菜的任务被拆分成了四个子任务，每个子任务只需要 10 分钟，所以只用 10 分钟他们就做好了一道菜，效率大大地提高了。A、B、C、D 四人，就构成了分布式系统。

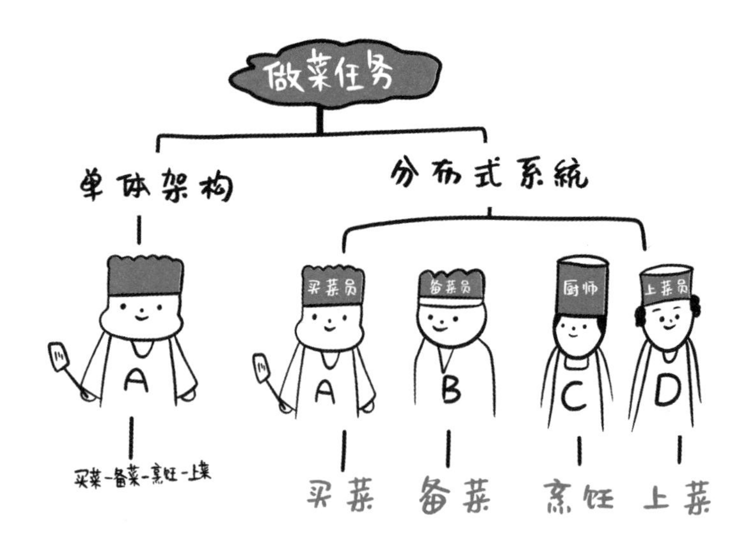

分布式系统的可扩展性很高。当餐馆生意更上一层楼时，老板发现，虽然在备菜、烹饪、上菜环节的业务量增加了，但是对于负责买菜的 B 来说，因为餐馆的菜单没变，也就是菜品的数量没有变化，所以 B 每次采买只需要每样食材多买一些即可，并没有增加多少工作量。因此，老板决定买菜环节的人员数量保持不变，只增加备菜、烹饪、上菜环节的人手。也就是说，分布式系统可以有针对性地增加某些服务的节点数量，灵活地进行扩展。在上述这样进行增员之后，其实就构成了"集群 + 分布式"的体系结构。

集群和分布式不仅不冲突，还是一对好朋友。我们之前说，分布式系统显著提高了单个任务的执行效率; 但另一方面，因为"买菜、备菜、烹饪、上菜"这四个子任务分别只有一人在负责，那如果四人中任何一人临时有事，对应的子任务就无法完成了，而"集群 + 分布式"的形态，就很好地弥补了这种劣势。

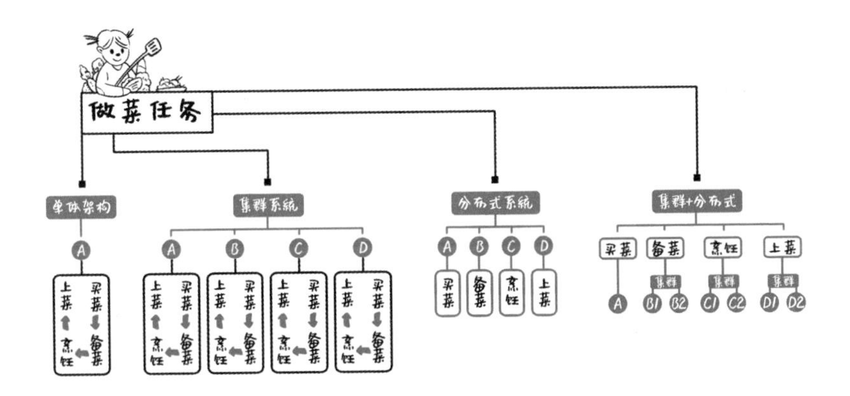

分布式系统的特性

由于分布式系统将任务拆分成了多个独立的子任务，因此具有高内聚、低耦合的特性。**内聚度**是指模块内部各部分彼此结合的紧密程度；**耦合度**是指模块及模块之间彼此依赖的程度。高内聚、低耦合分别指的是：模块内部为了实现同一个功能，结合得越紧密越好，模块和模块之间则越独立越好。如果改动其中一个模块，导致所有模块都受到影响，那就是耦合性不好。也就是说，作为一个"合格"的模块，应该尽可能独立地完成自己的工作，不能老是麻烦别人。耦合性降低后，系统的各个模块就可以独立开发、独立测试、独立部署，非常有利于后期的运维与排错。

而这种特性，也使得分布式系统具有以下优势。

- 可扩展性：可以只针对系统中某个单一的子任务，通过增减设备对其所提供的服务进行动态伸缩，以方便地应对企业经营中业务的调整。
- 高可用性：因为不同的子任务被分别部署在不同的服务器上，因此即使某个节点出现故障，其他节点还可以正常运行。
- 高复用性：每个子任务都可以拆分出来独立运行，作为单独的服务提供，避免了系统的重复开发，提高了服务的复用性。

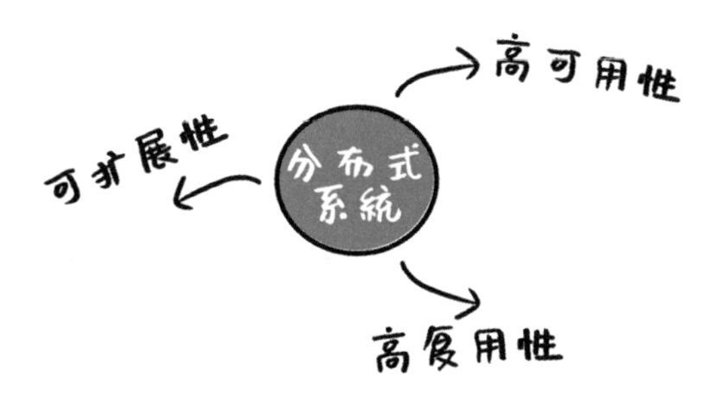

分布式系统的弊端在于，因为每台服务器都在执行不同的子任务，一旦其中一个节点出现故障，这个子任务将无法完成。而集群系统恰好弥补了这种缺陷，由于多台服务器都在处理相同的任务，那么当某个节点出现故障时，系统仍然可以正常运转。

从集群系统和分布式系统的关系上看，集群上可以没有分布式系统，也可以有一个或者多个分布式系统；分布式系统可以运行在一个集群上，也可以运行在不属于一个集群的多台服务器上。

【扩展概念】

分布式计算：把一个需要非常巨大的计算能力才能解决的任务，拆分成许多子任务，然后把这些子任务分配给许多服务器进行处理，最后把这些计算结果综合起来，以得到最终结果。

分布式存储：将数据分散存储在多个存储服务器上，使这些分散的存储资源构成一个虚拟的存储设备（而实际上，数据服务器分散在各个角落）。

中台

【导读】中台是指企业通过提供共性资源、能力或组织，来迅速响应用户需求的机制或架构。

通过资源及能力的整合、重组和复用，**中台**（middle office）能够将共同的服务合并后实现标准化、统一化，便于快速调用以满足用户的个性化需求，同时能降低运转成本，提高响应效率。

较为常见的中台类型有数据中台、技术中台、业务中台等。

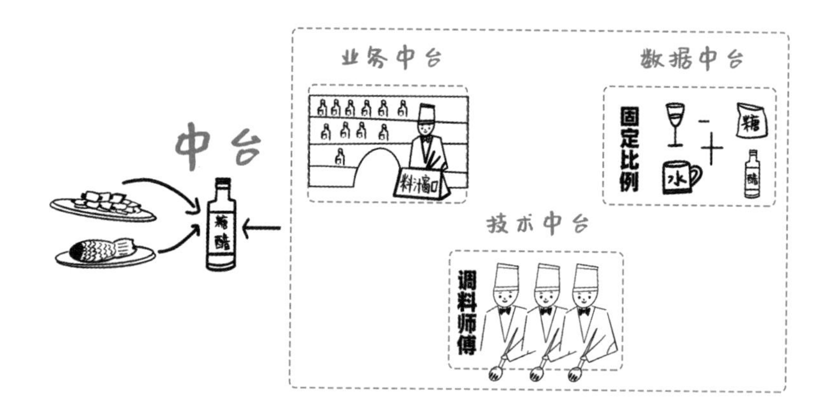

什么是中台

接下来，将围绕小美和五位朋友出去吃饭的例子，进一步解释什么是中台。

小美和四位朋友一同出去吃饭。小美和朋友 A 想吃红烧排骨，朋友 B 想吃红烧肉，朋友 C 想吃糖醋排骨，朋友 D 想吃糖醋鱼。（为了便于表述，暂且认为四种菜的做法均是“×× 料汁浇在食材上”）。

分别告知服务员所选菜品后，服务员会记在小本本上并跑到后厨，通知厨师尽快为每个人制作出所需菜品。饭店在营业一段时间后，发现“红烧 ××/ 糖醋 ××”是近期最受欢迎的热门菜品，平均每天有 10 位客人点红烧鱼，16 位客人点糖醋排骨，20 位客人点红烧肉（据不完全统计），而每天根据顾客需求临时制作糖醋汁或红烧汁占据了后厨大量时间，每到高峰期厨师便叫苦不迭，也仍有顾客投诉“这次的红烧鱼和上次点的味道差好多”“朋友们已经开吃三十分钟了，还没有看到自己的红烧肉”。

店长得知这一情况后，召集后厨、服务员等员工连夜头脑风暴，最后提出了两个解决方案。一是雇佣更多厨师，及时响应全部客人的需求，每个人都能随时调制料汁，但在工作日等非高峰期，会有部分人员无所事事，而且这样会大大增加店内用人成本。二是将糖醋汁和红烧汁两种热门料汁的配方和比例固定下来，在非高峰期发动厨师调制多份糖醋汁和红烧汁，并分别储存。

每当有客人点到糖醋排骨时，便及时取出一份糖醋汁，微波炉加热一分钟后浇在排骨上；有客人点红烧鱼时，只需取出红烧汁后

如法炮制即可。这样一来，既及时满足了客人们的需求，又减少了高峰期厨师的工作量。

店长对比两个解决方案后，认为后者明显更为合理，于是采用此法。厨师脸上的笑容又回来了，店内的回头客也多了起来。

上述例子中提到的“调制多份糖醋汁和红烧汁并分别储存以及时取用”的过程即是搭建中台的过程。正如有限的厨师难以在高峰期逐一为每位顾客制作口味不定的红烧肉和糖醋鱼一样，面向用户的企业也会遇到用户需求多变，而企业出于成本或稳定等考量，难以直接响应全部需求的情况，因此中台便应运而生。

数据中台

小美因为常去这家餐厅，跟店长的关系非常好。有一天，店长邀请小美参观后厨，得意洋洋地为小美介绍自己店的糖醋汁好吃的秘诀在于“几种基础调料比例固定”，并让小美猜测料酒、酱油、白糖、醋和水的比例。

其实，用固定比例的基础调料调制糖醋汁的过程就是“数据中台”的搭建过程，每一份糖醋汁中的料酒、酱油、白糖、醋和水都是构成这一数据产品的“数据”，基础调料的固定比例即是形成这一数据产品时所需的“算法”。

也就是说，**数据中台**能够采集、汇聚多源数据，或直接从数据仓库中存取数据，并对数据进行面向管理决策的关联、汇总等加工，所产生的结果将赋能给具体的业务应用。

技术中台

后厨中，几位熟练掌握料汁调制技巧的师傅其实就构成了“技术中台”，料汁由专人调制，而非厨师有空厨师调，服务员感兴趣就服务员上，因而能最大限度地保证料汁出品稳定，也不会引起料汁师傅、厨师和服务员之间关于工作量分配不均的内讧。通俗来讲，**技术中台**就是将通用的技术能力聚合到一起，由同一个团队负责，核心价值依然是为企业降低成本。

业务中台

在上述例子中，如果小美爱去的这家店通过“调制多份糖醋汁和红烧汁并分别储存”这一办法做大做强，开出更多家分店，对糖醋汁和红烧汁的需求量会越来越大。店长此时会考虑在总店后厨成立专门的“料汁窗口”，配备专门的料汁师傅、储存容器甚至订购系统，并形成“基础调料准备→料汁师傅调制料汁→将料汁储存在特定容器中→将料汁上线到订购系统”的标准流程，供各分店定期订购后做出风味不减的红烧肉和糖醋排骨。

专门成立的料汁窗口即扮演了“业务中台”的角色。

可见，**业务中台**指的是企业为了对业务流程进行管控和优化，将不同业务、不同流程中的共性部分提炼出来，形成对各业务进行统一服务的共性能力。常见的业务中台包括用户管理、商品管理、订单管理、交易管理、购物车管理、物流管理等。

总之，中台即“前端需求”与“后端响应”之间的桥梁。

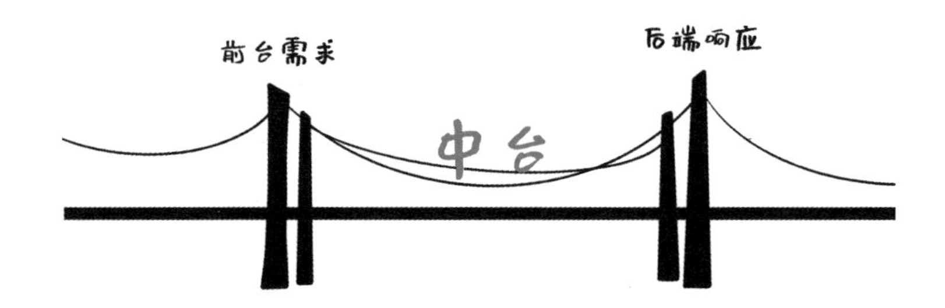

为什么要使用中台

在企业实际运转过程中，中台其实就是要把公司所有相关业务、人员统一整合到一个体系中，大家用同一种规则或者语义来交流沟通，防止各类扯皮争辩的问题，以便业务部门快速定位问题并解决问题。

以最初只有淘宝的阿里巴巴为例，在业务发展过程中，公司逐渐意识到 B2C 业务也是电商领域的重要组成部分，所以进一步发展出了天猫这一业务线。后续天猫不断发展壮大，形成一个部门，但无论是淘宝还是天猫，都包含商品、库存、订单、物流仓储等基本业务系统。这两个系统互相独立，各自运行。

阿里逐渐意识到，这些业务服务的部门虽然不同，但各自用到的系统功能高度类似，将新业务的系统全部重新开发一遍会造成巨大的资源浪费。在这一背景下，阿里内部提升了其共享服务部的职权，统一规划并管理反复建设的功能和系统。既有的系统稍作调整就可以满足新业务需求，大大节省了资源和成本。

就像提前搭配好的料汁可以按照不同顾客的菜品要求多次取用，以平衡顾客需求与后厨效率之间的“快”与“慢”，中台最大的意义也在于帮助企业充分满足用户需求的同时降本增效，在商业竞争中立于不败之地。

数据加密

【导读】数据加密（data encryption）是一门历史悠久的技术，它的核心是密码学。

密码学（cryptology）是研究编制密码和破译密码的技术科学，并以此分为密码编码学和密码分析学。密码学的词源意为“隐藏的讯息”，所以其目的是隐秘地传递信息，早期主要应用于军事战争中，在第二次世界大战中更是扮演了举足轻重的角色。正如著名的密码学者 Ron Rivest 所说，“密码学研究的是如何在敌人存在的环境中进行通信。”其核心一是为了保护己方的通信安全；二是为了窃取与破译对方情报。可以说，密码学是在编码与破译的斗争实践中逐步发展起来的。

现代社会进入信息化时代后，存放在计算机系统或通过公共信道进行传输的信息非常容易遭受攻击和破坏，而密码是可行且有效地保护信息安全的办法，因此，数据加密技术开始被广泛应用于各行各业。

什么是数据加密技术

数据加密技术通过密码技术变换信息的表示形式，伪装需要保护的敏感信息，保护信息不被未经授权的非法截收者窃取、篡改或破坏。通信过程中对数据的加密包含“加密”和“解密”两部分，**加密**（encryption）指的是通过加密算法和加密密钥将明文转变为密文的过程，也叫加密变换；**解密**（decryption）则是通过解密算法和解密密钥将密文恢复为明文的过程，也叫脱密变换。在早期，我们仅能对文字和数字进行加密、解密变换，随着通信技术的发展，对语音、图像、数据等都可实施加密、解密变换。

其中，明文（plaintext）是指待加密的信息，密文（ciphertext）是指已被加密的信息。加密算法和解密算法统称为密码算法（cryptographic algorithm），是用于加密或解密的数学函数，也就是密码系统所采用的加密方法或解密方法。加密密钥和解密密钥统称为密钥（key），是密码算法中的一个可变参数，通常是一组满足一定条件的随机序列，可以理解为用来给信息上锁或开锁的钥匙。加密密钥和解密密钥可能相同，也可能不同。密码算法以及所有可能的明文、密文和密钥，共同构成了密码系统。在密码系统中，除合法用户（即信息的发送者和指定接收者）外，还有上文中提到的非法截收者，他们试图通过各种方法窃取机密（又称被动攻击）或篡改信息（又称主动攻击）。

常用的数据加密算法

常用的数据加密算法包括对称加密算法和不对称加密算法。

在**对称加密算法**（symmetric encryption algorithm，又称单密钥加密算法）中，信息收发双方所使用的加密密钥和解密密钥是相同的，也就是说，同一把密钥既可以用于加密又可以用于解密。信息的发送者将明文和加密密钥，一起通过加密算法处理成密文发送出去；接收者收到密文后，需要使用与加密时相同的密钥及加密算法的逆算法对密文进行解密，使其恢复成明文。

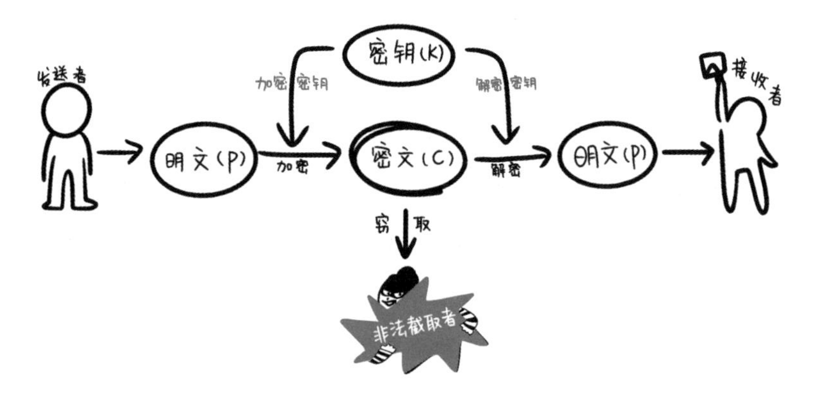

对称加密算法的特点是算法公开，计算量小，加/解密速度快，适合于对大数据量进行加密。不足之处是，因为信息的收发双方使用同样的密钥，所以需要把密钥传输给对方，如果在线上传输，则很有可能被拦截，安全性得不到保证。此外，信息收发双方每次使用对称加密算法时，都需要使用其他人不知道的唯一密钥，这会使得双方持有的钥匙数量呈几何级增长，密钥管理成为负担。

在**非对称加密算法**（asymmetric encryption algorithm，又称不对称加密算法）中，信息收发双方使用的是一对完全不同但又完全匹配的密钥——公开密钥（简称公钥）和私有密钥（简称私钥）。信息的接收者随机生成一对密钥并将其中的公钥公开，而自己保留私钥，其中私钥是保密的，其他人也无法通过公钥推算出相应的私钥；需要发送信息时，发送者使用接收者的公钥加密明文，接收者收到密文后，使用自己的私钥进行解密。

非对称加密算法的特点是算法复杂，加/解密速度慢。但是因为信息的收发双方不需要交换密钥，公钥可以在线上公开传输，避免了密钥在传输中的安全问题，所以保密性较好。

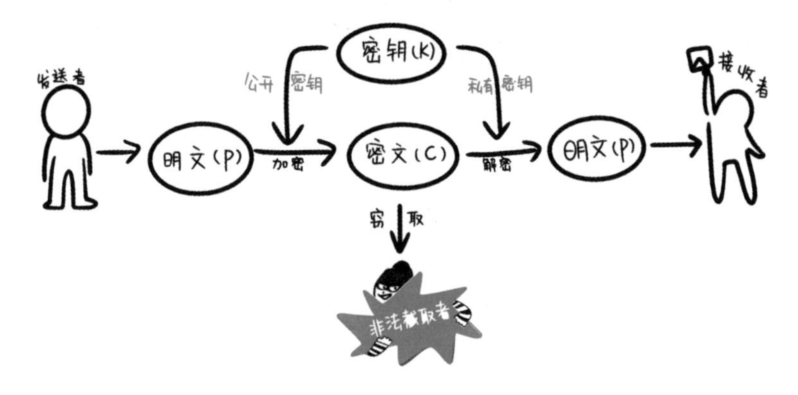

因为二者各有优劣，所以在实际应用中，人们常将对称加密算法与非对称加密算法结合起来使用。

举例来讲，小美的哥哥谈恋爱了，却不想其他人知道，于是他每天偷偷传递情书给女友。

最开始，他们使用“对称加密”的方法传递情书。小美哥哥买了一本可以上锁的日记本，然后配了两把一模一样的钥匙，哥哥留一把，给女友一把。每次在日记本上写好情书后，小美哥哥就将日记本上锁，女友拿到日记本后，再用自己的钥匙开锁。不过呢，因为有两把相同的钥匙，被别人看到并复制一把钥匙的可能性就大大提高。为了保留秘密，两人不得不经常更换不同的锁和钥匙。

后来，他们换成了“非对称加密”方法传递情书。女友随机买了“公钥”和“私钥”两把钥匙，把“公钥”通过公开渠道传递给小美哥哥，自己保留“私钥”。小美哥哥每次写好情书后，使用“公钥”把日记本上锁，日记本到了女友手中后，她通过“私钥”进行开锁。

反之，如果女友要回情书，就需要小美哥哥随机买一把“公钥”和一把“私钥”，把“公钥”传递给女友，她写好回信后用“公钥”上锁，小美哥哥收到回信后用“私钥”解锁。

这时候，通信中的“非法截收者”——女友的爸爸出现了！老丈人拦截了女友的回信，并且从她那里搜到了哥哥的“公钥”。幸运的是，这把“公钥”只能上锁没法开锁。也就是说，虽然日记本被截获了，但是内容并没有泄露出去。

数据加密有什么用

数据加密的应用远不止如此。如前文所述，古典密码学主要关注信息的保密书写和传递，以及与其相对应的破译方法。而现代密码学不只关注信息保密问题，同时还涉及通过**消息认证码**（指经过特定算法产生的一小段信息，以检查在信息传递过程中某段信息的完整性，即信息是否被篡改，并对信息来源进行身份验证）、**数字签名**（指一段只有信息的发送者才能产生而别人无法伪造的数字串，相当于发送者写在纸上的物理签名，签名后便不可反悔，因此具有“不可否认性”）、**数字证书**（又称数字标识，指在互联网通信中标识各方身份信息的数字认证，用以识别对方身份）等技术手段，使信息的传输具备以下四类安全特性。

- 机密性：传输的信息内容仅有发送者和指定接收者能够理解，非法截收者即使截获密文，也无法还原出明文，以防止信息被读取。
- 身份验证：又称鉴权，指信息的发送者和接收者可以互相鉴别，防止非法截收者伪装成通信中的另一方。
- 完整性：信息的接收者能够验证信息在传输过程中有没有被篡改，防止非法截收者用假信息代替合法信息。
- 不可否认性：信息的发送者不能在事后否认自己发送过的信息。

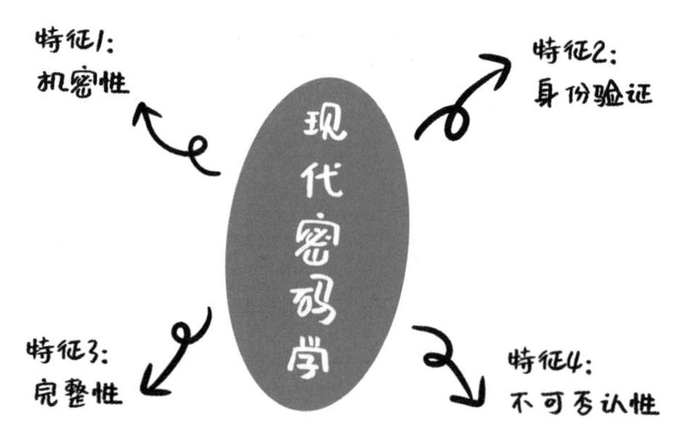

总体来说，如果不去验证信息发送方的身份，会出现两个问题——信息篡改和信息抵赖。

在传递情书的例子中，**信息篡改**指的是，哥哥和女友通过“对称加密”方法进行通信时，他们使用两把相同的“钥匙”，那么如果其中一人的“钥匙”不慎丢失，被哥哥的情敌捡到复制了一把，情敌就可以通过这把“钥匙”，伪造或者篡改两人之间的通信内容，挑拨离间他们的感情。

信息抵赖指的是，哥哥、女友和情敌三人通过“对称加密”方法互相通信时，三人用的都是相同的“钥匙”，那么情敌可以模仿哥哥的笔迹，给女友发送故意惹她生气的内容，然后抵赖说不是他发的，是哥哥发的。于是，情敌又达到了挑拨离间的目的。而从女友的角度来看，她确实无法辨别这封上锁的信件是来自两人之中的哪一个。

由此来看，在对称加密算法中，信息的收发双方都使用相同的密钥，所以对称加密算法不具有身份验证和不可否认性等安全特性。而非对称加密算法，则非常适合于提供以上安全保障功能，甚至可以说，“没有公钥密码的研究，就没有近代密码学。”

值得一提的是，因为“天下没有不透风的墙”，所以根据柯克霍夫原则（Kerckhoffs’s principle），密码系统的安全性应仅依赖于对密钥的保密，而不应依赖于对密码算法的保密。因此，密码算法可以被公开，密钥则需要被保密，应仅被信息的收发双方知悉。在民用领域，公开密码算法有利于对其安全性进行公开的测试与评估，易于实现密码算法的标准化，并使得密码算法产品实现低成本、高性能的规模化生产。

不过从理论上讲，大部分密码系统都可以被破解，只是破解的难度不同而已。尤其是在未来，随着量子计算机的出现，传统的数据加密技术可能会面临淘汰。但是说回现在，只要让非法截收者为破解该密码系统所付出的代价远远超过其获利，加密的目的就达到了。数据加密的目标，并不是让密码系统完全无法被破解，而是让破解的成本足够高。

第2章　算　　法

本章导读

算法，作为人工智能的三大基石（算量、算法和算力）之一，主要作用是从数据中挖掘知识。这一过程通常会涉及两大步：第一步是建立算法模型，第二步是应用算法模型。建立算法模型是应用算法模型的前提，应用算法模型是建立算法模型的目的。

建立算法模型需要基于经验规则或从历史的数据表现中总结规则。前者通常可以根据几个变量的输入决定对应的结果输出。如灌溉问题，通常需要根据温度、湿度等变量决定灌溉时间的多少。这个决定灌溉量的过程，就需要依据以往的灌溉经验，并以模糊规则的形式表述。例如，当温度高且湿度小时，灌溉时间要长一些。基于这些模糊规则，从几个控制变量的输入得到最终输出的过程就是**模糊计算**。

后者可以借助对大量历史数据的“拟合”，即根据大量历史数据的表现用数学公式近似描述经验规律，通过不断调优数学公式中的各项参数，使得拟合后的数学公式能尽可能吻合历史数据的表现（即与真实历史数据之间的偏差极小），最后得到算法模型。这一过程通常称为“模型训练”或“机器学习”。可见，一个机器学习过程需要有训练样本（作为“原料”）、拟合公式（作为“模型”）、调优机制（控制“偏差”）等基本元素。

根据模型训练方式的不同，**机器学习**可分为监督学习、无监督学习、半监督学习和强化学习四大类。

监督学习是指训练样本包含特征和标签信息，学习目标是在已知数据和对应的标签之间建立映射模型。若模型能较好地根据已知数据的输入得到对应的标签结果，则算法模型建立完成。日后就可以用这个算法模型对未来未知数据进行预测和分类。监督学习常见的应用场景有图像识别（如判断图像中的动物是小猫还是小狗）、人脸识别、垃圾邮件过滤、文档分类（如判断是新闻类还是财经类）等。

无监督学习是指训练样本只有特征信息而没有标签信息，学习目标是通过对无标签训练样本的学习来揭示数据的内在性质及规律，为进一步的数据分析提供基础。此类学习任务中研究最多、应用最广的是聚类分析，目的在于把相似的东西聚在一起。

监督学习需要对训练样本做标签标记，会消耗大量的人力成本；而无监督学习只能解决聚类问题，难以解决分类和回归问题。因此，对于某些应用场景，可将部分训练样本做标签标记，部分训练样本无须做标签标记，将监督学习和无监督学习有机结合，这就是半监督学习。

强化学习是让算法模型在各种状态（环境）下尽量尝试所有可以选择的动作，通过环境给出的反馈（即奖励）来判断动作的优劣，针对流程不断推理，最终获得环境和最优动作的映射关系。如无人汽车驾驶和阿尔法围棋等，都应用到了强化学习。

近年来，**人工神经网络**通过模拟人类神经系统的基本工作原理，成为一种重要的机器学习算法框架，基于人工神经网络算法框架的**深度学习**成为机器学习中的“网红”。

正所谓“尺有所短，寸有所长”，上述机器学习算法也存在这样的问题：在某些问题的解决方面表现出较好的性能，但在某些方面又不尽如人意。可否对这些算法模型进行某种策略上的组合，以巧妙地取其长，避其短呢？集成学习算法便应运而生。

集成学习算法并不是一个单独的机器学习算法，而是通过组合多个机器学习算法模型来完成学习任务的集成学习算法模型，正所谓“三个臭皮匠，顶个诸葛亮”。

实际应用中，可以借助第三方机器学习库或一些**开源算法平台**来建立算法模型。如Sklearn，就是一个非常强力的机器学习库，拥有可以用于监督学习和无监督学习的方法，包含了从数据预处理到训练模型的各个方面。谷歌公司的开源深度学习系统TensorFlow支持多种深度学习算法，是目前在图像识别、语音识别和自然语言处理等领域最为流行的深度神经网络模型；脸书公司的Detectron是计算机视觉方面的开源算法平台，可用于物体检测研究；国内的阿里、腾讯和百度等公司也都搭建了开源算法平台。

在算量一章中提到，数据和特征决定了机器学习的上限，而模型和算法只是逼近这个上限而已。建立算法模型过程中，对训练样本数据的选择和处理至关重要。若训练样本数据的选择和处理带有“偏见”，则会导致**算法偏见**。为了规避算法偏见，实际过程中，应建立**算法问责法案**，明确算法开发者的资格评估（开发者的社会信用、价值观和社会责任，流程管控、安全制度以及专业程度）、技术方案评估（如算法模型的人类伦理规范、算法设计的可解释性等）、风险影响评估（如数据和信息安全影响、算法责任等）、透明监管条例（能穿透“算法歧视”和“算法黑箱”进行审查）等具体流程和核心要点，以及各主体的法律责任、社会义务和法律界限。同时，需要依法建立多层级监管体系，加强各个环节的透明监管。

人工智能

【导读】在大数据、云计算和5G通信技术大力发展的同时，人工智能历经六十多年的起起伏伏，终于照进了人类社会的现实。

什么是人工智能

随着科学技术的发展，**人工智能**（artificial intelligence，AI）正越来越多地进入并改变着我们的工作和生活，智能推荐、智能客服、智能搜索、智能导航、智能问诊、无人驾驶、无人机等人工智能应用场景比比皆是。神经科学、脑科学的深入研究，将进一步促进类脑智能的发展与应用。可以预见，人工智能将成为我们生活和工作中一个不可或缺的“新物种”，深刻影响并改变着我们的生活和工作方式。

无论是学术界还是工业界，关于人工智能并没有一个统一的定义。但大体上形成了以下共识：人工智能是计算机科学的一个广泛分支，试图让机器模拟人类的智能，以构建通常需要人类智能才能够实施执行任务的智能机器。其中，智能算法模型的训练和建立是核心，机器学习就是其中的优秀代表，深度学习又是机器学习技术中的“网红”，正逐渐发展成为一个重要分支。

人工智能的起源

1950 年，英国数学家、逻辑学家艾伦·图灵（Alan Turing）发表了一篇划时代的论文《计算机与智能》，文中提出了著名的图灵测试（Turing test）构想，即如果一台机器能够与人类展开对话（通过电传设备）而不能被辨别出其机器身份，那么称这台机器具有智能；随后，图灵又发表了《机器能思考吗》论文。两篇划时代的论文及后来的图灵测试，强有力地证明了一个判断，那就是机器具有智能的可能性，并对其后的机器智能发展做了大胆预测。正因如此，艾伦·图灵被称为“人工智能之父”。

1956 年 8 月，在美国达特茅斯学院中，约翰·麦卡锡（John McCarthy，LISP 语言创始人）、马文·闵斯基（Marvin Minsky，人工智能与认知学专家）、克劳德·香农（Claude Shannon，信息论创始人）、艾伦·纽厄尔（Allen Newell，计算机科学家）、赫伯特·西蒙（Herbert Simon，诺贝尔经济学奖得主）等科学家聚在一起，讨论用机器来模仿人类学习以及其他方面的智能问题。两个月的讨论虽然没能达成共识，但他们却为会议内容起了一个名字——人工智能。

1956 年被公认为人工智能元年。“让机器来模仿人类学习以及其他方面的智能”也就成了人工智能要实现的根本目标。

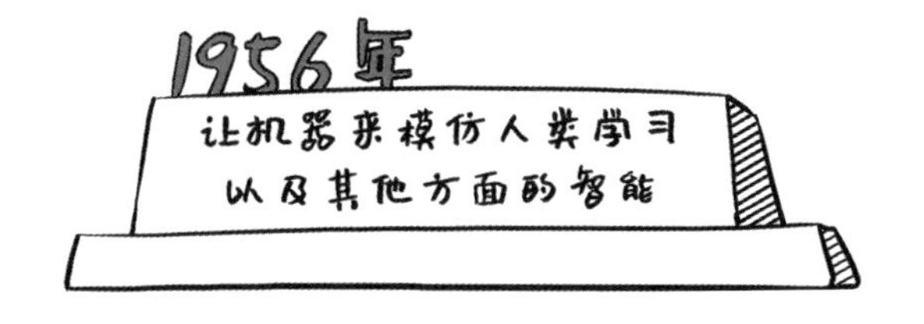

人工智能的争论与发展

“人工智能”一经提出，就引发了许多争论。以至于时至今日，关于人工智能尚未形成单一的定义与统一的认知。

“人工智能之父”艾伦·图灵在其论文中，也只是将人工智能简单地定义为“构建智能机器”。但对人工智能是什么、是什么让机器变得智能等基本问题并没有做出解释。

斯图尔特·罗素（Stuart Russell）和彼得·诺维格（Peter Norvig）在他们的《人工智能：现代方法》中，认为人工智能是“研究从环境中接收感知并执行操作的代理”。

麻省理工学院福特人工智能和计算机科学教授帕特里克·温斯顿（Patrick Winston）将人工智能定义为“将思维、感知和行动联系在一起的循环模型”。

……

虽然这些定义对普通人来说似乎很抽象，但它们有助于将该领域作为计算机科学的一个领域，并为将机器学习和其他人工智能算法注入机器和程序提供了蓝图。

接下来的六十多年，人工智能在争论中发展。

1956—1960 年是人工智能的诞生与起步发展期。

1960—1970 年，由于人工智能在机器翻译方面并未取得好的效果，再加上一些算法模型的可解释性在理论方面缺乏证明，从而导致人工智能进入反思期。

1970—1980 年中期，“专家系统”兴起，人工智能有过短暂、辉煌的应用发展。

1980 年中后期—1990 年中期，“专家系统”发展乏力，加上在人工神经网络方面的研究进展受阻，人工智能又进入一个低迷期。

1990 年中后期，互联网技术的发展，加上计算机性能的提升，开启了人工智能的稳步发展。

2010 年后，移动互联网和大数据的发展，加上深度学习在 IBM 深蓝和谷歌阿尔法围棋（AlphaGo）的成功应用，让人工智能迅速成为学术界和工业界的热点。

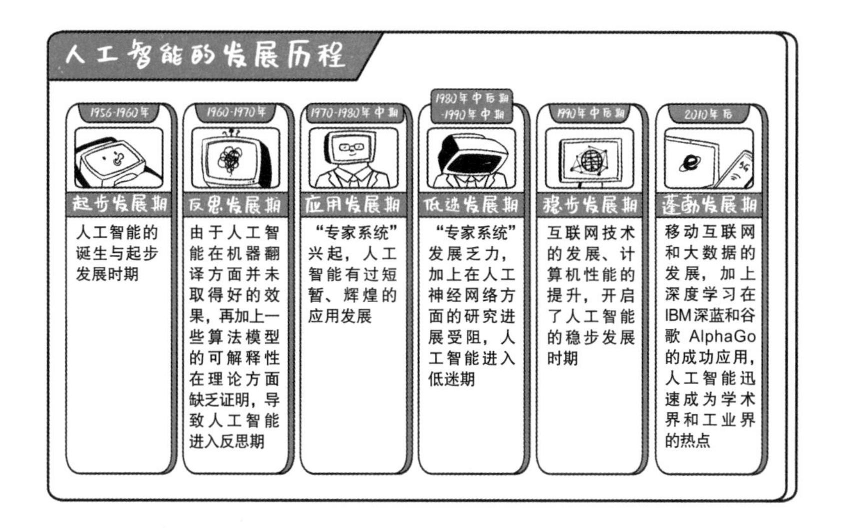

人工智能的分类与应用

目前，比较统一的共识是将人工智能分成两大类：窄 AI（narrow AI）或弱 AI（weak AI），以及人工通用智能（artificial general intelligence，AGI）或强 AI（strong AI）。

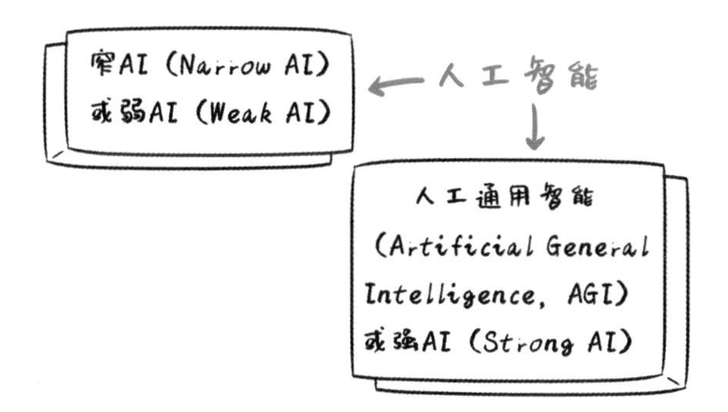

窄 AI 是在有限的环境中运行，即在比最基本的人类智能更多的约束和限制下对人类智能进行模拟，通常专注于执行某一项任务，例如智能搜索、图像识别、会话机器人、机器人顾问、自动驾驶汽车、垃圾邮件过滤器，以及其他应用机器学习与深度学习的应用场景。其中应用到的人工智能技术包括自然语言处理、计算机视觉、语音识别、知识图谱、机器人等。

人工通用智能（AGI）将具有人类水平的智能，能像人类一样执行任何任务。显然，AGI 的发展还面临着许多困难，技术能否实现是一个方面，道德伦理层面是否应认可 AGI 也是一个争议不断的问题。

人工智能会有危险吗

2017 年全球移动互联网大会（GMIC）在北京国家会议中心举行，著名物理学家斯蒂芬·霍金通过视频发表了题为《让人工智能造福人类及其赖以生存的家园》的主题演讲。他对人工智能在自动驾驶、智能性自主武器以及隐私问题等方面的威胁和人工智能系统失控带来的风险进行了分析，并表示“人工智能的崛起可能是人类文明的终结”。

2018 年 3 月，在得克萨斯州奥斯汀举行的西南偏南科技大会上，特斯拉和 SpaceX 创始人埃隆·马斯克（Elon Musk）发出警告：“请记住我的话，人工智能远比核武器更危险。”

人工智能正在影响着几乎每个行业和每个人的未来，并已成为大数据、机器人和物联网等新兴技术的主要驱动力。在可预见的未来，它将继续作为技术创新着力点，持续发力。

“人工智能被誉为革命性和改变世界的，但它并非没有缺点。”

【拓展概念】

图灵测试：由计算机科学和密码学先驱艾伦·图灵提出，指测试者与被测试者（一个人和一台机器）隔开的情况下，测试者通过一些装置（如键盘）向被测试者随意提问，进行多次测试后，如果机器让每个测试者做出超过30%的误判，那么这台机器就通过了测试，被认为具有人类智能。

算法

【导读】算法（algorithm）是指对解题方案的准确而完整的描述，是一系列解决问题的清晰指令，代表着用系统的方法来描述解决问题的策略机制。

什么是算法

简单地理解，**算法**是为解决某个问题而采取的有限长度的具体计算方法和处理步骤。从计算机程序设计的角度来看，算法由一系列求解问题的清晰定位指令构成，能够对一定规范的输入经过连续的计算过程后，在有限时间内获得所要求的输出。通常来说，算法的产出物有两种，第一种是算法产出的结果（分群、分类、预测值），第二种是算法产出的规则。

下面让我们通过一个例子来帮助大家理解算法。

周末，小美妈妈点了两个披萨。外卖 APP 后台接到订单后，需要决定把订单分配给哪个骑手。首先，后台会对配送范围内所有骑手的送餐情况进行分析，基于骑手当前位置和手头已有订单数量，预估出骑手如果新接小美家订单需要的配送时间，以及对现有订单是否会产生超时影响。其次，后台会进一步计算时间充裕的骑手当前的送餐距离和送餐路线，预估他们如果接小美家订单，新的送餐路线和新增送餐距离。最后，后台会把订单分配给时间充裕且最为顺路的骑手。

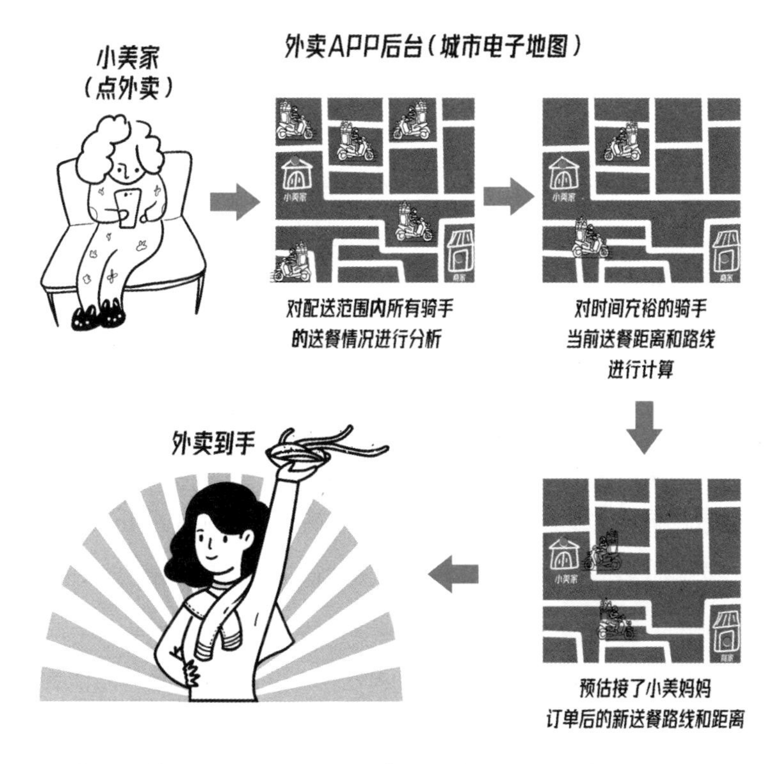

在上面的例子中，订单分配的结果实际上就是算法应用的结果。

后台根据骑手当前位置、手头已有订单数量等数据，计算当前送餐距离和送餐路线，预估新的送餐距离和送餐路线，最终把订单分配给时间充裕且最为顺路的骑手，这个过程实际上就是通过一系列明确的计算步骤来进行判别和预测，这就是算法的本质。

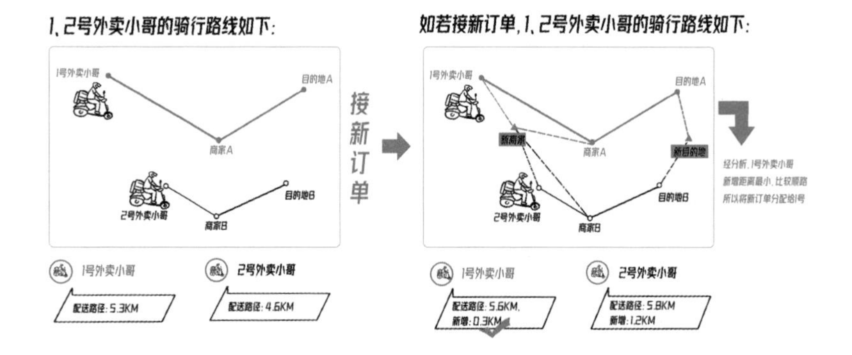

算法的应用

算法的应用场景非常广泛，甚至可以说，我们每天都生活在算法的世界里。例如，某宝、某音背后其实都有智能推荐算法，这些算法不断分析计算着我们的购物偏好、浏览习惯，然后为我们推荐可能喜欢的商品、文章、短视频等。除了商业服务领域，人工智能算法在公共服务、政务服务等领域也被广泛应用，用以解决判别、预测、分类、解析、处置和干预等问题，帮助不断提高生产和工作效率。例如，医疗领域利用智能算法辅助疾病诊疗，制造领域利用智能算法提升设备性能等。简而言之，算法是一套基于客观经验证据或数据的规则，用以指导甚至替代人类进行决策。

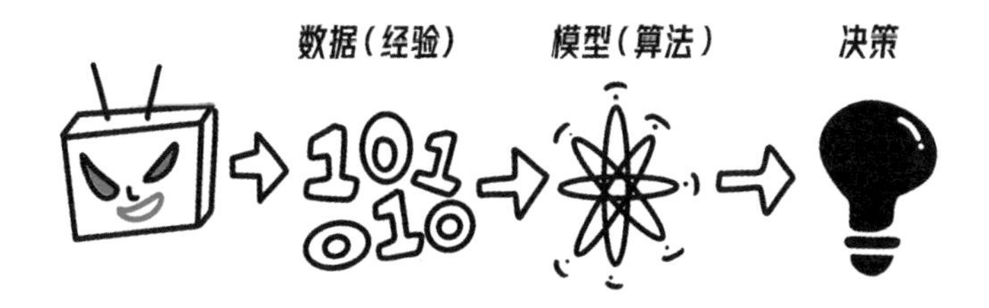

算法的优化

正如一个数学问题我们可以用不同的方法和步骤来解答，我们也可以用不同的算法解决同一应用问题。但需要注意的是，针对同一问题的不同算法在运行时需要的计算工作和内存空间是存在差异的。一个好的算法设计，除了应该解决问题，还应该让计算工作量尽可能地少（运行效率最高）、所需内存空间尽可能地小（耗费资源最少）。

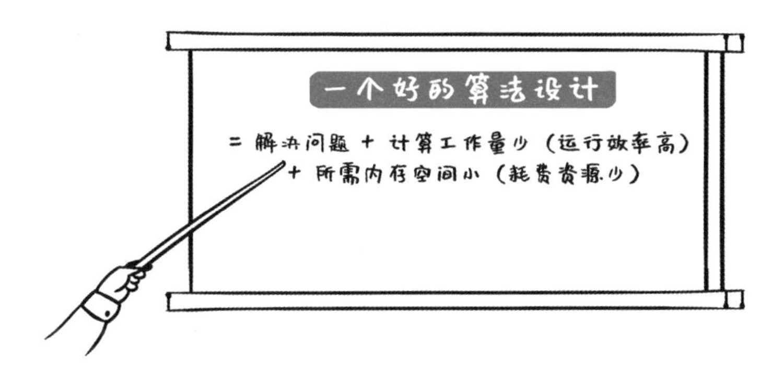

更重要的是，算法可以从重复相同的任务中不断学习优化，变得更加明确、简单又有效。此外，不同算法之间还可以组合优化，产生出的新算法可以处理单一算法无法解决或者解决效果

不佳的问题。比如，在人机围棋大战中一战成名的阿尔法围棋（AlphaGo）就综合使用了线性模型、深度学习、强化学习、蒙特卡洛搜索等算法，这些算法已经存在并发展了数十年，但在组合优化之后成功地超越了人类的围棋水平，将原先预计短期内不可能完成的任务变成了现实。

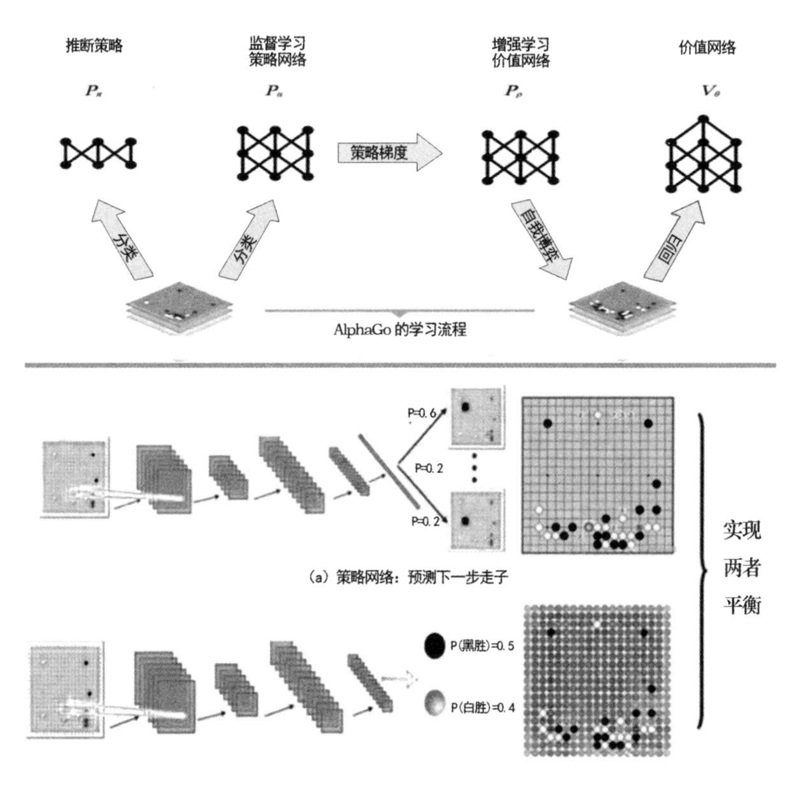

图片作者：郑宇、张钧波

总体来说，**人工智能算法**主要用来挖掘大数据所隐藏的知识和规律，为场景应用提供智能化解决方案（如自动驾驶、精准推送、趋势预测等）。

算法的困境与应对

任何事物都具有两面性，算法在提高生产和服务效率的同时，本身也具有不透明、不公开、技术门槛高的特性，引发了公平性、算法歧视、隐私安全等诸多问题。

一是社会的多元性与算法的封闭性之间的矛盾。基于算法的个性化推荐通过抓取用户日常的使用数据，分析得出人们的行为、习惯和喜好，进而精准地进行信息推荐及分发。然而，这种“精准”容易导致社会公众被推送的同质化信息包围，信息接收范围过窄，客观上扩大个体间的认知偏差，深陷“信息茧房”的困境。

二是社会的公平性与算法的逐利性之间的矛盾。现实中存在一些因算法应用不当而损害消费者利益的行为，比如我们经常听到的“大数据杀熟”，就是基于歧视性算法的产品服务。此外，也存在因为算法应用不当而损害员工利益的情况。比如，外卖平台利用算法提升配送效率以获得利益的最大化，却由骑手承担相关风险，超过系统规定的送单时间就要受到惩罚，而由于赶时间造成的工伤损失责任不明，对骑手来说并不公平。

三是现实的复杂性与算法的有效性之间的矛盾。现实情况通常是纷繁复杂的，算法难以涵盖所有的情况。大多数深度学习产生的算法都让人无法理解，但是由于大部分情况下算法是有效的，人们即使不理解也乐于利用算法。这就产生了一个风险，即没人知道算法的边界和失效条件，因此也无法判断算法何时会出错。

四是个人的信息安全与算法的数据采集之间的矛盾。精确的算法模型离不开高质量数据的支撑，随着互联网的发展，用户的在线行为被不断地观察和记录，由此形成了海量个人数据。然而一些企业和平台存在强制授权、过度索权、超范围收集个人信息等问题，使得个人信息安全面临着严重威胁。

作为解决特定问题的一种方法或工具，算法本身是中性的。我们应始终铭记“人是目的，而不是手段”。2022 年 3 月 1 日起，由国家网信办联合多部门发布的《互联网信息服务算法推荐管理规定》正式施行，以规范互联网信息服务算法推荐活动。未来，相关各方应该各司其职、各尽其责，采取切实有效的措施推动算法应用规范有序发展，通过注重算法设计者的伦理责任与多领域合作、鼓励公众参与算法设计以及对算法进行监管等方式，保障我们每个人不被算法等技术挟持，真正成为技术的主人。

【扩展概念】

时间复杂度：指执行算法所需要的计算工作量，反映了程序执行时间随输入规模增长而增长的量级，在很大程度上能很好地反映出一个算法的优劣与否。

空间复杂度：对一个算法在运行过程中临时占用的存储空间大小的量度。

模糊计算

【**导读**】生活中有许多模糊现象，即没有严格边界划分、无法精确刻画的现象。例如，“大雨”“年轻人”“高温”等，就没有精确的界定，需要人们凭借经验来进行判断。模糊数学就是研究和处理此类模糊现象的数学理论和方法，模糊计算是其中的一种。

模糊计算是通过对人类处理模糊现象的认知能力的认识，用模糊集合和模糊逻辑去模拟人类智能行为的计算。其中，模糊集合与模糊逻辑由美国加州大学扎德教授（Zadeh）于 1965 年提出，是一种处理因模糊而引起的不确定性的有效方法。

模糊计算的一般过程是根据几个变量的输入，以及一组自然语言表述的模糊的经验规则，来决定最终输出。这个过程可以细分为四个模块：模糊规则库、模糊化、推理方法和去模糊化。

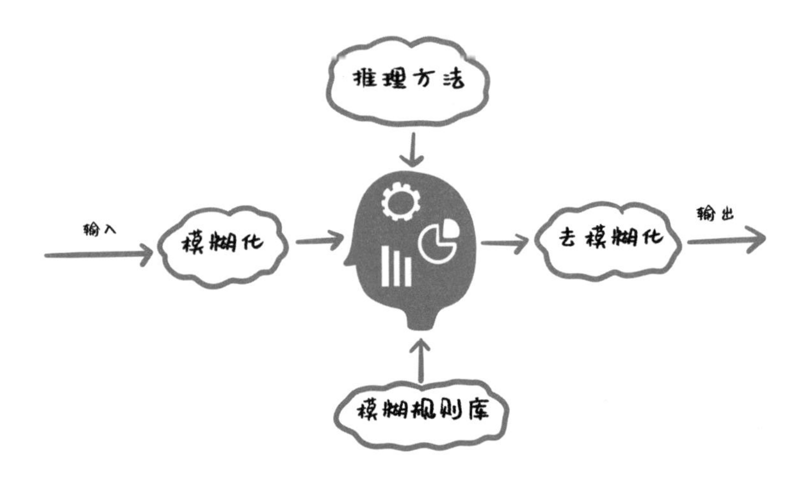

又是“模糊化”又是“去模糊化”的，大家是不是有点晕，别着急，接下来用小美养花的例子来为大家进一步分析。

小美最近爱上了养花，她养了一盆水仙，不仅仅是因为水仙长得好看，还因为老板说水仙花很好养，只要经常浇浇水就行。

小美可高兴了，天天给它浇水，但还不到一周，她就发现水仙的叶子变黄了，明明之前开得很好的花也渐渐枯萎了。小美急得不

行，带着花来到花店，老板却告诉她是浇多了水的缘故。小美表示不解，“明明是老板自己说的要经常浇水。”

老板解释说：“水仙虽然要经常浇水，但也不能每天都浇，需要根据温度和湿度来判断。如果温度高，湿度小，则一周需要多浇水；如果温度低，湿度大，一周可以少浇水；如果温度和湿度都高或都低，一周适量浇水就行；若温度适中但湿度很低，也要多浇水；若湿度适中但温度很低，则要少浇水。”

这里，老板说的关于水仙应该怎么浇水，就是“模糊规则库”，它是专家提供的用自然语言表述的没有明确值的模糊规则。

小美听完后，表示还是一脸懵，“像最近这样的天气，我一周浇几次水合适？”老板看了下手机天气（温度 25℃，湿度 100%），“温度适中，湿度很大，要少浇水。”“少浇水的话，具体需要浇几次呀？”小美希望更清楚点。“一般一周 1～2 次，最近湿度大，一周 1 次就够了。”老板耐心道。

这里，由“温度 25℃，湿度 100%”推断出“温度适中，湿度很大”是模糊化的体现。所谓模糊化，是指根据隶属度函数，从具体的输入得到对模糊集隶属度的过程。由于规则是由模糊的自然语言表述的，而输入是精确数值，因此没有模糊化的过程，规则就难以被应用。

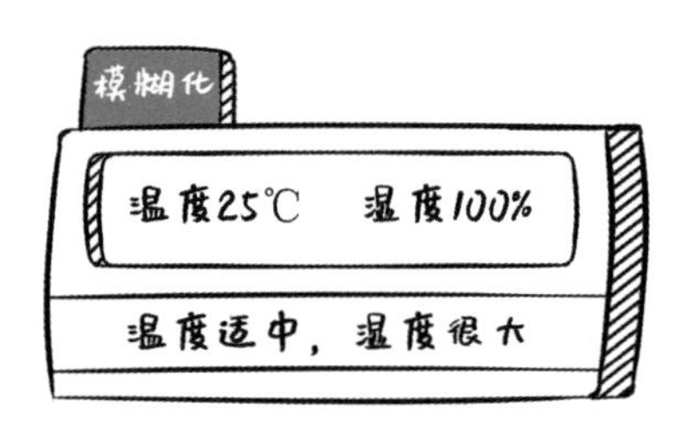

由“温度适中，湿度很大”得到“少浇水”的结论则是运用了推理方法，即根据模糊规则和输入对相关模糊集的隶属度得出模糊结论的方法。

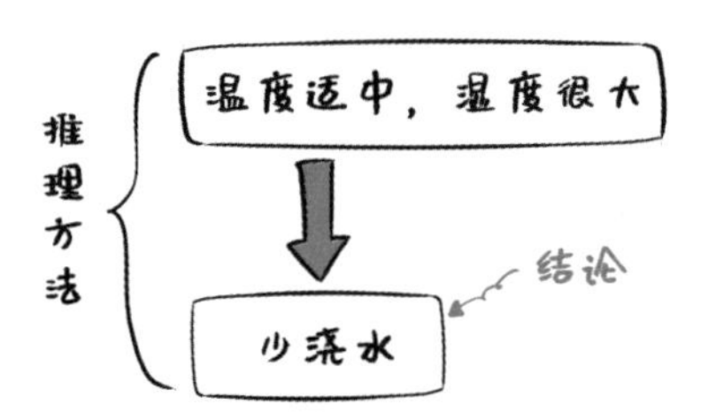

老板最终给出“一周 1 次”的结论就是去模糊化的过程，即将模糊结论转化为具体、精确的输出的过程。

小美听了老板的话，回去后减少了浇水的次数，一周只浇一次水，果然水仙花的叶子又慢慢变绿了。此外，小美还会根据天气的不同，隔段时间就调整浇水的次数，现在她的水仙花越长越好啦。

模糊计算可以表现事物本身性质的内在不确定性，因此它可以模拟人脑认识客观世界的非精确、非线性的信息处理能力和亦此亦彼的模糊概念与模糊逻辑。模糊计算的应用范围非常广泛，如家电产品中的模糊洗衣机、模糊冰箱、模糊相机等。另外，在专家系统、智能控制等许多系统中，模糊计算也都大显身手。

【扩展概念】

模糊逻辑：指模仿人脑的不确定性概念判断、推理的思维方式。对于模型未知或不能确定的描述系统，应用模糊集合和模糊规则进行推理，实行模糊综合判断，以解决常规方法难于对付的规则型模糊信息问题。

模糊逻辑善于表达界限不清晰的定性知识与经验，模拟人脑实施规则型推理。如著名的“沙堆问题”：从一个沙堆里拿走一粒沙子，这还是一个沙堆吗？如果规定沙堆只能由10000粒以上的沙子组成，“沙堆”这个概念的模糊性就消除了。10000粒沙子组成的是沙堆，9999粒沙子组成的不是沙堆，这在数学上没有任何问题。然而，仅仅取走微不足道的一粒沙子，就将“沙堆”变为“非沙堆”，这不符合我们日常生活中的思维习惯。

在企图用数学处理生活中的问题时，精确的数学语言和模糊的思维习惯会产生矛盾。传统的数学方法常常试图进行精确定义，而人关于真实世界中事物的概念往往是模糊的，没有精确的界限和定义。在处理一些问题时，精确性和有效性形成了矛盾，诉诸精确性的传统数学方法变得无效，而具有模糊性的人类思维却能轻易解决。

二值逻辑：对任一命题有且仅有“真”或“假”二值之一的各种逻辑（包括数理逻辑）系统的统称。真是“1”，假是“0”，这两个值是计算机处理一切逻辑的基础。

机器学习

【导读】机器学习（machine learning）是人工智能中的一个领域，指的是计算机利用已有数据（经验），得出某种模型，并利用此模型做出决策（预测未来、分类等）的一种方法。监督学习、无监督学习、强化学习、深度学习都属于机器学习的范畴。

现在，我们以一个机器学习中比较常见的算法"决策树"为例子，带大家感受一下机器学习的原理。

小美有一个表姐，长得很漂亮，但今年 30 岁了依旧单身，因此亲戚朋友们都很关心她的个人问题，经常一大箩筐一大箩筐地给她介绍男朋友。小美表姐每天既要忙于工作，还要用自己的碎片时间看大量的男生资料，问题是里面很多男生的条件都不如意，很浪费她的时间，她为此很苦恼。

后来，小美的表姐用了一个方法，大大解决了这个烦恼。当别人再给她介绍男朋友时，她先用一系列问题快速进行判断。

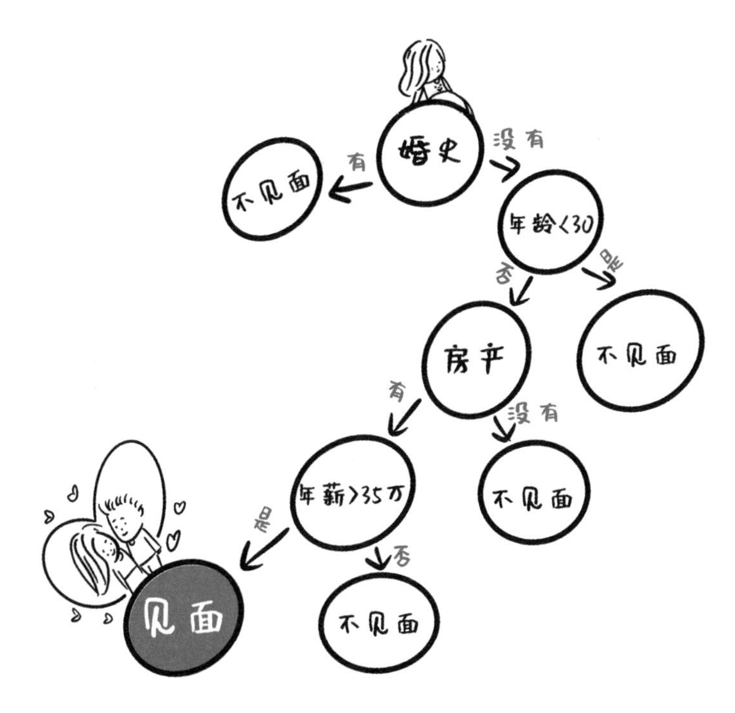

不久后，小美的表姐经过大量筛选，挑中了自己心仪的另一半。

上述例子中，小美表姐对男朋友的筛选有一组判别标准，并且这些标准是事先确定的，这类似**决策树算法**模型（指的是依据一种树形结构做出的预测或决策，其中每个内部结点表示一个属性上的测试，每个分支代表一个测试输出，每个叶结点代表一种类别）。之后，每当有新的样本数据（新的待筛选男友信息）输入，就经过这套模型进行分类，提升判断效率。这个过程类似机器学习。

总而言之，**机器学习**是利用已有数据（经验），得出某种模型，并利用此模型（算法）做出决策（预测未来、分类等）的一种方法。

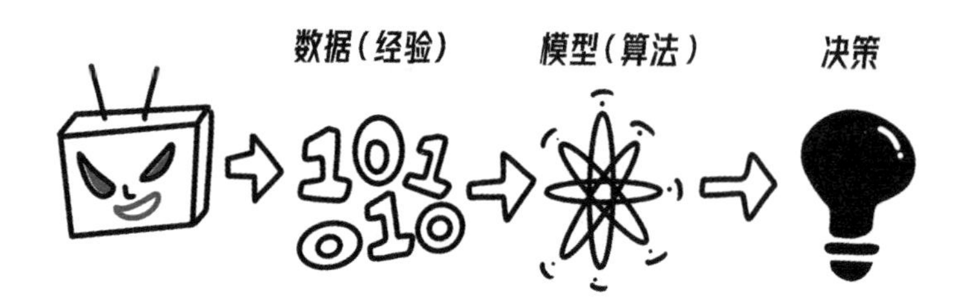

根据不同的实际问题，应采用不同的算法。决策树仅为众多机器学习算法之一，除了决策树算法以外，机器学习还有很多常用的算法，如监督学习中的回归、分类算法，无监督学习中的聚类、降维算法等。

迄今为止，机器学习已经有了十分广泛的应用，近在身边的如网上购物、智能搜索、语音和手写识别等。此外，数据挖掘、计算机视觉、自然语言处理、生物特征识别、医学诊断、信用卡欺诈检测、证券市场分析、DNA 测序、战略游戏等也都属于机器学习的实践应用。

监督学习

【**导读**】所谓监督学习，就是先利用有标签的训练数据，学习得到一个模型，然后使用这个模型对新样本进行预测。

监督学习(supervised learning)是机器学习中的一种训练方式，是通过对训练样本的特征数据按某种假设(模型)进行拟合(训练)，并将训练结果与训练样本的实际标签进行比对，直到通过不断调整模型参数使得比对结果偏差最小或控制在一定范围内，从而确定模型，并利用此模型对新的情境给出判断的过程。

为了设计、验证、固化模型，通常需要把经验数据按60% ∶ 20% ∶ 20% 的大致比例分为训练集、验证集和测试集。通过**训练集**构建模型，通过**验证集**优化模型，然后通过**测试集**检验模型准确性，以确定是否可将模型投入使用。如果模型通过测试，那么可以利用此模型对新的情境（根据新的数据）进行计算，从而给出判断。

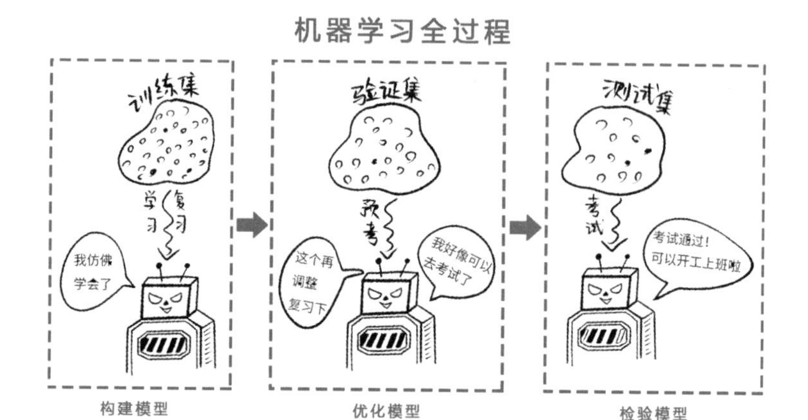

接下来，将通过小美学习辨别苹果和香蕉的例子，认识一下什么是监督学习。

你正在教小美辨别苹果和香蕉，你给小美 100 张不同的图片，其中 50 张是苹果，50 张是香蕉。

首先，先拿出 60 张图片（苹果、香蕉各 30 张）进行教学，告诉小美哪张是苹果哪张是香蕉（其实就是把苹果和香蕉的特征告诉小美，让小美记住这些特征）。

这个过程，便是小美学习和吸收经验的过程，对应的是监督学习中构建模型的过程。

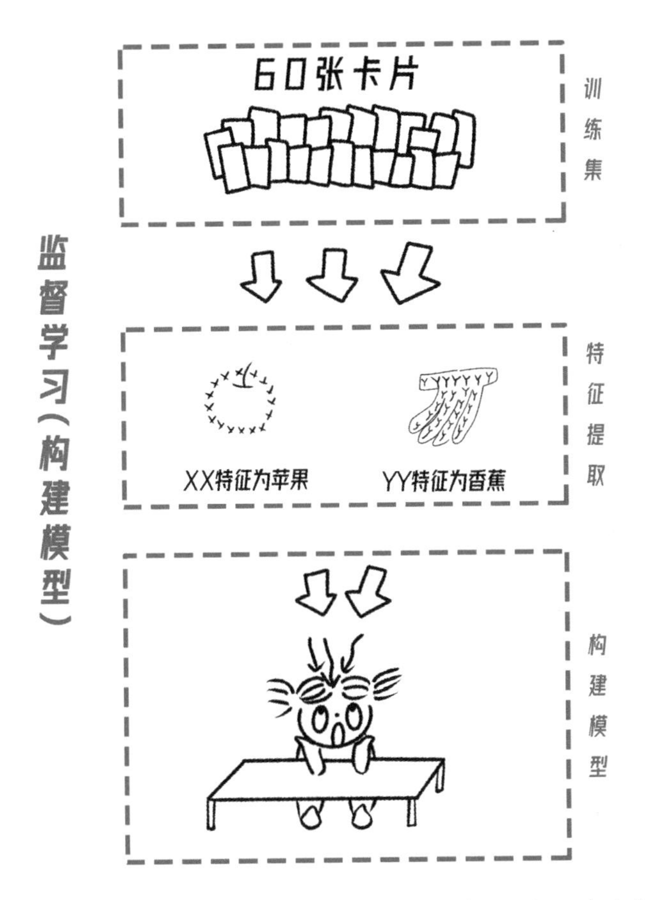

紧接着就是预考的过程。我们再拿出另外 20 张图片（苹果、香蕉各 10 张）来让小美识别（小美会去对比特征，看哪张是苹果哪张是香蕉），如果小美识别不准，就继续教她什么是苹果什么是香蕉（有可能原先小美以为只有香蕉是黄色，那么这会使她判断错

误，因为苹果也有可能是黄色的，因此我们要调整参数，继续让她熟知苹果和香蕉的特征），从而提高小美辨别的正确率。

这对应的是监督学习中优化模型的过程。

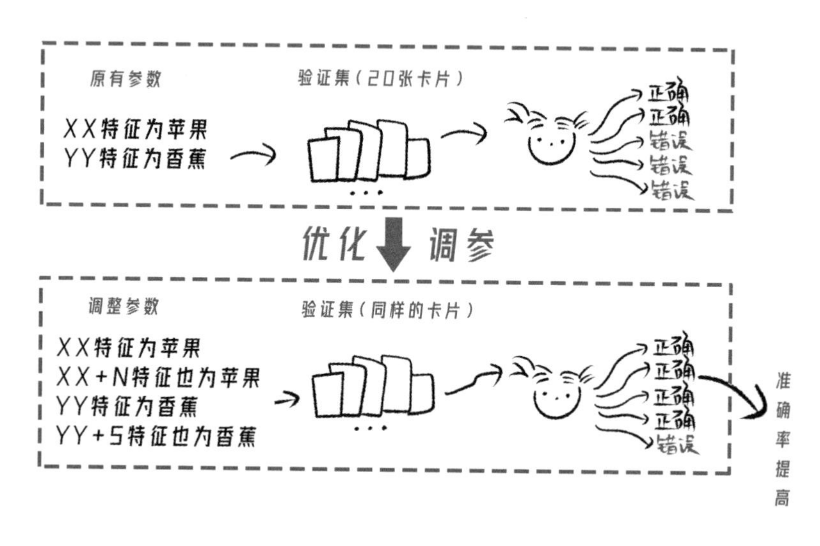

预考准备已经做好了，接下来便是正式考试阶段。

我们用余下的20张图片（苹果、香蕉各10张）对小美进行测试，看看她能识别多少（也许她会有5%的出错率，因为图片本身也可能有问题，这不算她的错）。如果准确率达到我们设定的误差要求（比如差错数小于2张），那么说明本项学习任务已经通过了。

这对应的是监督学习中检验模型的过程。

总而言之，就像上面教小美辨别苹果、香蕉的过程一样，用训练集构建模型、用验证集优化模型、用测试集检验模型的全环节，就是监督学习的全过程。当然，本文仅为举例，小美如若学习 1 万张未免太辛苦了，但正常的监督学习的训练集、验证集、测试集的数据量均需要数以万计。

【扩展概念】

标注：标注能够帮助机器学习认知数据中的特征，比如让机器学习认知苹果，我们需对苹果图片进行标注——打上标签注明“苹果”两个字，然后机器通过学习大量图片中的特征，就能识别图片内容了。常见的数据标注类型有分类标注、标框标注、区域标注、描点标注以及其他个性化标注。标注常应用于脸龄识别、情绪识别、性别识别、人脸识别，物品识别、自动驾驶等。

无监督学习

【导读】无监督学习（unsupervised learning）是机器学习中的一种训练方式，顾名思义，就是没有人监督机器学习，让机器自己看着办。

无监督学习是指没有明确目的（你无法提前知道结果是什么）、数据没有标签、最终无法量化效果的一种机器学习训练方式。无监督学习的两种常见算法是聚类与降维。

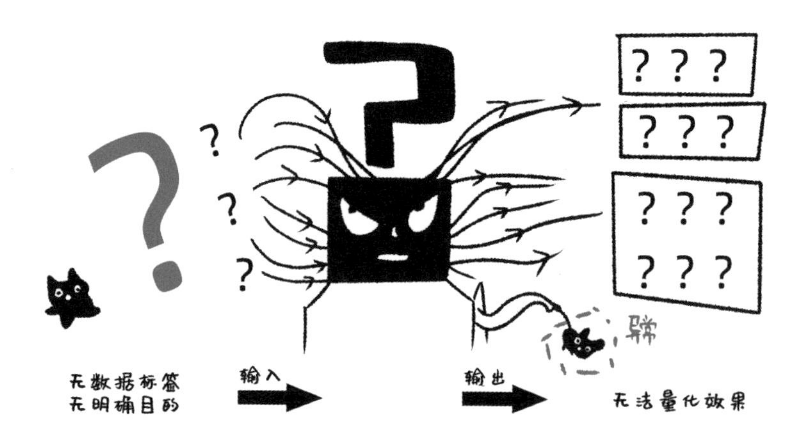

接下来，继续通过小美和水果的例子，认识一下什么是无监督学习。

你给小美 100 个水果（可能有苹果、梨、香蕉等，你也不太清楚），你也不告诉小美要干嘛，是要吃、要看还是要捏。其中，“你不告诉小美要干嘛”对应无监督学习中的“无明确目的”，“你也不太清楚究竟都是什么水果”对应无监督学习中的“数据无标签”。

聚类

好，紧接着，几个小时内，你就不管小美了，我们来预设几个结果。

- 等你回家的时候，小美有可能把水果分为了几类，把软的归为一类，硬的归为一类。
- 也可能小美全都吃了，有核的归为一类，无核的归为一类。
- 也可能小美把绿色的归为一类，黄色的归为一类，红色的归为一类，橙色的归为一类。
- 也可能小美把圆形的归为一类，有 S 曲线的归为一类……

如此种种，都对应无监督学习中的“聚类”。

聚类是无监督学习中一种自动分类的方法，指将数据按相似度聚类成不同的分组，但并不清楚聚类后是几个分类，每个分类代表什么，只是知道类别之间有所不同而已。

无监督学习中的聚类法常用于对数据进行分类，如对用户分类，便于进行精准营销投放；对产品分类，便于经营管理商品；对12345热线问题分类，便于整理问题诉求等。

再回到例子中，也有可能水果全被小美吃光了，只有一个是塑料苹果，很硬，咬不动，她没能吃掉（其实是个道具苹果）。

最后的例子说明，无监督学习还常被用于发现异常。例如，警察在将大量的行为数据运用聚类法进行分类时，如果发现一小类非常不同，就可以进一步对这一类别的行为进行跟进，说不定就会抓到坏人了。

降维

再回到例子中，小美也有可能啥都没做，只是半眯着眼睛，用朦胧状态看这一堆水果。最后，小美把形状为圆形的分为一类，其他形状的分为一类。

小美并没有在乎它们哪个更红，哪个更酸，或者哪个表面有斑点，这些她都忽略不计，而只聚焦于它们的外形。这对应的是无监督学习中的“降维”。

关于**降维**，具体的定义为：仅选取具有代表性的特征，在保持数据多样性的基础上，规避掉大量的冗余特征。降维过程中有可能会损失一些有用的模式信息，但在一定程度上，降维能够提高运算效率，节省时间。

总而言之，无目的、无标签的机器学习方式便是无监督学习，两种常见的无监督学习算法是聚类和降维，聚类是按照数据相似度进行区分，而降维是按照数据主要特征进行区分。

【拓展概念】

聚类和**分类**：聚类是一种典型的无监督学习算法，是将对象进行分组的一项任务，使相似的对象归为一类，不相似的对象归为不同类。聚类的行为源于人类学习和思考时归类总结的习惯。与分类是按照已定的程序模式和标准进行判断划分不同，聚类时并不知道具体的划分标准，要靠算法判断数据之间的相似性，把相似的数据放在一起。也就是说，聚类最关键的工作是：探索和挖掘数据中的潜在差异和联系。

举例说明，假设一个班级有30名学生，每名学生有10张不同的照片。聚类相当于将这300张照片打乱，在不告诉机器任何学生信息的情况下，仅凭对300张照片的学习，把它分成10类。分类相当于在每张照片上写了该同学的名字，让机器对这300张照片和照片上的名字进行学习，形成一个包含10个类的模型，再用该模型来预测未知照片属于哪个类。

强化学习

【导读】监督学习、无监督学习和强化学习属于机器学习的三个大类。强化学习（reinforcement learning）又被称为再励学习、评价学习或增强学习，是除监督学习和无监督学习之外的第三种机器学习方法。

强化学习指的是机器选择一个动作用于环境，环境接受该动作后状态发生变化，同时产生一个强化信号（奖或惩）反馈给机器，机器根据强化信号和环境当前状态再选择下一个动作，选择的原则是使受到正强化（奖）的概率增大。

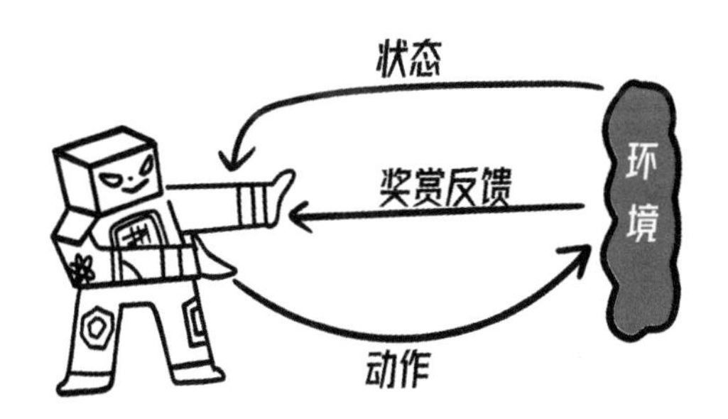

接下来，将围绕小美养狗的例子，告诉你什么是强化学习，以及强化学习与监督学习、无监督学习的区别。

什么是强化学习

小美家里新养了一只宠物小狗，但是初来乍到的小狗并不懂家里的规矩，于是，小美想要给它训练一下家规。

此处，可以把小狗看作机器主体，“它不懂家里规矩”对应强化学习中的“数据无标签，机器在没有尝试前不知道什么是对，什么是错”。

第一天，小狗在家里乱尿尿，小美打了它，并且罚它半天不能吃狗粮。下午，小狗去厕所尿尿，小美摸了摸它，并且奖励了好吃的。不断循环往复，小狗明白了：在厕所尿尿 = 主人高兴 + 有好吃的；四处在客厅尿尿 = 主人不开心 + 会被打一顿 + 没有吃的。慢慢地，小狗再也不会在家里四处乱尿，变成了一只爱干净的小狗。

上述例子中，“小狗在家里乱尿尿”对应强化学习中的“行为”，只有有了行为才有行为所对应的外界的反馈，而这个反馈就是“小美打它，并且不给他吃的”。而后面的“小狗去厕所尿尿，小美奖励食物”对应的是强化学习的“（正）强化信号”。

小狗（机器）在循环往复地试错后，明白了什么是对的，什么是错的，并且不断地去趋向对的行为，寻求最佳的表现结果。

强化学习与监督学习的区别

可能有读者会说，感觉强化学习和之前提过的监督学习很相似，都有一个“训练导师”。

是的，虽然如此，但不同的是：监督学习中数据有标签，是通过“带有答案”的数据来训练机器（例如，你拎着小狗，去整个屋子的四处全都走一遍，告诉它这里是可以尿尿的，那里是不可以尿尿的）。

而强化学习中数据无标签，机器只有尝试了，才能得到反馈（例如，小狗在客厅尿尿，被打了；在厕所尿尿，被表扬了，并且奖励了好吃的），然后根据反馈，调整之前的行为（例如，小狗知道了做什么会被表扬，就会去做；做什么会被打，就不再做），就这样不断地调整，机器能够学习到在什么样的情况下选择什么样的行为可以得到最好的结果（小狗以后都到厕所去尿尿了）。

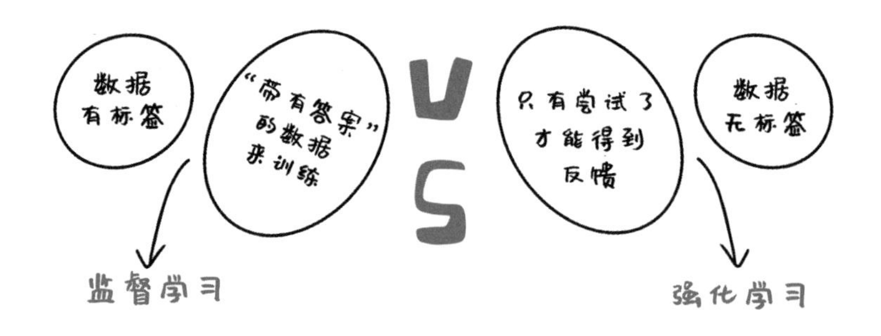

强化学习与无监督学习的区别

可能还有读者会说，数据都是无标签的，那么强化学习和无监督学习不是很像吗?

不同的是，无监督学习是从无标签的数据集中发现隐藏的结构（例如，小狗观察了下家里的环境，知道了马桶、垃圾桶和地毯都是圆的，衣柜、电视机、抽屉都是有棱角的），而强化学习的目的是获得最大化奖励结果（小狗内心独白：在别的地方尿尿会被打，在厕所尿尿会被夸，我以后要做一只被奖励的狗狗）。

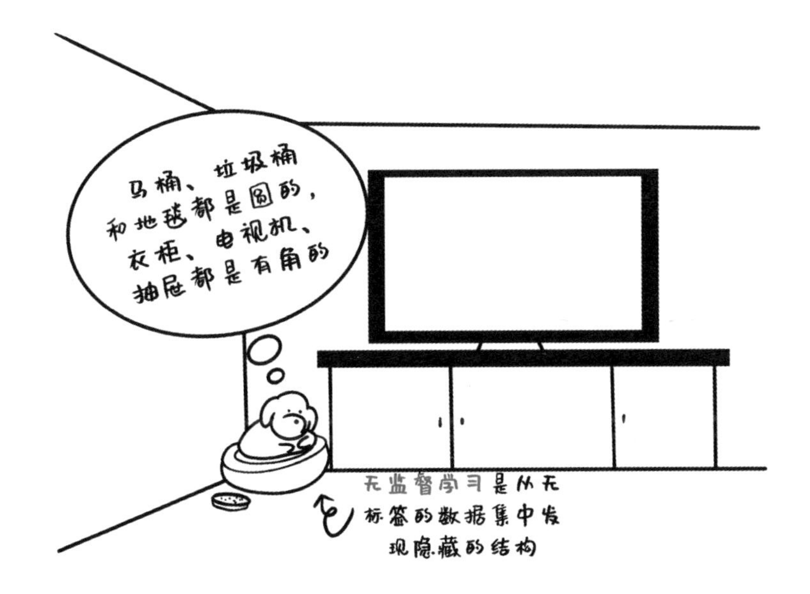

总而言之，强化学习就是让计算机从什么都不懂，通过不断尝试，在环境给予的奖励或惩罚的刺激下，逐步形成对刺激的预期，在规律中学习的一种方法。强化学习的应用很广泛，无论是日常社交平台中的推荐、优化、猜你喜欢等，还是游戏、自动驾驶，甚至是大家所熟知的苹果智能语音助手 Siri 或者是战胜世界第一围棋手的阿尔法围棋（AlphaGo），都有着强化学习的相应尝试与实践。

人工神经网络

【导读】人工神经网络（artificial neural network，ANN）是人类对自身神经系统的模仿，通过模拟人类神经系统的基本工作原理而形成的一种机器学习算法架构。基于人工神经网络架构而发展的深度学习已成为机器学习领域中的“网红”。

人类神经系统的基本工作原理

人类神经系统由神经元组成，神经元是人类神经系统结构和功能的基本单位，了解人类神经系统的基本工作原理可从神经元的工作原理开始。

绝大多数神经元由细胞体和突触这两部分组成。其中，突触又分为树突和轴突。

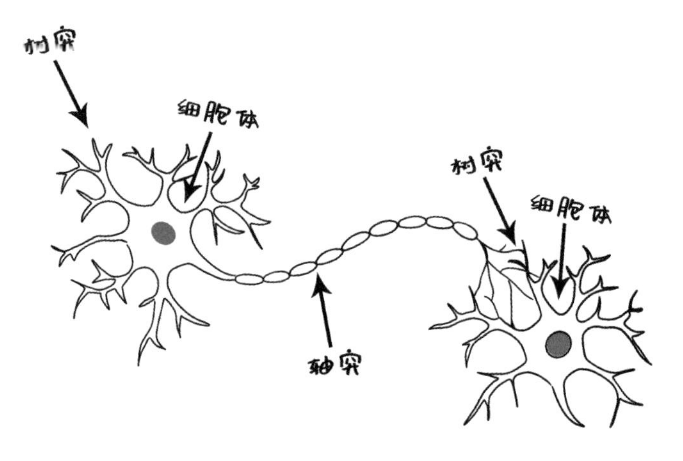

神经元的树突接收来自外部（来自其他神经元的轴突末梢）的信息刺激，并经细胞体进行处理。处理后的信息转化为电信号，通过神经元的轴突传递到下一个神经元。

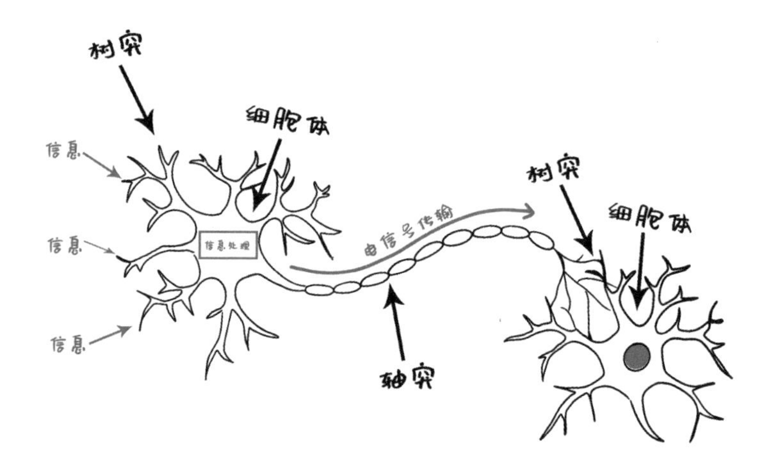

信息能不能从一个神经元传递到另一个神经元，取决于信息处理后电信号的强度。只有当细胞体处理后的信息输出信号（电信号）大于某一电位阈值，信息才能从一个神经元传递到下一个神经元，

这时两个神经元之间就建立了“连接”；若细胞体处理后的信息输出信号（电信号）低于某一电位阈值，信息无法从一个神经元传递到下一个神经元，这时两个神经元之间没有建立“连接”。正是树突和轴突的共同作用，实现了不同神经元之间的信息传输。

在我们的大脑中，有数十亿个神经元，它们之间通过这种“连接”构成了人体复杂巨大的神经网络，实现对事物的学习训练和知识判别。

例如，小美还是婴儿时，她每次看到猫，或者耳畔听到喵喵声，大人都会告诉她这是猫。在这个持续的训练过程中，会不断地根据小猫的外形信息、语言信息、声音信息自觉建立起视觉神经元、语言神经元和听觉神经元之间的“连接”，从而形成具有识别小猫能力的神经网络。日后只要再看到小猫，或听到小猫的声音，或看到关于小猫的文字描述，这个经过训练的神经网络就会启动，从而完成对小猫的识别。

人工神经网络（ANN）

人工神经网络是指模拟人类神经系统的基本工作原理而形成的一种机器学习算法架构。其中，核心是模拟生物神经元的结构和功能，并将生物神经元的基本工作原理通过某种数学模型（通常使用函数）和网络关系来表示。

具体地，将生物神经元的树突接收信息表示成一个函数的多个参数输入，将细胞体对树突接收的信息处理表示成一个关于这些参数的数学多项式的加总函数，将细胞体的电位阈值设定成一个偏值，对函数加总结果与偏值进行比较，若函数加总结果大于偏值，则数学模型输出结果为 1（类似于生物神经元的轴突传递电信号，连接下一个神经元）；否则，数学模型输出结果为 0（类似于生物神经元的轴突不传递电信号，不连接下一个神经元）。

实际应用中，我们可以根据输出结果是 1 还是 0 来做二元判断："是"或"否"、"对"或"错"、"高"或"低"、"白"或"黑"等。

最早模拟生物神经元基本工作原理的 **MP 数学模型**，由心理学家 MeCulloch 和数理逻辑学家 Pitts 于 1943 年首次提出。

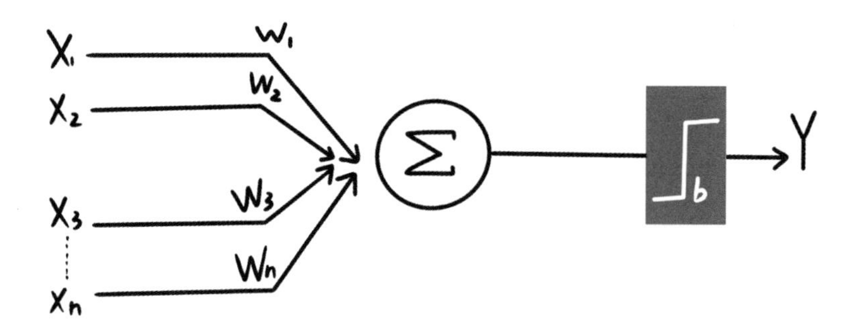

主要原理如下：

每个神经元都是一个"多输入、单输出的信息处理单元"。

其中，左边箭头部分是 MP 模型的"输入层"，接收输入数据 $x_1, x_2, x_3, \cdots, x_n$（模拟树突接收信息），中间加和部分是 MP 模型的"输入数据处理单元"（模拟细胞体处理信号），其中的 b 是一个偏值，以控制 MP 模型的输出（模拟细胞体处理后的电信号与电位阈值之间的比较关系），标有“∫”的部分是一个所谓的“激活函数”，或输出 1，或输出 0，即结果 Y。

w_1, w_2, w_3, …, w_n 是“权重值”，表示不同输入信号对神经元的影响程度。绝对值大的正权重值，表示对当前神经元给予比较强烈的刺激（兴奋）；绝对值小的负权重值，表示对当前神经元给予比较弱的抑制。

各输入信号乘以相应的权重值后加总，加总结果再与偏值 b 进行比较。只有当加总和大于偏值 b 时，输出结果才为 1；其余情况下，输出皆为 0。

以上就是对生物神经元进行模拟的 MP 模型，其开创了人工神经网络计算时代的先河。

人工神经网络的发展

MP 模型结构相对比较简单，只有输入层和输出层两层，只能处理一些简单的二值逻辑判断（输出结果要么是 1 要么是 0），对于一些复杂问题则难以为继。

2006 年，加拿大多伦多大学的计算机科学家 Hinton 提出了“深度学习”概念。2016 年，谷歌公司应用深度学习算法开发了一款名为 AlphaGo 的智能围棋机器人，打败了世界围棋高手李世石。之后，深度神经网络（deep neural network，DNN）开始大行其道，将人工神经网络带到了人工智能舞台的中央。

深度神经网络（DNN）除了输入层和输出层外，还有很多中间层（也称隐藏层）。第一层是“输入层”，最后一层是“输出层”，而中间都是“隐藏层”，层与层之间是全连接的。

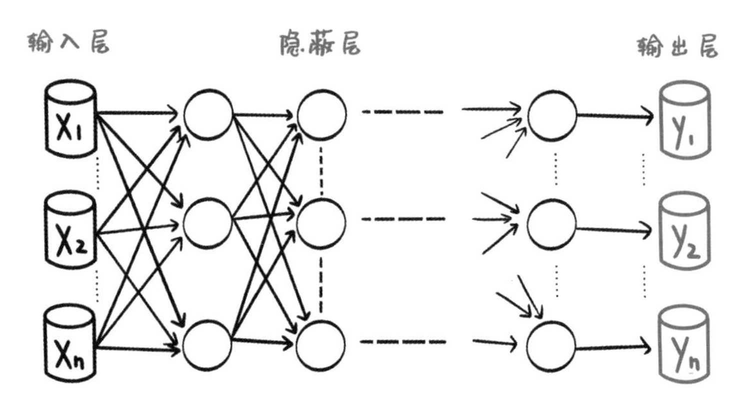

为了解决不同的问题，各层的节点（模拟神经元）数、隐藏层的层数、不同层上节点之间的连接权重值，以及激活函数的选择都会不同。这一切我们可以统称为“参数”，参数的确定取决于针对不同问题的学习优化算法。

深度神经网络由于包含输入层、多个隐藏层（中间层）和输出层，并具有多个输出节点（可以进行多分类），对于一些复杂问题具有较强的处理能力。今天，基于深度神经网络模型的各种多层神经网络已广泛应用到基于大数据的模式识别、图像处理和自然语言处理等领域。

随着人类对脑科学的深入研究，加上计算性能的不断提升，人工神经网络将会得到更进一步的发展，“类脑智能”未来可期。

【拓展概念】

隐藏层：除输入层和输出层以外的其他各层。隐藏层不直接接收外界信号，也不直接向外界发送信号。

卷积神经网络（CNN）：是一类包含卷积计算且具有深度结构的前馈神经网络，是深度学习的代表算法之一。卷积神经网络具有表征学习能力，能够按其阶层结构对输入信息进行平移不变分类，因此也被称为平移不变人工神经网络。

前馈神经网络（FNN）：是一种最简单的神经网络，其各神经元分层排列，每个神经元只与前一层的神经元相连，接收前一层的输出，并输出给下一层，各层间没有反馈，是应用最广泛、发展最迅速的人工神经网络之一。

循环神经网络（RNN）：是一类以序列数据为输入，在序列的演进方向进行递归且所有节点（循环单元）采用链式连接的递归神经网络。

深度学习

【**导读**】深度学习（deep learning）是机器学习中的一个分支，除去深度学习外的其他机器学习方式我们通常称为传统机器学习。

深度学习如何模拟人脑进行学习

深度学习起源于对人工神经网络的研究，包含多个隐藏层的多层感知器就是一种深度学习结构。简而言之，深度学习就是使用了深度神经网络的机器学习。

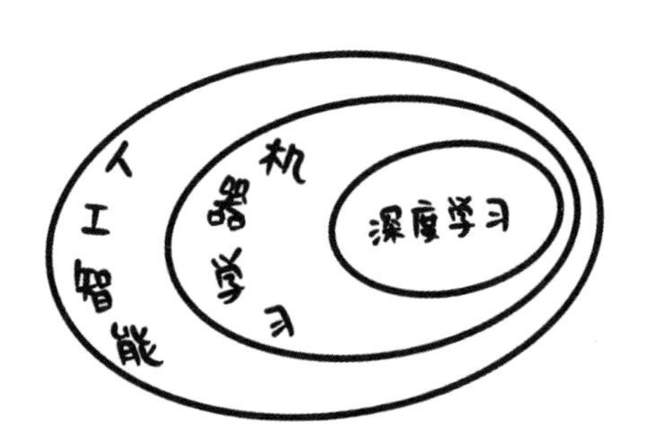

深度学习的实质，是通过构建具有很多隐藏层的机器学习模型

和海量的训练数据，来学习更有用的特征，从而提升分类或预测的准确性。深度学习的关键在于建立模拟人脑进行分析学习的神经网络，它模仿人脑的机制来解释数据，如图像、声音和文本。

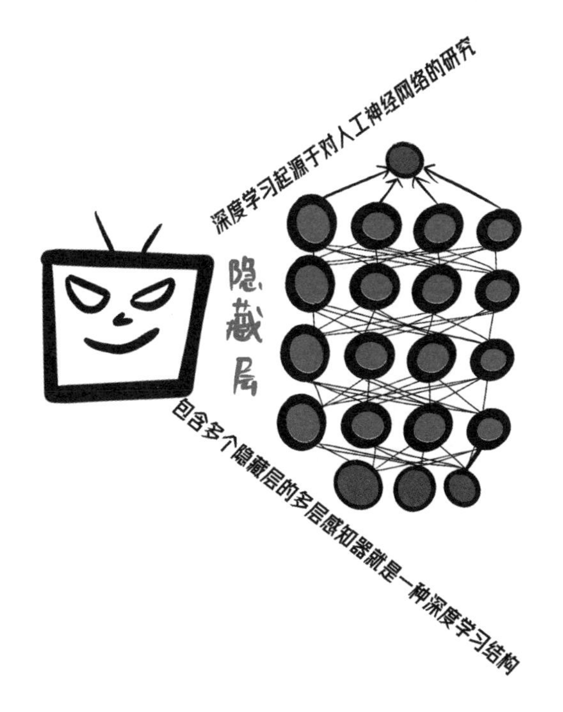

接下来，将通过小美学习辨别猫的例子，认识一下什么是深度学习，以及深度学习与传统机器学习的区别。

此时此刻，小美正在学习辨别什么是猫，咱们假设采用了两种学习方式。

A 方式：你拿出很多小猫的图片，然后告诉小美有尖尖耳朵、三角鼻子，长这个轮廓（你用手生动比划着）的就是猫。小美懂了，也能在一堆照片中找出小猫来。

上述例子中，你告诉小美小猫有尖尖耳朵、三角鼻子等特征的行为，类似于传统机器学习中的“人工提取特征”，而小美就相当于“机器”，在学习你提供到的特征。

B 方式：你给小美 10 亿张小猫图片，让她没日没夜地看。我们来感受一下这些小猫图片在小美体内是如何被加工的：首先，小美先从原始信号（图片）摄入开始（瞳孔摄入像素）→接着做初步处理（大脑皮层某些细胞发现边缘和方向）→然后抽象（大脑判定眼前物体的形状）→然后进一步抽象（大脑判定鼻子是三角的，耳朵是尖的等，可能还有更多的判定标准）→再进一步判断（大脑进一步判定该物体是只小猫）。

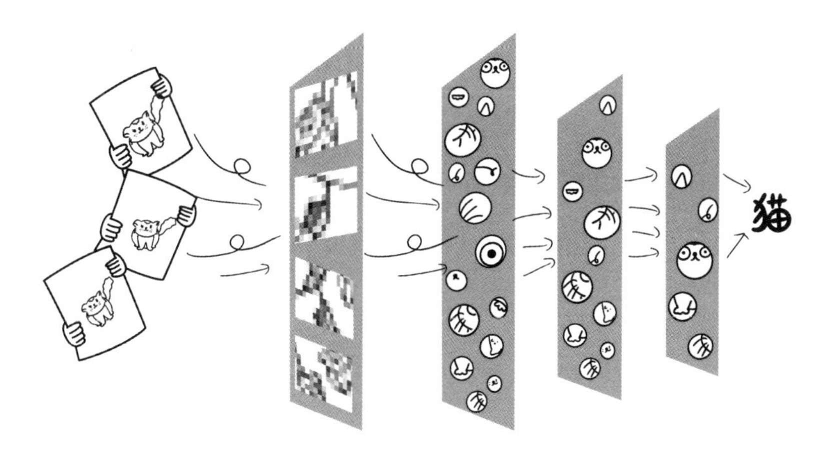

上述例子中，小美的逐层认知过程其实就是人类的视觉形成原理。

1981 年，David Hubel、Torsten Wiesel 和 Roger Sperry 发现人类视觉系统的信息处理是分级的，而大脑处理视觉信号，是一个对接收信号不断迭代、不断抽象概念化的过程。这个过程和我们的常识是相吻合的，例如复杂的图形，往往就是由一些基本结构组合而成的。大脑是一个深度架构，认知过程也是有深度的。

人工智能领域常说的神经网络就是模仿人类智能的多层神经网络，从第一层（浅层）主要用于感知的神经网络，到深层的神经网络。深度学习通过组合低层的特征，形成更加抽象的高层，表示属性类别或特征，以发现数据的分布式特征表示。这里的“深度”，就是说神经网络中众多的层，你可以把小美替换为机器人，理解其中的原理。

深度学习与传统机器学习的区别

深度学习与传统机器学习有很多区别，如人工特征提取不同、特征映射不同、数据量不同等。

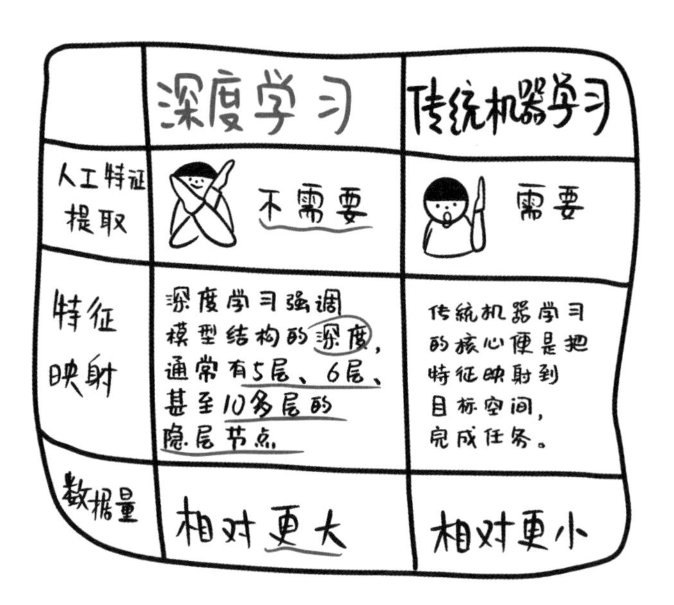

	深度学习	传统机器学习
人工特征提取	不需要	需要
特征映射	深度学习强调模型结构的深度，通常有5层、6层、甚至10多层的隐层节点	传统机器学习的核心便是把特征映射到目标空间，完成任务。
数据量	相对更大	相对更小

深度学习被广泛应用于视觉和听觉领域，如人脸识别、文字识别、语音识别、智能客服等。华为 OCR 服务可以做到身份证识别、增值税发票识别、驾驶证识别等。除此以外，深度学习还被应用于更多其他领域，如自动驾驶、定位跟踪、医疗诊断等。

集成学习算法

【**导读**】集成学习（ensemble learning）算法并不是一个单独的机器学习算法，而是多个机器学习算法模型的组合。此时，每个机器学习算法模型都简称为一个学习器，将若干个学习器通过一定的策略组合之后，产生的新学习器可以构建出更优的预测模型。

集成学习思想

在机器学习领域，有许多经典的机器学习算法模型，如线性回归、逻辑回归、K- 最邻近、朴素贝叶斯、决策树、支持向量机、K-means 聚类、主成分分析等，它们或用于监督学习中的分类与回归分析，或用于无监督学习中的聚类与降维分析。此外，机器学习算法大家庭中还有深度学习这个“网红”。

正所谓“尺有所短，寸有所长”，这些机器学习算法模型同样也存在类似问题：在某些问题的解决方面表现出较好的性能，但某些方面又表现得不尽如人意。那么，可否对这些算法模型进行某种策略上的组合，以取其长、避其短呢?

“三个臭皮匠，顶个诸葛亮”，这便是集成学习思想的出发点。接下来，让我们通过例子加深一下理解。

在小美叔叔的公司，正围绕“是否与某品牌公司合作”做出决策，小美叔叔组织五名员工（代号为 A、B、C、D、E）进行了讨论。其中，A 是技术人员，B 是市场人员，C 是销售人员，D 是财务人员，E 是渠道管理人员。小美叔叔想听听大家的意见，然后综合大家的意见做出决策。如果多数人反对合作，小美叔叔大概率不会选择合作；如果多数人赞成合作，小美叔叔大概率会选择合作。这就有点“集成学习”的意思。

集成学习算法

集成学习算法并不是一个单独的机器学习算法，而是多个机器学习算法（简称学习器）在一定策略下的优化组合。通过集成学习算法可以更高效地完成学习任务。

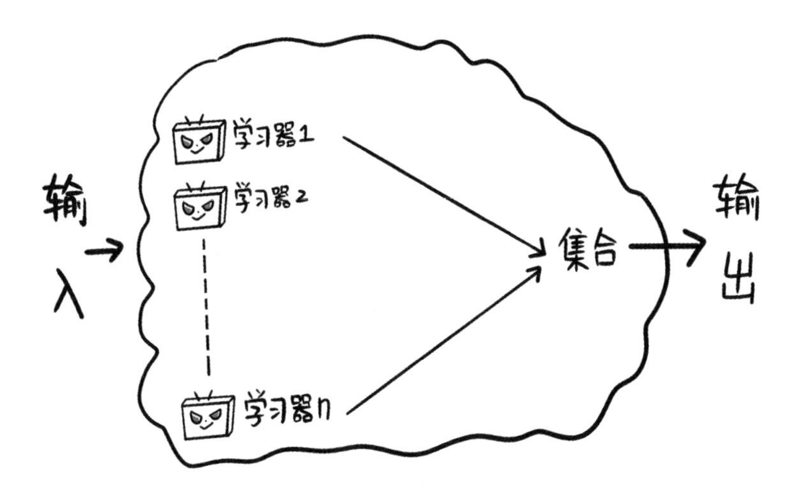

选什么样的学习器进行组合，以什么形式进行组合，如何训练每个学习器，以何种策略集合各学习器的预测结果，这便是集成学习算法中的 4 个核心问题。

（1）学习器的选择问题。

一般地，集成学习算法模型的学习器至少是两个或两个以上（如果是一个，就不存在集成了，就是单个机器学习算法模型）。如果所选的是同一类学习器，如 3 个都是决策树算法模型，或 4 个都是朴素贝叶斯算法模型，则称这些学习器为“同质学习器”；如果所集成的学习器不属于同一类，如 2 个是决策树算法模型、3 个是朴素贝叶斯算法模型，则称这些学习器为“异质学习器”。

多数情况下，集成学习算法模型选用的学习器都是同质学习器，且以决策树、朴素贝叶斯和神经网络算法模型居多。到底选择哪类学习器，这与所需解决的问题有关。

（2）学习器的组合问题。

目前，比较流行的组合形式有两种：串联组合和并联组合。

串联组合是将学习器进行串联，即前一个学习器的输出是后一个学习器的输入，后一个学习器的输出又是再后一个学习器的输入……直到最后一个学习器的输出满足要求。

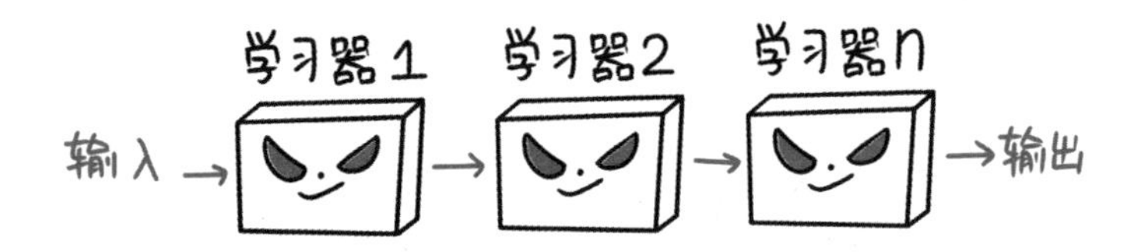

并联组合是将学习器进行并联，即每个学习器独立训练，最后根据各学习器的预测结果进行“表决”。例如分类问题，20 个个体学习器中有 15 个预测结果为 1，5 个预测结果为 0，在相同权重的情况下，则最终的结果确定为 1（当然也可分配不同的权重，最后采用加权平均法进行表决）。

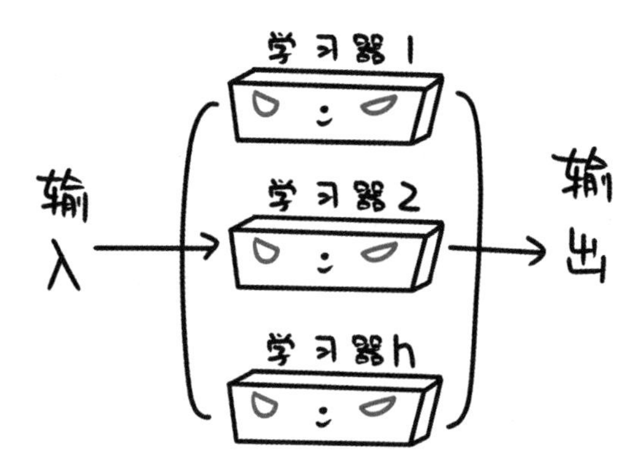

（3）学习器的训练问题。

串联组合的集成学习算法模型，通常基于提升法（Boosting）对学习器进行训练。

首先在数据训练集中用初始权重（如权重设置为 1，亦即用初始训练集 [X0, Y0]）训练得到一个学习器模型 1，并得到一个预测结果 1，然后根据学习器模型 1 的学习误差率（预测结果 1 与真实值之间的偏差 (-Y0)）更新初始训练样本的权重，得到新的训练集 [X1, Y1]（即将导致学习器模型 1 的学习误差率高的原训练样本点 [X0, Y0] 的权重变高），然后基于训练集 [X1, Y1] 再训练学习器模型 2……如此重复进行，直到学习器模型数达到事先设定的数目，或者最后一个学习器模型的学习误差率达到要求。最后，将这些学习器模型通过某种集合策略进行集合，得到最终的集成算法模型。

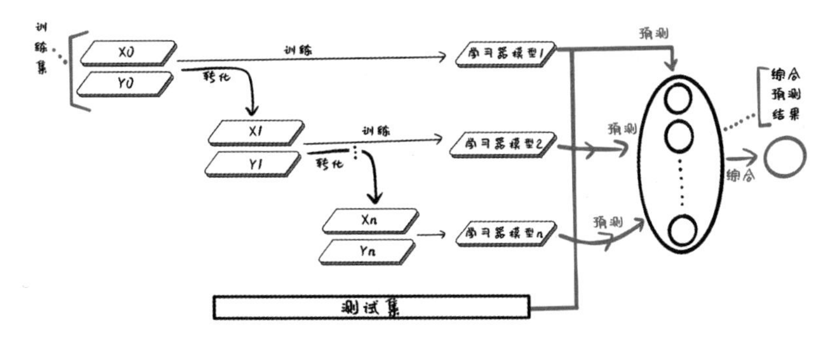

提升法系列算法中最著名的主要有 AdaBoost 算法和提升树（boosting tree）系列算法，提升树系列算法中应用最广泛的是梯度提升树（gradient boosting tree）。

对应并联组合的集成学习算法称为袋装法（bagging，又称装袋法）。其学习原理如下：

每轮从原始样本集中随机抽取 *n* 个训练样本（每轮抽取完后再放回，这样，有些样本可能被多次抽取到，而有些样本可能一次都没有被抽中），每轮使用随机抽取的 *n* 训练样本进行训练以得到一个学习器模型。若进行 *k* 轮抽取，则得到 *k* 个训练集，通过训练共得到 *k* 个模型。这 *k* 个模型并联组合成一个集成学习算法模型。

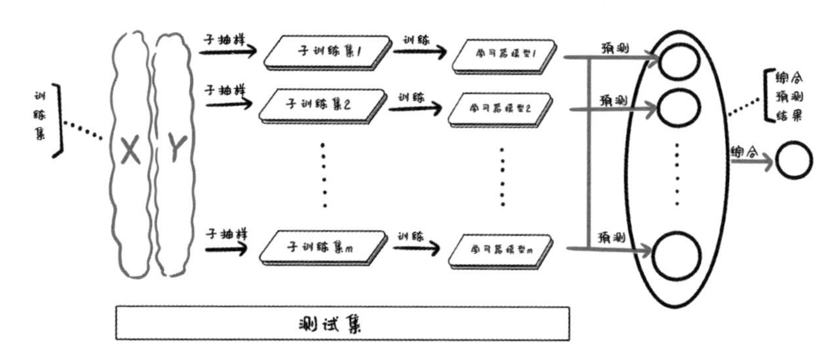

袋装法系列算法中比较有名的是随机森林法（random forest，RF），其中的学习器都是决策树。

（4）集合策略问题。

集成学习算法模型中，各学习器模型会输出不同结果，如何将它们集合成最终输出结果呢？这就涉及到集合策略的问题。

目前，流行的集合策略主要有两种：平均法和投票法。

平均法，简而言之，就是对各个学习器的结果进行平均，包括简单平均和加权平均两种方法。

简单平均就是将各个学习器的结果进行加总后再求均值。例如，对于分类结果只有两种情况（要么是 1，要么是 0）的分类器，在 20 个学习器中，有 15 个学习器结果是 1，5 个学习器结果是 0，则总和是 15，平均到 20 个学习器，结果是 0.75（考虑到 0.75>0.5，可以把它归为 1），则最终结果输出就为 1。

对于加权平均，则要考虑到每个学习器的权重变量。还是上述例子，如果 15 个输出结果为 1 的学习器的权重都很小（为简单起见，权重值统一设为 0.2），5 个输出结果为 0 的学习器的权重值统一设为 0.5，则加权和为 3（15×1×0.2+5×0×0.5），加权平均为 0.15 (3/20)（考虑到 0.15<0.5，可以把它归为 0），则最终结果输出就为 0。可见，不同的集合策略，最终输出结果会有所不同。

投票法，可分为简单多数投票法、绝对多数投票法和加权投票法。

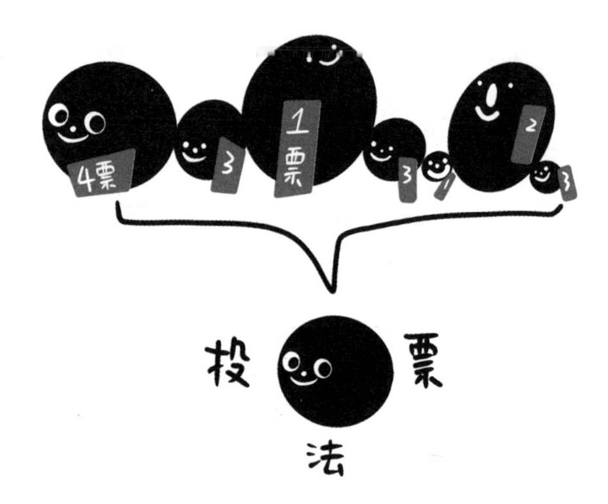

简单多数投票法中，如果某个预测结果占多数，则这个结果就作为最终的预测结果。绝对多数投票法中，只有当某个预测结果占多数，且这个预测结果达到了某一规定值，这个结果才能作为最终的预测结果。例如，假设是一个三分类的情况，还是20个学习器，输出结果为A的学习器有5个，输出结果为B的学习器有8个，输出结果为C的学习器有7个，尽管预测结果为B的学习器是多数，但这个多数只有8个，未达到规定值（如11个），那么最终输出结果就不能是B；若是输出结果为B的多数为11个及其上，最终输出结果才可能是B。

加权投票法类似于加权平均法，最终输出结果得考虑权值。还是上述例子，如果输出结果为B的8个学习器的权重都为0.5，而输出结果为A的5个学习器和输出结果为C的7个学习器的权重为0.2，则输出结果为B的8个学习器的份额是8×0.5=4，输出结果为 A 和 C 的 12 个学习器的份额是 2.4（5×0.2+7×0.2=2.4），考虑到 4/(4+2.4)=0.625，大于 11/20=0.55，则最终输出结果为 B。同样的，不同的集合策略，最终输出结果会有所不同。

由于集成学习算法模型相比单一模型，往往能获得更好的学习效果，目前已成为人工智能领域工业化应用最为广泛的模型，也是各类机器学习竞赛项目的首选模型。

图像识别

【导读】图像识别是利用计算机对图像进行处理、分析和理解，以识别不同模式的目标和对象的技术，是深度学习算法的一种实践应用。

图像识别实际上是一个分类的过程，为了识别出某图像所属的类别，我们需要将它与其他不同类别的图像区分开来。因此，图像识别的原理是对图像进行特征提取，并且寻找分类规律，然后根据分类规律对未知图像的所属类别进行判断，其过程可分为图像信息获取、图像预处理、特征提取与选择、图像分类判别四个步骤。

图像识别是怎么实现的

下面，让我们通过一个例子更好地理解图像识别的过程。

一天，你在教小美辨识猫和狗。你找来 100 张图片，其中 50 张是猫，50 张是狗，且每张图片里猫和狗的形态、表情、动作各异。

你先拿出 60 张图片（猫、狗各 30 张），小美认真地翻看每张图片里的猫和狗，并把它们的样子记在脑海里。

小美翻看并识记每张图片里猫、狗样子的过程，可以理解为在获取图像信息，这是进行图像识别的第一步。也就是借助数字摄像机、扫描仪、数码相机等设备进行图像采集，并将其转换为计算机可以识别的信息。

但是，因为这些图片是从不同地方找来的，有的图片颜色较暗，有的图片画面模糊。为了看得更加清楚，你和小美把这些图片拿到了灯光下面，小美甚至拿起了她的放大镜仔细观察图片。

把图片拿到灯光下面和拿起放大镜观察图片，实际上是在进行图像预处理。现实生活中，图像可能受到光照、尺寸、遮挡、形变、模糊等因素影响，不易识别。图像预处理就是对图像进行去噪、变换及平滑等操作，以便突显图像信息的重要特点，确保得到最为清晰的图像。

在观察图片的过程中，你告诉小美哪张是猫哪张是狗。其实，就是把每张图片上猫的特征和狗的特征告诉小美。比如，猫的眼睛、鼻子、嘴巴、耳朵、爪子、尾巴、体型是怎样的，狗的眼睛、鼻子、嘴巴、耳朵、爪子、尾巴、体型是怎样的。但是，你发现有些特征不能很好地区分猫和狗。比如，你原先告诉小美，狗的体型大，猫的体型小。但实际上，不同品种的狗之间体型存在较大差异，而有的猫和狗体型又比较相像。因此，我们需要选择能够有效区分猫和狗的特征。

所谓**特征**，是某一类对象区别于其他类对象的相应（本质）特点或特性，或是这些特点和特性的集合。对于图像而言，每一幅图像都具有能够区别于其他类图像的自身特征。因此，计算机需要采用一定方式进行分离，提取出图像中的关键信息。但是，特征提取中所得到的特征也许并不都是有用的，这时就要选择那些最具有区分能力的特征。这就是特征提取和选择的过程。

通过前面60张图片的学习，小美已经大概知道符合哪些特征的是猫，符合哪些特征的是狗。为了看看小美是不是真的学会了辨识猫和狗，你可以拿剩下的图片进行验证和测试。当然，小美有可能会辨识不准。这时，你要根据小美辨识错误的原因调整参数，帮她进一步区分猫和狗的特征。最后，如果小美的辨识准确率达到设定的误差要求（比如不能错2张以上），那我们就认为小美已经学会猫和狗的分类方式了。

通过学习、验证和测试学会猫和狗的分类方式，知道符合哪些特征的是猫，符合哪些特征的是狗，其实就是利用选择的图像特征和图像类别标签等大量图像数据进行训练，建立图像特征数据与图像类别标签的对应关系，得到分类判别模型（也可称之为“分类器设计”）。

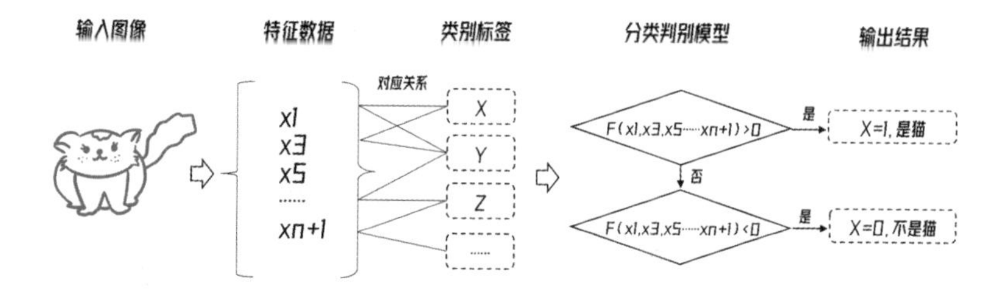

又有一天，你和小美在看动物绘本，刚好翻到一张猫的图片。你问小美，这是猫还是狗。小美歪头看着图片，想起之前学习到的分类方式。于是她按照相应的分类规则对图片进行判别，然后告诉你这是猫。

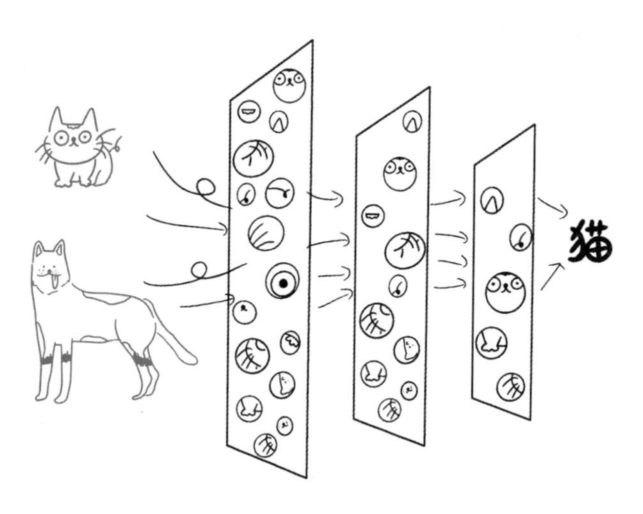

小美根据之前学习到的分类方式对未知图像进行类别识别，判断其是猫或者是狗，是在进行分类判别的过程。我们可以通过训练好的不同分类器，判断未知图像所属的类别，从而实现对未知图像的识别。

图像识别技术的发展

图像识别是人工智能的一个重要应用领域。最初的图像识别是非常笨拙的，需要科学家从图像中提取一系列特征（如边缘、角落、颜色等）进行手动编码，进而将大量的编码数据灌输到计算机中，才能形成相应图像的识别程序，并且只有与数据库完全一致的图像才能被成功识别。后来，科学家们又通过神经网络、卷积神经网络不断发展图像识别技术，提升识别率和准确度。

总体来说，图像识别的发展经历了三个阶段，分别是文字识别、数字图像处理与识别、物体识别。随着计算机技术与信息技术的不断发展，图像识别技术已经广泛应用于不同领域。常见的有遥感图像识别、医学图像识别、指纹 / 车牌 / 身份证 / 发票识别，还有安全领域的人脸识别、指纹识别，军事领域的地形勘察、飞行物识别，交通领域的车牌识别、拥堵检测，医学领域的疾病诊断等。此外，图像识别技术也是图像理解、自动驾驶等技术的重要基础。

【扩展概念】

目标分割：将数字图像细分为多个图像子区域（像素的集合）的过程。它能够简化或改变图像的表示形式，使得图像更容易理解和分析，其任务是把目标对应的部分分割出来。

目标识别：预先获得感兴趣的图像或者区域，利用机器学习方法进行分类，如判断物体是 A 还是 B。

目标检测：识别图像或者视频中有哪些物体以及物体的位置（坐标位置），即在一个场景中对目标进行定位和识别，具有明确的目的性。

目标追踪：基于对目标的定位，实时追踪目标所在的位置。

比如，对视频中的小美进行跟踪时，处理过程如下：（1）目标分割：采集第一帧视频图像，因为人脸部的肤色偏黄，因此可以通过颜色特征将人脸与背景分割出来；（2）目标检测：分割出来的图像可能不仅仅包含人脸，还包含环境中部分颜色也偏黄的物体，此时可以通过一定的形状特征将图像中所有的人脸准确找出来，确定其位置及范围；（3）目标识别：需将图像中所有的人脸与小美的人脸特征进行对比，找到匹配度最高的人脸，从而确定哪个是小美；（4）目标跟踪：之后的每一帧不需要像第一帧那样在全图中对小美进行检测，而是可以根据小美的运动轨迹建立运动模型，通过模型对下一帧小美的位置进行预测，从而提升跟踪的效率。

人脸识别

【导读】人脸识别是一种计算机视觉图像识别算法，在生活中有着广泛的应用，如地铁、高铁站里的刷脸进站，写字楼里的刷脸打卡，购物时的刷脸支付等。除此以外，智慧门店里通过摄像头进行新老顾客识别、公安系统里进行犯罪嫌疑人比对等，使用的也是人脸识别技术。

人脸识别是一种计算机视觉图像识别算法。简而言之，就是通过机器检测识别人脸并提取面部特征信息，形成人脸特征编码库，然后进行人脸特征匹配以获取唯一身份的图像识别算法。

人脸识别算法包括人脸检测、人脸对齐、人脸编码和人脸匹配四个阶段。下面我们以在手机上开启人脸支付为例，来说明什么是人脸识别算法。

当我们打开手机的人脸支付功能时，手机前置摄像头将开启拍摄我们的人脸信息，如果我们没有正对着屏幕的话，程序会提示我们“请正对摄像头”，这个就是算法在进行人脸检测。人脸检测的目的是寻找图片中人脸的位置，当发现有人脸出现在图片中时，不管这个脸是谁，都会标记出人脸的坐标信息，或者将人脸切割出来。

在检测到人脸后，系统就开始收集我们的信息。但由于我们的面部是三维立体结构，而摄像头拍摄的是二维信息，一次拍摄存在一些盲区，所以这个时候程序会提醒我们“请左右摇头”“向下点头”等，来多次拍摄面部信息，并将多次拍摄的信息进行人脸对齐。人脸对齐是将不同角度的人脸图像对齐成同一种标准的形状，先定位人脸上的特征点，然后通过几何变换（仿射、旋转、缩放），使各个特征点对齐（将眼睛、嘴等部位移到相同位置）。

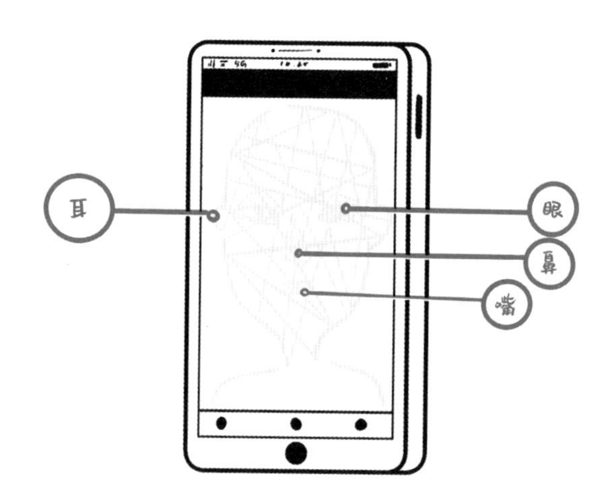

当程序收集好我们的完整面部信息后，就会将我们的面部信息进行编码。人脸图像的像素值会被转换成紧凑且可判别的特征编码。理想情况下，同一个主体的所有人脸都应该映射到相似的特征编码。然后程序将我们的面部特征编码保存到数据库中。

到此，我们已经将手机人脸支付功能开启。

当我们在网购的付款环节使用人脸支付时，手机又会开启前置摄像头拍摄收集我们的面部信息，此时程序会将收集到的信息与特征编码库进行人脸匹配。在人脸匹配过程中，新收集的特征编码会与特征编码库进行逐一比较，从而得到一个相似度分数，该分数给出了两者属于同一个主体的可能性。如果分数高于某个设定的阈值，算法程序就会认为是同一个人，进而进行人脸支付。

总之，人脸识别算法，就是通过摄像头拍摄检测人脸在图像中的位置，然后将多张不同角度的人脸图像进行面部位置对齐，将人脸信息特征进行编码存储，再将新拍摄的人脸进行特征编码匹配对比，从而实现人脸识别功能。

计算机视觉

【导读】计算机视觉（computer vision，CV）是一门研究如何让机器“看”的科学。简单来说，就是让计算机“看懂”图像或视频内容，“弄明白”图像中有什么或是什么，在什么位置，以及有多大尺寸。

接下来，带你读懂计算机视觉这个概念。

例如，拍两张照片，其中一张照片里有一只猫，还有小美，还有一片草地（小美正在草地上逗小猫玩），另一张照片里有一只小狗，小狗躺在台阶上晒太阳。现在让计算机或手机分别读取这两张照片。

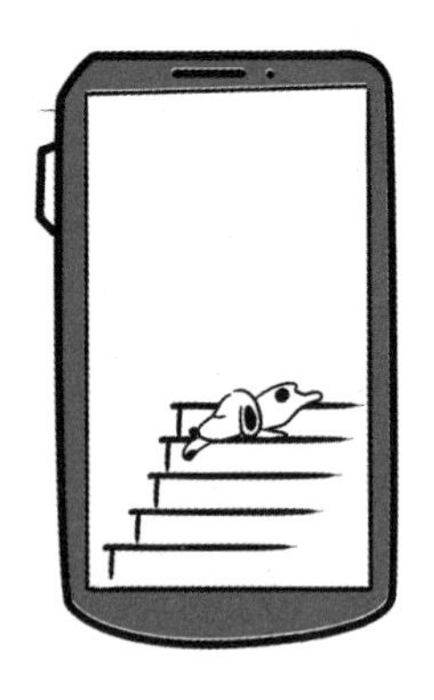

通常情况下，计算机或手机显示屏上会显示这两张照片。现在扩展一下，假如我们希望计算机在显示照片的同时，能将照片中的内容自动“写”出文字或“读”出声音，让我们不用看照片，就能知道照片中有小猫、小美、小狗，甚至还知道小美正在草地上逗小猫玩、小狗正在台阶上晒太阳，岂不是很美妙？

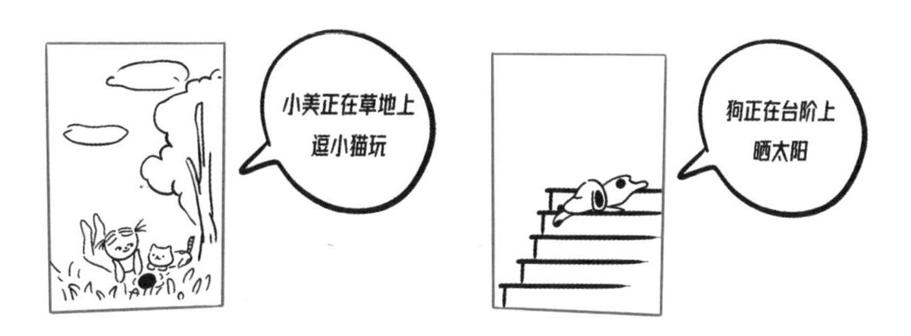

计算机视觉技术可以实现这一切。当然，计算机视觉既然是一门研究如何让机器“看”的科学，由于“看”的目的不同，加上“看”的内容不同，科学层面的计算机视觉技术显然要复杂得多。

现实生活中，我们经常用到的计算机视觉技术大致包括图像识别（或分类）、目标定位、目标检测及目标跟踪。

图像识别（分类）

对应上述将照片中的内容自动“写”出文字或“读”出声音这样的计算机视觉应用，我们称之为**图像识别**，即让计算机识别图像中有什么或是什么。

至于计算机是如何进行图像识别（或分类）的，读者可参见机器学习、监督学习、深度学习及图像识别相关概念的介绍。这里面需要用到机器学习中的监督学习和深度学习算法，这是计算机视觉的核心原理。下面要讲到的目标定位、目标检测及目标跟踪，所涉及的原理大致相同。

目标定位

所谓**目标定位**，是在图像识别（图像中有什么或是什么）的基础上，进一步地将图像中的目标内容（如小狗）在图像中的什么位置，以及占据多大图像尺寸等数据找出来。再进一步，还可以将图像中的台阶或草地也识别出来，并将其位置、大小等数据提炼出来，根据图像中的位置关系和尺寸大小，计算机就很容易判断小狗是在台阶上，小美和小猫是在草地上。再进一步，假如能识别小美的肢体动作位置和小猫的头部位置，大概率可以判断出小美正在逗小猫玩。

这就是目标定位的基本思想。

目标检测

结合图像识别和目标定位，那么也很容易让计算机视觉实现**目标检测**，即检测目标在什么位置，或什么位置有什么。前者的基本原理同目标定位，此处重点讲后者。

以工业生产为例，在工业产品生产过程中，为了保证产品质量，至少要求产品外观没有刮痕。特别是对于某些产品的某些重要位置，绝不能有刮痕，既使是肉眼不可见的刮痕也不允许存在。通常人工检测是靠不住的，需要借助计算机视觉技术。

具体要怎么做呢？一般会在生产流水线的相关环节加装一个摄像头，当产品经过时，摄像头会自动抓拍产品表面的关键位置，然后快速传输至后台计算机，后台计算机利用计算机视觉技术自动识别是否有刮痕。如果有刮痕，则将此产品作为不良产品计入，不进入后续的包装环节，以此来保障产品质量。一旦发现不良产品数量很多（或不良产品率很高）时，计算机视觉还可以传递报警信号给生产线，示意生产设备停工，以检查生产工艺参数或生产材料质量，避免发生不必要的生产损失。

事实上，计算机视觉已广泛应用于产品缺陷检测环节。

目标跟踪

有了目标检测，目标跟踪也就很容易实现。**目标跟踪**是指对同一目标不同时间的空间位置进行跟踪，是目标检测结果在不同点上的结果连接。特别是对于视频内容，将一段时间的视频按帧进行图像分切，对连续的不同图像进行同一目标检测，最后将检测结果连接起来，就实现了目标跟踪。

目标跟踪

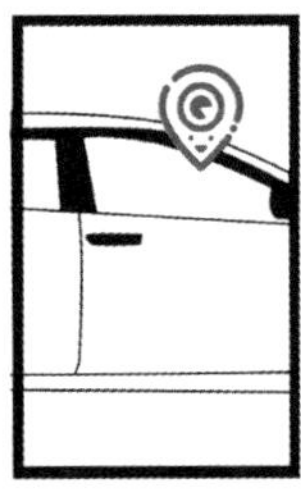

用于城市公共安全领域的视频监控，就利用了计算机视觉技术，让计算机来代替人进行目标跟踪。

当然，计算机视觉技术的用途远不止于此，计算机视觉已广泛应用于无人驾驶、无人安防、人脸识别、车辆车牌识别（图文识别）、以图搜图（图像检索）、VR/AR、3D 重构、医学图像分析、无人机等领域。不仅用于图像识别和分类，还可以用于视频分类和图文识别；不仅用于目标检测，还可以用于人体关键点检测。

当今，大数据呈指数级增长，而增长的大数据中又主要以图像、视频内容为多。为了充分、高效地从这些图像、视频数据中挖掘知识、总结规律，传统的人工显然是无法胜任的，我们需要充分利用计算机视觉技术来协助人类完成任务，计算机视觉技术具有广阔的应用前景。

无人驾驶

【导读】无人驾驶，简单来说，就是没有人的驾驶，或者可以理解为电脑驾驶汽车。它不只是单一的技术，而是多个维度技术环节的组合与整合。

通俗地说，**无人驾驶**就是让汽车自己拥有环境感知、路径规划并自主实现车辆控制的技术，也就是用电子技术控制汽车进行的仿人驾驶或是自动驾驶。

无人驾驶不只是单一的技术，而是多个维度技术环节的组合与整合，包括了计算机软硬件、汽车原理、通信、算法、智能控制等诸多方面，是由5G、人工智能、前端设备、云、数据等一系列元素组成的高科技产物。

无人驾驶和自动驾驶有什么区别

无人驾驶和自动驾驶是有区别的，不是所有的自动驾驶都叫作无人驾驶。

SAE（Society of Automotive Engineers，美国汽车工程师学会）标准中将自动驾驶技术分为 L0 ～ L5 共 6 个级别。其中，L0 是一般驾驶，也就是驾驶员自己开车；Ll 是辅助驾驶，车辆可以提供转向或加速等支持，但驾驶员依然需要全神贯注开车（学过车的朋友可以参考手动档和自动挡）；L2 是部分自动驾驶，车辆有车道保持、自适应巡航等辅助驾驶功能，驾驶员仍旧是操作主体，需要完成对周围环境的探测及响应，并监督自动驾驶系统的运行；L3 是有条件的自动驾驶，驾驶员此时可以基本不干预驾驶，但仍然需要随时接管车辆驾驶；L4 是高度自动驾驶，只要是在自动驾驶系统指定的适用场景下，驾驶员可以啥都不管，让车（自动驾驶系统）自己开；L5 是全自动驾驶，在任何情况下都不需要人类接管，也就是毋庸置疑的无人驾驶。

根据 SAE 标准，L1 ～ L3 级都只能叫作自动驾驶，而不是无人驾驶，只有达到了 L4、L5 级的自动驾驶才是无人驾驶。

如果用小美的不同年龄阶段以及对应的不同权限来举例，自动驾驶相当于未成年的小美，必须有大人的监护；而无人驾驶则是一个成年的小美了，可以自由活动。

无人驾驶是如何实现的

大家都知道成年人之所以称为“成年人”，不只是年龄上的成年，还有身体、心理、知识、能力等方面的提升。无人驾驶作为这个领域的“成年人”，又是怎样实现的呢?

无人驾驶总共有 5 个重要的单元，即计算机视觉、传感器融合、定位、路径规划和控制。

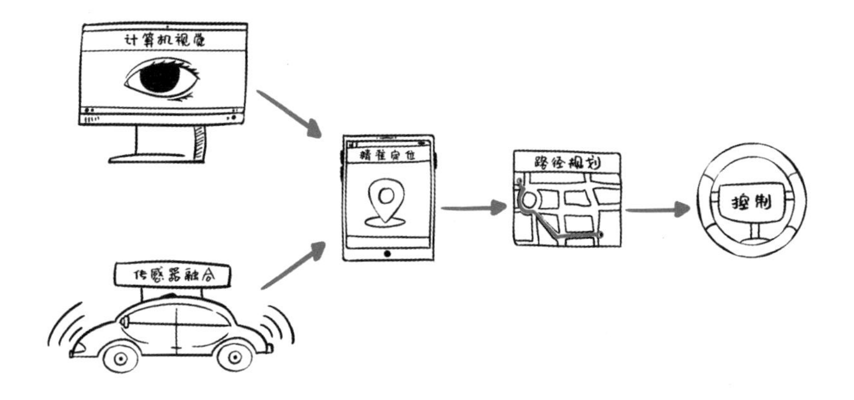

计算机视觉（computer vision）：是指通过摄像头的图像，去寻找车道、车辆、行人、红绿灯等对象，类似于人的眼睛，让车辆能看到周围的世界。

传感器融合（sensor fusion）：是指合并来自其他传感器的数据，如激光雷达（lidar）、毫米波雷达（radar）等。通过感知合并，获得车辆距离、其他物体的移动速度等信息，让车辆更加深入地了解周围的环境，了解自身同周围世界的关系。就如同人的听觉、触觉，可以加深人们对环境的感知一样。

定位（localization）：不是简单的 GPS 定位，需要高精度地图的标记，进行厘米级的定位，并结合感知融合到的信息，确定车辆的最终位置。

路径规划（path planning）：是无人驾驶的核心环节之一，起到的是人的大脑作用。一是融合环境信息，二是进行计算决策，三是在安全前提下，规划选取最优路径，使无人车知道遇到问题该怎么办。

控制（control）：相当于人的双手，是实现无人驾驶行为的操作层，使车辆执行预定计划，完成我们赋予的任务。无人车的智能控制主要有基于模型的控制、神经网络控制和深度学习等方法。

无人驾驶汽车是汽车行业智能发展的必然产物，随着无人驾驶关键技术的不断成熟，它会比人类驾驶更加安全。此外，无人驾驶汽车会提前对行驶轨迹进行规划，并用最高效的方式处理加速、减速，可以提高约 45% 的道路使用率。据美国市场研究公司和 IHS Automotive 预测，到 2035 年全球无人驾驶汽车销量将达到 2100

万辆左右，其市场前景非常可观。

无人驾驶面临的法律问题

当然，无人驾驶的时代要想真正到来，道路交通的管理规制要同步升级，相应的交通法律也需要同步跟进。无人驾驶虽然比人类驾驶更加安全，但并不意味着全无意外。现有的交通事故的责任承担体系是以过错责任为前提，以驾驶者是自然人为基本伦理和法理基础的。一旦进入对无人驾驶的事故责任评价，就涉及车辆所有人、车辆生产者、车辆销售者、车辆驾驶者、保险公司等多方主体，传统的过错判定原则将无法直接适用。此外，个人信息安全难以保障、与现行保险制度不兼容等，也是阻碍无人驾驶汽车发展的法律问题。

但可以相信，在不久的将来，无论是技术壁垒还是管理规制，都会得到突破与完善，无人驾驶终将成为现实。

开源算法平台

【**导读**】开源是推动人工智能技术进步的重要力量。开源算法平台是开放人工智能算法框架与源代码的开发平台，目的是为业内提供一套框架体系和底层工具包，为业内同行进行应用开发提供成熟的环境，以加速人工智能算法的发展。

什么是开源

下面，来看一下小美表哥搭建航模的例子，来让大家秒懂什么是开源。

小美的表哥是个航模资深玩家，他不仅喜欢做航模，还喜欢把自己青睐的机型和飞行方法编成程序，在电脑中反复地飞行、调优，而且他还把自己辛苦开发的航模编程代码分享给其他小伙伴。很快，小伙伴们就在表哥分享的编程代码基础上根据自己的创意进行了调整，设计出了各种不同类型的飞机模型，不久他们就建立了一支航空战队，里面的各款飞行器都很有自己的特色。

在这个例子中，我们可以看到，小美的表哥把自己的航模编程代码公开给其他小伙伴，这其实就是“开源”。**开源**就是公开系统内部代码，这意味着，其他用户可以按照需求更改或添加相应功能，它可以被免费使用、修改、分发等。当然，每个开源项目都有对应的开源协议，大家需要遵守它的要求和限制。相应的，“不开源”就是指版权是开发人所有，用户不知道源码内容，无法对源码进行修改。

什么是开源算法平台

理解了什么是“开源”，再理解什么是“开源算法平台”就容易多了。**开源算法平台**就是开放人工智能算法框架与源代码的开发平台，通过为业内提供成熟的框架体系和底层工具包，加速人工智能算法的应用开发。同时，通过汇聚各方开发力量，反过来更好地完善框架体系、优化底层逻辑、改进平台性能以及增强底层工具包，实现更快捷、便利的算法应用开发。

开源算法平台有什么用

开源算法平台到底有什么好处呢?

前面的例子中，小美的表哥正是因为开源了自己的航模编程代码，所以有机会和其他小伙伴一起搭建出一支航空战队，这就是开源协同的价值所在。开源实质上就是一种大众协同、开放共享和持续创新，这种汇聚融合效应，可以使参与者直接置身于最领先的技术行列，真正做到站在巨人的肩膀上创新，这是一种有力推动技术和产业发展的强大方式。“开源开放”是目前全球人工智能学界和产业界的共识。谷歌的 TensorFlow、脸书的 PyTorch 等深度学习框架通过建立开源社区，构建了强大的人工智能研发和应用生态。近年来，国内各大企业纷纷加大了对开源开放平台的投入，如百度推出了飞桨，旷视开源了天元，华为推出全场景 AI 开源框架，这些都标志着中国 AI 框架从应用驱动向更内核的技术研究进发。2021 年，上海人工智能实验室在世界人工智能大会的开幕式和科学前沿全体会议上发布了其开源平台体系 OpenXLab，首发阵容包括两大开源平台：新一代 OpenMMLab 以及全新发布的 OpenDILab。作为深度学习时代计算机视觉领域具有影响力的开源算法平台，OpenMMLab 升级后将涵盖更广泛的算法领域和应用场景，实现从训练到部署的全链条价值。而且，首次亮相的 OpenDILab 被称作国际上首个覆盖学术和工业广泛需求的决策智能平台，将有力地推动人工智能从感知识别到认知决策的跃迁。

如今，“开源”早已超越技术层面的话语体系，上升到国家战略层面。早在 2017 年，国务院就印发了《新一代人工智能发展规划》，规划提出我国人工智能将在 2030 年总体达到世界领先水平，我国发展新一代人工智能的原则之一就是要开源开放，即建设一个强大平台，通过开源开放的方式，发展人工智能，而不是仅靠几个算法或几项成果。《国民经济和社会发展第十四个五年规划和 2035 年远景目标纲要》也明确提出，支持数字技术开源发展，其中“深度学习框架等开源算法平台构建”被列入新一代人工智能科技前沿领域攻关内容，“支持数字技术开源社区等创新联合体发展，完善开源知识产权和法律体系，鼓励企业开放软件源代码、硬件设计和应用服务”也被列为了加强关键数字技术创新应用的重要举措。

未来，随着国家陆续出台的有利于开源发展的推动政策并积极协同政产学研用等多方力量，加之我国科技企业尤其是互联网头部企业的大力推动，以及广大优秀开源开发者的不懈努力，我国的开源算法平台对产业的支持会越来越深入，以开源算法平台驱动的人工智能高速发展指日可待。

算法偏见

【**导读**】算法偏见是指在人工智能领域中产生的一种数据运算结果的偏见，本质上是由于人的社会化偏见引起的。

所谓**算法偏见**，是指在没有恶意的程序设计中，却带着设计者或开发人员的偏见，或因采用带有偏见的数据而导致程序结果出现了偏见。

要想规避算法偏见，一方面需要加强训练数据采集、目标设定、模型选择、数据标签、数据的预处理等机器学习全流程中各个环节的偏见规避管理和测试，同时需要从行业监管的角度加强算法审计的力度。

下面通过小美爸爸妈妈的对话，来了解什么是算法偏见，为什么会有算法偏见，以及该如何规避算法偏见问题。

“现在的社会真是没办法，到处都不公平。”小美妈妈在沙发上边看手机，边愤愤不平地跟小美爸爸抱怨道。

“嗯？怎么了？”小美爸爸问。

“我刚看到一篇报道，说有家国际知名公司为了筛选出合适的求职简历，设计了一个招聘算法，将包含‘女性’一词的简历直接降级处理。设计这个算法的工程师肯定是个男的，你们男人就一定比女人优秀？太过分了。”小美妈妈越说越激动。

“呵呵，你先别生气，这叫‘算法偏见’。”小美爸爸平和地说。

“算法偏见？算法还会有偏见？”小美妈妈皱着眉头，不解。

“对，算法偏见。很多人一听到算法和人工智能，就会觉得这是世间最公正的，因为机器不会出错，而且其中还减少了很多人为的干预。殊不知，算法世界里也没有绝对意义上的公平和公正，也存在一定的偏见。

“要理解这个问题，首先要理解什么是偏见。美国社会心理学家阿伦森对偏见的定义是，‘人们依据有错误和不全面的信息概括而来的、针对某个特定群体的敌对或者负向的态度’。阿伦森认为，一旦偏见产生又不及时纠正，扭曲后或可演变为歧视。知道了什么是‘偏见’，理解‘算法偏见’就容易很多了。

“在机器学习领域，算法不是凭空产生的，而是需要先录入一些用来学习的海量数据，这些用来训练机器的海量数据，被称为训练集。训练集的数据会被机器理解为‘真相’‘事实’，它会用算法对其进行一次又一次的推演。

“这里就需要注意了，如果一开始给算法学习的训练集数据本身就是存在偏见的，那么算法就会把数据训练集里的偏见像滚雪球一样，滚得越来越大，并且随着推算出的算法不断应用，会产生我们不可预测的偏差效应。

“举个例子，脸书公司曾宣布，经世界上最知名的人脸识别数据集之一 Labeled Faces in the Wild 测试，其面部识别系统的准确率高达 97%，然而当研究人员查看这个所谓的黄金标准数据集时，却发现这个数据集中近 77% 的男性，超过 80% 是白人（数据源自全媒派）。这就意味着，以此数据集进行训练的算法，在识别特定群体时可能会出现问题。例如，在脸书的照片识别中，女性和黑人很可能无法被准确标记出来。

“所以，我们会发现，训练算法的原始数据集中如果产生了偏见，就会带来应用中的算法偏见结果。而且，通常情况下，只有在实际环境中使用算法后才能发现训练集中原始潜藏的内在偏见，因为这些偏见在经过一次又一次的算法迭代后，会趋于放大。”

“那这个原始数据集中的偏见，又是如何产生的呢？是算法工程师故意设计出来的吧？”小美妈妈越听越入神，继续问道。

“算法偏见，有个很重要的原因是受算法前期使用的训练数据类型太过单一的影响。算法工程师们在搜集训练集数据时，出于数据采集的成本，比如获取的便利性，所获取的数据集往往会倾向于大多数、易发声的群体，这样就容易出现一些结构性偏差。比如你今天看到的关于招聘的事情，可能在某些工作岗位上的普遍情况就是男性从业者会比女性更多一些，所以工程师容易获取到的训练数据集也是男性简历更多。需要说明的是，选择这样的数据集并不是工程师有意为之，而是他们能获取到的数据集大部分都是这类型，所以从这个角度来说，算法工程师是背锅的。但是从某种程度来说，算法工程师也难辞其咎，因为他们从头到尾参与了机器学习的目标设定、模型选择、数据标签、数据的预处理等整个流程，这些环节中都有可能会因为工程师的个人价值偏好而产生算法偏见。

“比如，在招聘算法中，工程师可能为算法设置了‘年龄’‘性别’‘教育水平’等标签，算法学习了过往公司的聘用决策数据，就会识别其中这一部分的特定属性，并以此为核心构建模型。当工程师认为‘性别’是一个重要的考量因素时，那么无疑就会强化性别这个指标在简历筛选中的影响力。总而言之，算法中的偏见，其实也是人的社会偏见造成的。”

“原来是这样。那有没有办法解决算法偏见问题呢？总不能任由这样的情况发生吧？”小美妈妈急切地问。

“有。其实‘算法偏见’也是现今算法界讨论的一个热点问题，而且也正在做一些努力改进工作。比如一方面，在开发新产品、网站功能时，很多工程师们就对算法训练数据集的质量更为重视，会想方设法给算法提供各种各样的数据，而且对人工智能算法和系统进行更严格的测试和验证，以便在开发期间和部署之前及早发现偏见，这样就有效降低了算法偏见的负面影响。

“另一方面，‘算法审计’的出现也对规避算法偏见起着很重要的作用。例如，很多资讯类推荐算法很大程度上决定着用户‘看什么’，商家借助算法推荐这种‘科技中介’身份，有意识地影响着用户的判断和选择，而**算法审计**就是测试机器是否有盲点或者偏见的一系列技术的集合。可以说，算法审计可以洞察算法的‘价值观’，这样我们就可以通过算法审计始终保持其透明度的方法，让人工智能算法远离偏见。”

【扩展概念】

公正的数据集：不公正的数据集是偏见的土壤，如果用于训练机器学习算法的数据集无法代表客观现实情况，那么这一算法的应用结果往往也带有对特定群体的歧视和偏见。因此，算法偏见最直接的解决思路就是将原本不均衡的数据集进行调整，即修正数据比例，利用更公平的数据源确保决策公正性；大数据与小数据结合，在数据量的基础上确保精度；自主测试数据集，侦测数据集中的偏见。

算法透明度：尽管算法模型由工程师编写而成，但很多时候，人类并不明白计算机经历了怎样的过程才会得出某一特定结果，这就是机器学习中的“算法黑箱”问题。因此，要求企业提高算法模型的透明度，从中找出偏见的“病因”，就成为了当下解决黑箱困境的途径之一。

算法责任

【导读】算法应该扛起自己的责任，接受社会和法律的监管和评估。如果算法没有做好自己的工作，还应当承担其后果或强制性义务。

算法起源于技术，但应用于人类社会。随着算法在社会应用中的不断活跃，陆续出现的一些“算法偏见”现象，其实是在倒逼算法问责机制的建立与完善，如果要减少算法偏见带来的各种负面影响，根本问题还是需要加强社会监管。

算法责任的主体

责任，是一个人分内应该做的事，应该承担的义务。**算法责任**，顾名思义，就是算法应该扛起自己的责任，接受社会与法律的监管和评估。如果算法没有做好自己的工作，还应当承担其后果或强制性义务。这么说起来，感觉算法是责任主体，但是细想想，算法真的是责任主体吗？算法是如何产生的？是人设计出来的，是人去运用的，所以设计算法和运用算法的人，才应该是责任的主体。

在 2020 中国媒体论坛上，百度创始人、董事长兼首席执行官李彦宏以“齐桓公推荐臣子”作为比喻，形象地介绍了算法的责任。李彦宏认为，齐桓公在理智上喜欢管仲这样的贤臣，但在情感上有时也会偏向易牙、开方、竖刁这样的佞臣。算法需要推荐的是如鲍叔牙、管仲这样的能臣，而不是佞臣。并明确强调，“平台算法应该了解受众的高级目标而不是低级目标，这是算法的责任。”

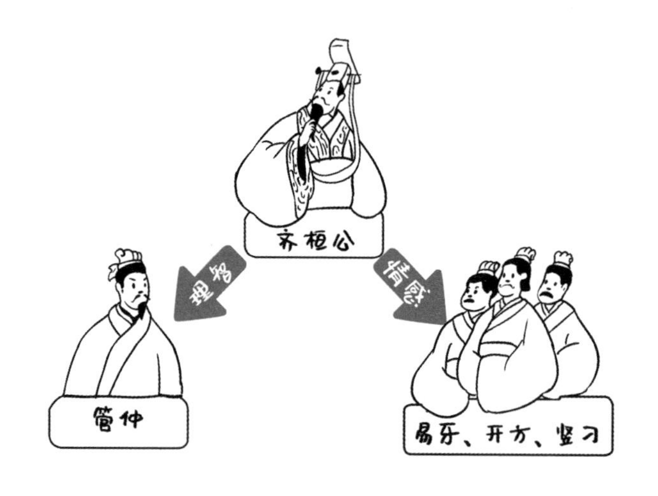

2020 年 12 月，当奋斗在抗击新冠肺炎疫情第一线的美国斯坦福大学医疗中心的主治医师们得知在首批 5000 支新冠疫苗中，他们中只有 7/1300 的人可以优先接种，而接种名单里还有政府官员以及在家远程诊疗病人的医生时，他们感到震惊与愤怒，并就此提出抗议。学校医院领导层出面道歉，并将错误归咎于"一个非常复杂的算法"。流动医疗队队长蒂姆莫里森在网上发布一段视频并告诉参加抗议的医生们："我们由伦理学家和传染病专家研究数周得出的算法并没有发挥作用。"所以有种说法是，"将决策系统描述为'算法'，是人们转移决策责任的一种方式"，是有道理的。

这就带来一个思考，既然算法在决策应用中起着如此重要的影响作用，那么算法究竟应该为自己产生的效果负起怎样的责任呢?

完善算法责任方面的努力

算法为解决问题而生，所以注定算法与应用场景密不可分。在算法的应用场景中会涉及多方角色，比如算法开发者、部署者、使用者等多个主体和多项法益，不同的算法运行场景也意味着各不相同的算法治理要求，因此，设计具有动态性、精准性、场景性的算法治理机制，并运用法规条例明晰不同场景下的算法责任就显得尤为重要。稍加整理，我们就可以看到各国在推进并完善算法责任化方面已经做出了很多努力。

2018 年，美国纽约市颁布《算法问责法》，首创自动化决策系统的影响评估制度；2019 年，加拿大政府颁布《自动化决策指令》，系统化创建算法影响评估指标；2020 年，欧盟《人工智能白皮书》提出应针对人工智能应用建立清晰、易懂且兼顾各方利益的影响评估标准。

在我国，2019 年 1 月 1 日起实施的《电子商务法》，为保证网络消费者权益，要求网络平台采用各种控制措施，以确保运营者能够验证算法是否符合其意图且能识别并纠正有害结果，并为平台算法的设计和部署提出了直接要求，网络平台的推荐、定价、搜索等算法，从平台的内部设计转变成了法律直接监管和干预的对象，网络平台需对自身推荐、定价与搜索算法的设计行为、部署行为和运行结果负有法律责任。2019 年 6 月，我国国家新一代人工智能治理专业委员会发布《新一代人工智能治理原则——发展负责任的人工智能》，提出了我国人工智能的治理框架和行动指南，其中不仅强调了人工智能的可问责性，而且还提出了公平公正、尊重隐私、安全可控、开放协作、敏捷治理等 8 项重要原则。同年，《关于建设人工智能上海高地 构建一流创新生态的行动方案（2019—2021年）》出炉，明确提出要建立人工智能风险评估和法治监管体系。

可以看出，算法责任已经成为各国立法者关注的焦点，是人工智能领域形成未来监管框架的重要起点。

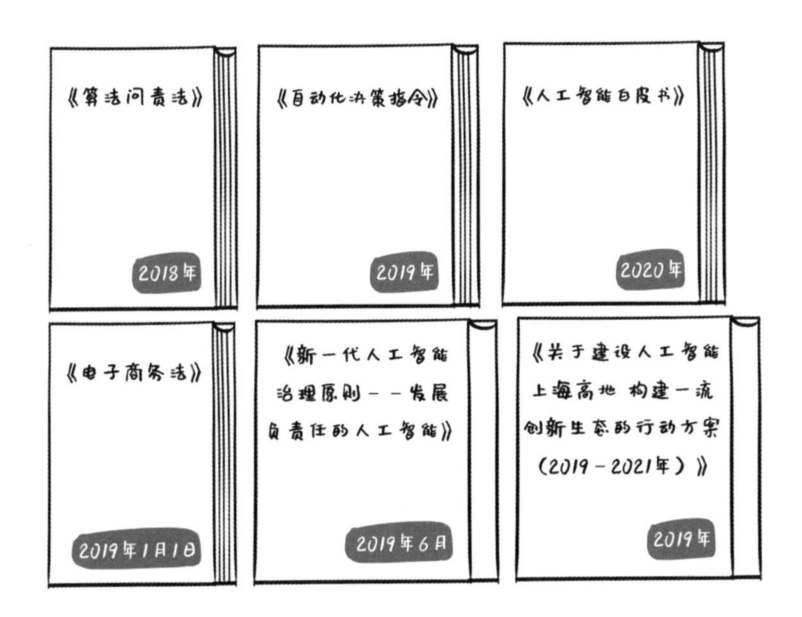

第3章　算　　力

本章导读

算力，就是计算能力。算力的大小代表数字化信息处理（信息的获取、存储、计算和传输）能力的强弱。大数据的飞速发展对算力提出了较高的要求，而据 IDC 统计，近 10 年来全球算力增长明显滞后于数据增长：全球算力的需求每 3.5 个月就会翻一倍，远远超过了当前算力的增长速度。

如何解决算力增长滞后于数据增长的困境？一是从计算芯片层面来考虑，二是从计算架构方面来考虑。

多年来，CPU 一直是计算机中负责计算的主要单元，即数据处理、网络运营管理、业务应用管理等所有计算工作都是基于 CPU 的计算能力来进行调度的。面对今天高效能计算要求越来越多（如图形处理、人工智能、深度学习等应用越来越多），CPU 的计算能力由于受到固有计算模式的限制而显得力不从心。为此，一个思路是，将各种加速计算如图形处理、人工智能、深度学习和大数据分析应用专门分配给 GPU（graphics processing unit，图形处理单元（器））处理，而将涉及数据中心中安全、网络、存储等网络基础的运行管理计算，以及其他高性能计算和人工智能等专用任务的加速处理交给 **DPU**（data processing unit，数据处理单元（器））处理。这样 CPU、GPU 和 DPU 分工协作，共同担负起面向大数据时代的数据中心的计算任务。通常，**AI 芯片**就是基于 GPU 的计算开发而成的。

此外，从计算架构方面来考虑，既然计算机的计算性能提升速度不可能跟上数据增长的速度，那就将众多的计算机，如上千台、上万台，甚至几十上百万台计算机“集群”起来，通过云计算技术，实现对数据的**云计算**和**云存储**，以此应对不断增长的数据计算需要。当然，将众多计算机集群起来，不仅需要一定规模的投资，还需要有较强的专业技术管理能力。实际过程中，不是非常必要的情况，一般无须建立自己的**私有云**，而是可以选择租赁**公有云**，或者针对一部分关键业务建立自己的私有云，而普通业务选择租赁公有云，即采用**混合云**方式。

当然，为了减轻云计算负担，还可将计算任务分解到数据产生的源端（**端计算**）、数据采集的边缘（**边缘计算**），“端边云”计算架构思路也应运而生。

算力有望替代热力、电力，成为拉动数字经济向前发展的新动力、新引擎，算力正在成为影响国家综合实力和国际话语权的关键要素，国与国的核心竞争力正在聚焦于以计算速度、计算方法、通信能力、存储能力为代表的算力。未来谁掌握先进的算力，谁就掌握了发展的主动权。

算力

【**导读**】算力又称计算力，其大小代表着对数字化信息处理能力的强弱。算力为人工智能提供数据存储、调取和算法运行所需要的计算能力与资源，是人工智能发展的技术保障，是支撑人工智能走向应用的动力和引擎。

什么是算力

算力，通俗来说就是计算能力，指的是数据的处理能力。在当前社会生活中，算力广泛存在于智能手机、个人计算机、超级计算机等各种智能硬件设备之中。可以说，没有算力就没有各种软硬件的正常应用。比如你现在拿着手机点开一个链接，手机执行你的操作指令，其实都需要中央处理器（CPU）和图形处理器（GPU）的计算处理，这就是算力的体现。

值得注意的是，不同智能硬件设备的算力大小是不同的，也就是数据流通与处理效率存在差别。例如，电影《阿凡达》的后期渲染在使用超级计算机的情况下足足花费了一年时间，如果使用普通计算机则需耗时一万年。

生活中我们都有体验，有的手机多开几个应用软件就会卡顿，有的手机玩大型游戏也流畅无比。这是因为不同配置的手机搭载的CPU、显卡、内存等是不同的，所以它们的算力大小会有差异。大算力的手机运行起来就像高速公路，玩游戏、看视频会非常流畅，小算力的手机则像普通公路，偶尔会堵堵车，在游戏和视频播放中出现卡顿现象。

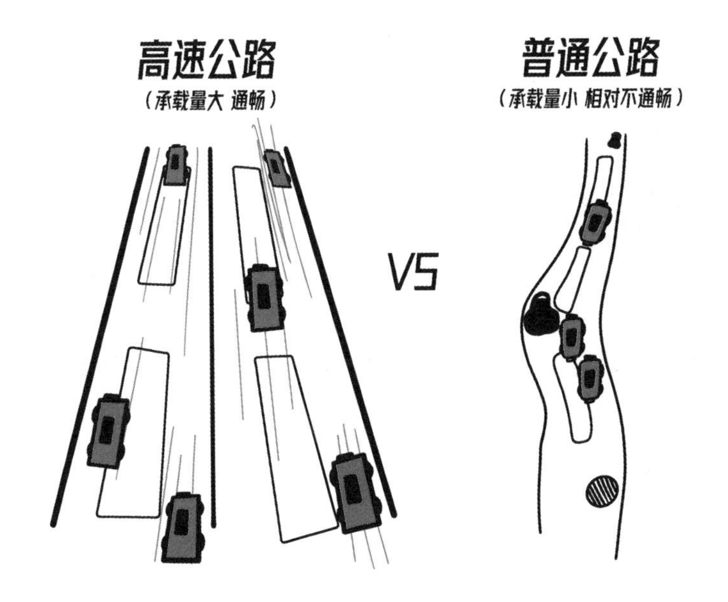

算力的发展历程

事实上，我们对算力并不陌生。一开始人们利用绳子或石子等工具实现计数和简单计算，后来人们开始使用算盘算尺进行计算。

进入工业时代后，人们通过基于机械原理的计算器等设备进行计算，但这些计算工具都没有实现自动计算，因为计算过程都是由人来执行的，而不是机器自动执行的。再后来出现了电子计算机、超级计算机，人们的计算能力越来越强，可以并行运算的数据规模更大，计算效率和精度也更高。

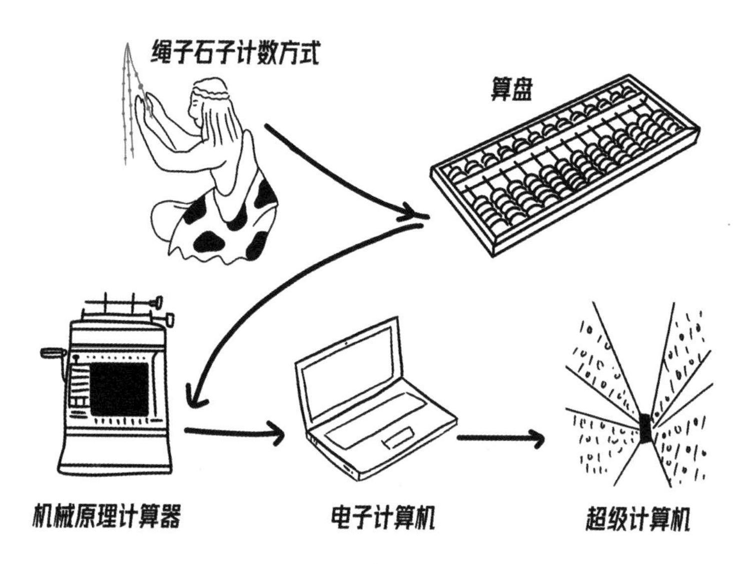

从结绳计数到使用算盘算尺，再从使用基于机械原理的计算器等设备到电子计算机、超级计算机，人类文明的发展离不开计算能力的进步。人类对数字、数据的计算和处理能力，计算工具与技能的科学化、智能化也是算力提升的体现。

人工智能时代，大量数据需要存储和调取，算法模型需要开发、训练和推理，这些都需要算力提供底层支撑。例如，2016 年谷歌人工智能阿尔法围棋（AlphaGo）对弈韩国棋手李世石，背后实际上就是由数千台服务器、上千块 CPU、高性能显卡提供算力和处理大量相关数据，并利用神经网络不断学习成长，最终赢得棋局。因此，算力为人工智能提供的是一种基础设施般的支撑。

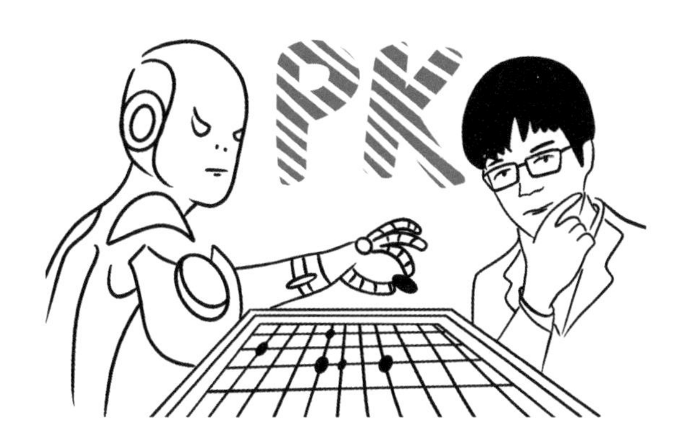

算力伴随着人工智能的出现一直在提升和发展。算力的发展主要朝着两个方向延伸：一是计算资源的集中化，以云计算为代表；二是计算资源的边缘化，以边缘计算为代表。在万物互联时代，数以万亿计的智能终端会源源不断地产生海量数据，如果它们全部需要通过网络回传到大型数据中心进行集中式运算，显然将对数据中心的处理能力和传输带宽、时延等提出无法达到的技术要求。因此，云（数据中心）、边（边缘服务器）、端（手机等智能终端）一体化计算（又称“端边云”）将成为新的方向，其本质是通过云计算、边缘计算与终端计算的结合与协同，重新部署和分配计算资源，以更好地满足不同的计算需求和应用场景。

例如，在未来的智慧城市，各类智能传感器、智能摄像机、智能机器人等终端在采集语音、视频和图像等数据的同时利用人工智能芯片和算法高效地完成比对和识别，此外采集的数据先由小型的边缘计算设备进行处理，再把经过筛查和处理的最核心数据回传到数据中心，由此满足低时延、大带宽、高并发和本地化的需求。

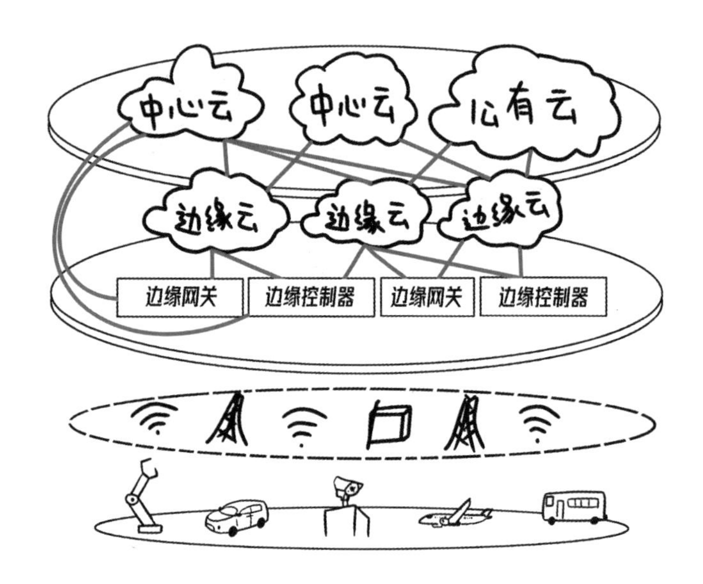

算力不足的困境与应对方法

人工智能最大的挑战之一是识别度与准确度不高，而识别度和准确度的提升需要提高训练的频次，也意味着需要更多的算力来提供算法的计算与验证。随着人工智能的应用场景越来越多，算法模型的复杂度和精准度愈来愈高，人工智能对计算能力的需求呈现指数级增长。例如，有的算法模型已经达到千亿参数、万亿的训练数据集规模。在应用场景日益复杂化和数据量爆炸式的增长下，作为人工智能产业能源的算力资源遭遇瓶颈，算力的需求和供给之间形成一个巨大鸿沟。

人工智能的发展离不开计算能力的突破。近年来，我国的计算能力建设在不断演进，超级计算中心、云计算数据中心和人工智能计算中心等不同形态的算力基础设施陆续出现。2020 年 4 月，国家发展改革委首次明确“新基建”的范围，其中以数据中心、智能计算中心为代表的算力基础设施就包含在信息基础设施当中。为应对人工智能算力产业发展需求，我们需要进一步加强算力基础设施的顶层设计和总体规划，倡导开放、多元、兼容的新型算力基础设施，从而提升算力基础设施的利用率，为人工智能提供效率更高且经济适用的有效算力。

总体来说，算力就是数据的处理能力，为人工智能提供海量数据和算法模型的分析、训练和推理的计算能力支撑。

【扩展概念】

超算中心：主要提供国家高科技领域和尖端技术研究所需的运算速度和存储容量，包括航天、国防、石油勘探、气候建模和基因组测序等。截至 2019 年 5 月底，我国共建成或正在建设 7 座超算中心，分别为国家超级计算天津中心、国家超级计算长沙中心、国家超级计算济南中心、国家超级计算广州中心、国家超级计算深圳中心、国家超级计算无锡中心、国家超级计算郑州中心。

DPU

【导读】CPU、GPU 和 DPU 分工协作，共同担负起面向大数据时代的数据中心的计算任务。

多年来，**CPU**（center processing unit，中央处理单元/器）一直是大多数计算机中唯一的可编程元件。而近年来，**GPU**（graphics processing unit，图形处理单元/器）凭借其强大的实时图形处理能力和并行处理能力，已成为各种加速计算如图形处理、人工智能、深度学习和大数据分析应用的理想选择。CPU 和 GPU 不仅广泛应用于个人电脑和服务器内，还被大量用于各种新型超大规模数据中心。

DPU（data processing unit，数据处理单元/器）作为继 CPU 和 GPU 后的第三个计算单元横空出世，主要负责数据中心中的安全、网络、存储等网络基础的运行管理计算，以及高性能计算（high performance computing，HPC）和人工智能（AI）等专用任务的加速处理。

DPU 到底是什么？

最近两年出现的 DPU，是一个专用于网络传输数据处理，拥有独立操作系统的可编程芯片模块（system on chip，SOC）。DPU 可以用作独立的嵌入式处理器，也可集成在智能网卡上使用。集成了 DPU 的智能网卡通常称为 DPU 智能网卡。

为了了解 DPU，需要先了解 DPU 智能网卡；为了了解智能网卡，我们先来认识一下传统网卡。

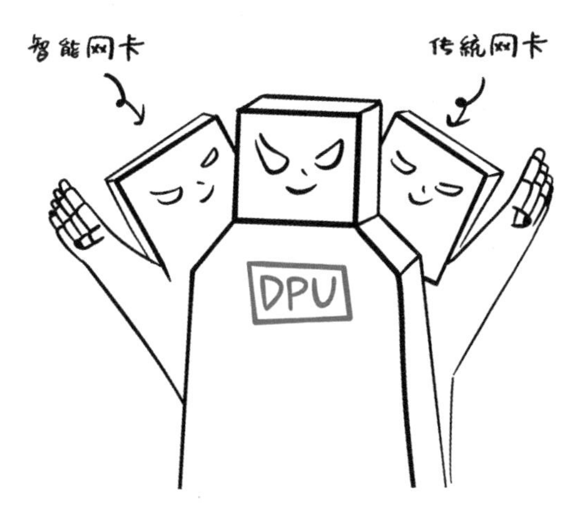

传统网卡（network interface card，NIC），全称为网络接口卡，基于外围组件互连标准 PCI 或外围组件快速互连标准 PCIe[①]，可以插入服务器或存储盒，实现主机与以太网的连接。

---

① 二者都是高速串行计算机扩展总线标准，用于与主机进行通信。

基于传统网卡进行互连的网络基础可以支撑成千上万人的沟通，但对于涉及数十亿规模设备的物联网（Internet of Things，IoT）的沟通就有点力不从心了。

物联网网络的动态性、数据流量的井喷、数据处理的快速性和数据传输的实时性等特点，要求网络基础的构建具有更好的灵活性，即需要对网络基础进行虚拟化构建与部署。虚拟化可以简化运维，提高硬件的利用率，降低成本，并增加业务部署的灵活性。

为适应这种要求，数据中心的服务器 CPU 通常需要消耗 20% ～ 30% 的计算资源来处理这些虚拟化任务，这对于宝贵的 CPU 计算资源来说是一个不小的开销。由于服务器 CPU 不得不分散计算资源处理这些虚拟化任务，以及整个网络基础设施的运行管理，真正留给 CPU 处理应用业务的计算资源就相对较少，这也导致了数据中心的计算资源与数据中心要面对的不断增长的数据业务之间的矛盾。尽管可以通过扩展服务器 CPU 的计算资源来缓解矛盾，但相比不断增长的数据业务任务，实际收效甚微。受制于 CPU 固有的计算模式，CPU 硬件性能的提升永远赶不上数据增长的速度（据 IDC 统计，近 10 年来全球算力增长明显滞后于数据增长，全球算力的需求每 3.5 个月就会翻一倍，远远超过当前算力的增长速度）。

既然“扩容”不是最行之有效的办法，那就想办法将服务器 CPU 从网络基础的运行管理中解放出来，让 CPU 专注于应用业务层面的计算任务。即需要把消耗服务器 CPU 20% ～ 30% 计算资源的那些网络虚拟化、负载均衡和其他低级任务从 CPU 中“剥离”出去，以充分释放 CPU 内核。

智能网卡应运而生。**智能网卡**不仅能实现传统网卡的以太网络连接，还能将网络传输的数据包处理工作从服务器 CPU 上移除过来，即可以卸载服务器 CPU 的网络处理工作负载和有关任务，如虚拟交换、安全隔离、QoS（quality of service）等网络运行管理任务，以及一些高性能计算和 AI 机器学习，从而可以释放服务器 CPU 内核，节省服务器 CPU 资源，以用于应用业务任务的处理。一方面实现了服务器 CPU 对应用任务的加速处理，另一方面也提升了数据中心的整体性能。

智能网卡为数据中心应对不断增长的数据量、网络流量、低时延要求和计算复杂性等所带来的压力，提供了一定的有效办法。但早期的智能网卡本身不带 CPU 内核，没有自己独立的操作系统，不能脱离服务器 CPU 独立运行，而是要消耗大量服务器 CPU 内核来进行流量的分类、跟踪和控制。换言之，传统的数据中心架构是以 CPU 为中心的架构，服务器 CPU 既控制了 GPU 的运行，也控制了智能网卡的运行。

为方便起见，我们将此时的智能网卡称为“传统智能网卡”。

前面提到，受制于 CPU 固有的计算模式，CPU 硬件性能的提升永远赶不上数据增长的速度。尽管有了智能网卡，但若整个数据中心是以 CPU 为中心的架构，那意味着数据中心的算力增长与数据增长之间的矛盾将永远无法消除。有没有破解之方呢？当然有。

既然 CPU 硬件性能的提升永远赶不上数据增长的速度，那就不要让 CPU 来主控整个数据中心的计算任务。将数据中心的计算任务就交给数据中心本身，即由数据中心统筹规划各项计算任务。不过，这需要在 CPU、GPU 之外寻求新的利器。

DPU 为此而来。DPU 作为继 CPU、GPU 之后的第三个计算单元，自带 CPU 内核和操作系统，可以脱离服务器 CPU 的控制而独立运行，也可以建立自己的总线系统，从而控制和管理其他设备。这一点至关重要，这意味着 DPU 将以数据中心的数据计算需求为出发点，独立担纲“主演”。也就是说，数据中心架构将从此前以服务器 CPU 为中心向以 DPU 为中心转变。以 DPU 为中心的数据中心架构本质上是以数据为中心，根据数据中心的数据任务需要情况，可动态地卸载网络、存储、计算等网络基础设施，以及一些高性能计算和复杂的机器学习计算任务，从而提升数据中心的整体性能。

在传统智能网卡的基础上，DPU 的存在，一方面可以构建一

个新的网络拓扑，以数据中心的数据流（data flow）加速处理为出发点，以整体性能提升为目标，可以根据数据流进行软件定义网络（software define network，SDN）和网络功能虚拟化（network function visualization，NFV），使得网络基础资源具有更好的灵活性，以应对数据流量不断增长、计算时延要求和计算复杂性越来越高所带来的压力；另一方面，也可以对从服务器 CPU 上卸载过来的任务进行加速处理，将更多的专有任务，特别是一些高性能计算和 AI 机器学习任务，从服务器 CPU 上移除过来。

总体上看，DPU 智能网卡可以提升网络节点之间服务器的数据交换效率和数据传输的可靠性，可提升网络节点内数据中心的执行效率和数据输入 / 输出（I/O）切换效率，服务器架构的灵活性得到了进一步的优化，网络系统的安全性得到了进一步的保障。简言之，DPU 智能网卡是传统智能网卡的升级。

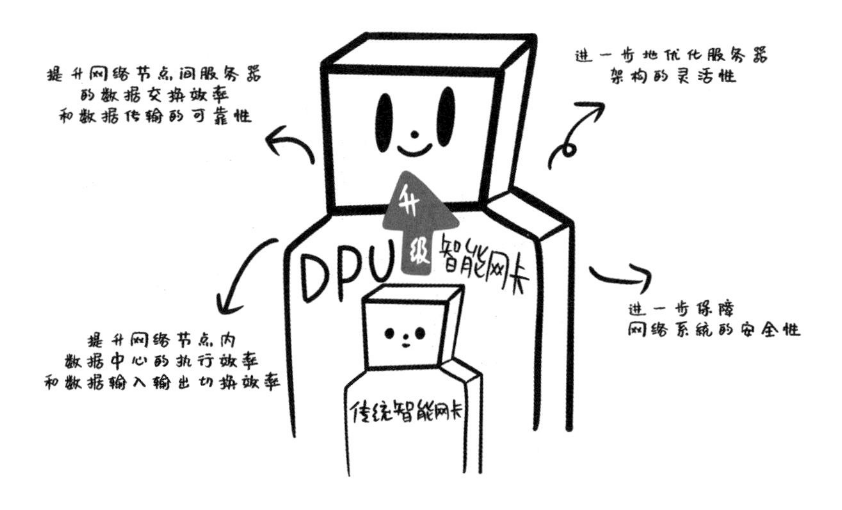

CPU、GPU、DPU 计算“三兄弟”

下面来看一个例子。小美的二叔刚调到某主题公园总裁部工作，每天都很忙。小美说：“二叔，你怎么那么忙呢？”二叔说：“没办法呀，每天都有很多事情要做，既要策划主题，还要负责招商、调度等。”小美不解地问：“这些都非得你来干吗？”

说者无意，听者有心。小美的话点醒了二叔，于是二叔在集团中进行了一系列变革，先是开设了 A 部门，专门管理购票、安全和基础设备相关的事宜；再开设了 B 部门，专门负责节目策划、超市运营、商务管理等工作；而总裁办只需要做好调度工作，并集中把握公园游玩主题，满足游客的高质量体验即可。这么实施一段时间后，总裁办的工作量大大减少，还总体提高了游客的游园效率和体验幸福感。

上述例子中，总裁办就相当于 CPU（负责整个 IT 生态的定义及处理通用计算任务），A 部门相当于 DPU（承担起安全、网络、存储和 AI 等其他专用业务的加速处理），B 部门相当于 GPU（负责数据并行的任务，如图形图像、深度学习、矩阵运算等加速计算任务）。

多年来，CPU 一直是计算机中负责计算的主要元件，所有应用业务的计算和网络基础设施的运行管理计算都由 CPU 负责。而近年来，GPU 凭借其强大的实时图形处理能力和并行处理能力，已成为各种加速任务（如图形处理、人工智能、深度学习和大数据分析应用）的理想选择。由此形成了 CPU 用于通用计算、GPU 用于加速计算的“双子星”格局。

双子星格局中，CPU 仍是主角，GPU 是配角，GPU 仍然依赖 CPU 的调度管理。有了 DPU 后，一些与关键业务应用无关的网络基础运行管理（安全、网络、存储）和其他任务（如 AI 和高性能计算）就可以从 CPU 中移除，让 CPU 专注于关键业务应用的计算。由此，CPU、GPU 和 DPU 构成了面向大数据时代的数据中心计算“三兄弟”。

当然，DPU 并非要替代 CPU 和 GPU，而是三者分工协作。其中，CPU 负责整个 IT 生态的定义，并处理通用计算任务；GPU 负责数据并行的任务，如图形图像、深度学习、矩阵运算等加速计算任务；DPU 则承担起安全、网络、存储和 AI 等其他专用业务的加速处理。

DPU 的展望

2020 年，知名半导体厂商英伟达（NVIDIA）公司发布 DPU 产品战略，将其定位为数据中心继 CPU 和 GPU 之后的“第三个主力芯片”，此后 DPU 芯片便成为了半导体领域的焦点，英特尔等国内外芯片厂家也都陆续推出自己的 DPU 产品。目前，DPU 产品的研发已成为全球半导体领域炙手可热的技术课题。2021 年 10 月 16—17 日，中国计算机学会第二届集成电路设计与自动化学术会议（CCF DAC）在武汉举行。其间，中科院计算所首部行业内《专用数据处理器（DPU）白皮书》在大会 DPU 主题分论坛上发布。

DPU 宛如一个连接枢纽，起着中心调度管理的作用，它一端连接着各种 CPU、GPU、FPGA 加速卡等本地资源，一端连接着交换机 / 路由器等网络资源。DPU 正在开启一个巨大的产业化趋势，可以为下一代数据中心、5G 边缘计算、云计算提供核心组件。

当然，DPU 的出现并非是要替代 CPU 和 GPU，而是为了更好地满足数据中心市场的需求。三者协作，才是未来数据中心计算领域的前沿发展趋势。

【扩展概念】

CPU：CPU 在三大计算支柱中发展最早，主要包括运算器（arithmetic and logic unit，ALU）、控制单元（control unit，CU）、寄存器（register）、高速缓存器（cache），以及负责相互之间通信的数据、控制及状态总线。CPU 遵循的是冯 • 诺依曼架构，即存储程序、顺序执行。CPU 需要大量的空间去放置存储单元和控制逻辑，相比之下计算能力只占据了很小的一部分，所以 CPU 更擅长逻辑控制，而非大规模并行计算。

GPU：GPU 的诞生是为了解决 CPU 在大规模并行运算中受到的速度限制。GPU 更善于处理图像领域的运算加速，最初是用在个人电脑、工作站、游戏机和一些移动设备上运行绘图运算工作的微处理器。但是 GPU 无法单独工作，必须由 CPU 进行控制调用，也就是说 CPU 可单独作用，处理复杂的逻辑运算和不同的数据类型，但当需要处理大量的类型统一的数据时，则可调用 GPU 进行并行计算。

外围组件互连标准（PCI）：是目前个人电脑中使用最为广泛的外部设备连接接口，主要用于连接声卡、网卡、视频卡、显卡及其他基于 PCI 标准的专用插卡。由于 PCI 总线只有 133MB/s 的带宽，对于有快速读写要求（I/O）的外围设备（如显卡）不能满足要求。

外围组件快速互连标准（PCIe）：是一种高速串行计算机扩展总线标准，其总线带宽规格从1条通道连接到32条通道连接，有非常强的伸缩性，以满足不同系统设备对数据传输带宽的不同需求。其中，16条通道能够提供5GB/s的带宽。

AI 芯片

【**导读**】我们知道芯片是集成电路的载体，是半导体元件产品的统称，也是电子设备中的核心大脑。那什么是AI芯片呢？**AI芯片**就是专门处理人工智能应用中大量计算任务的模块（其他计算任务仍由CPU负责），也被称为AI加速器或计算卡。

广义上讲，所有面向AI应用的芯片都可以称为AI芯片。但目前一般认为AI芯片是针对AI算法做了特殊加速设计的芯片。

与通用CPU芯片一样，AI芯片通过集成大量的晶体管来提高速度和效率（也就是说，它们每消耗一单位能量就能完成更多的计算），这些晶体管运行速度更快，消耗的能量更少。传统CPU除了数据运算外，还需要执行数据的存储与读取、指令分析、分支跳转等命令。但在人工智能深度学习领域中，程序指令相对较少，对大数据的计算需求很大，需要进行海量的数据处理。相比通用芯片，AI芯片具有其优化的设计特性，如可执行大量并行计算、进行低精度计算、优化内存等，利用这些特性可以极大地加速 AI 算法的执行效率。

举个简单的例子，小美的叔叔开了一家 IT 公司，创业初期，整个公司只有几个人，产品研发、客户跟进、财务等一系列的事务都是由这几个人负责。但随着公司的不断发展，业务不断扩大，这几个人已经满足不了越来越多样化的业务需求了，于是公司进行了调整，原来的几个人组成了总裁办，同时设置了专门的技术、客服、财务等部门，并安排专人负责。

这里，创业初期的公司（也就是后期的总裁办）相当于“通用 CPU 芯片”，负责整个 IT 生态的定义及处理通用计算任务；财务部门相当于“协处理单元”，协助 CPU 完成其无法执行或执行效率、效果低下的处理工作；技术部则相当于“AI 芯片”，专门做数据计算，以加快数据的运算。

AI 芯片的分类

根据承担任务的不同，AI 芯片可以分为两类：用于构建神经网络模型的训练芯片和利用神经网络模型进行推理预测的推理芯片。

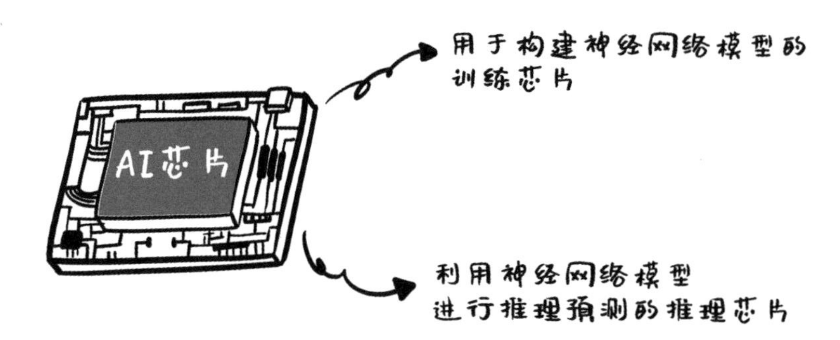

训练，是指通过大数据训练出一个复杂的神经网络模型，即用大量标记过的数据来训练相应的系统，使之可以适应特定的功能。训练需要极高的计算性能、较高的精度以及海量的数据，同时有一定的通用性，以便完成各种各样的学习任务。

推理，是指利用训练好的模型，使用新数据推理出各种结论，即借助现有神经网络模型进行运算，利用新的输入数据来一次性获得正确结论的过程，也叫作预测或推断。

拿小美叔叔公司的招聘来举例，训练芯片的逻辑是：招到一个新人，由于新人对该行业完全不了解，需要一遍遍地教他，从最基础的开始，一遍不会就再教一遍，直至对方理解为止，这就是云端训练芯片。

推理芯片的逻辑则是：新入职员工在这个行业已经有一定经验了，到小美叔叔的公司后，只需要对其稍微进行讲解，对方就能根据以往的经验迅速上手。

简言之，训练是从现有的数据中学习新的能力，而推理则是将已经训练好的能力运用到实际场景中。训练芯片注重绝对的计算能力，而推理芯片则更注重综合指标，单位能耗算力、时延、成本等都要考虑。

根据部署的位置不同，AI 芯片可以分为云 AI 芯片和端 AI 芯片。

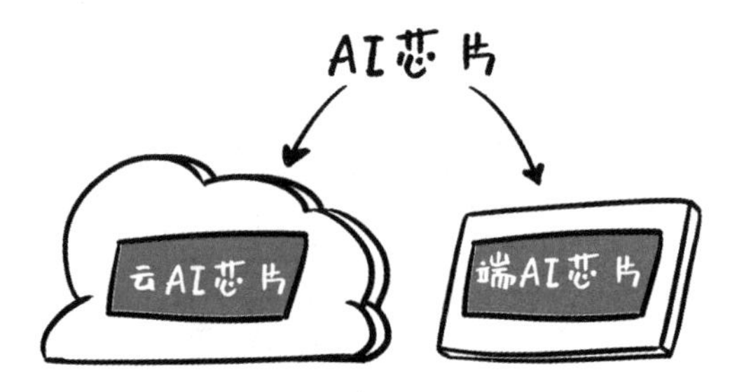

云端即数据中心，在深度学习的训练阶段需要极大的数据量和运算量，单一处理器无法独立完成，因此训练环节只能在云端实现。

终端即手机、安防摄像头、汽车、智能家居设备、各种物联网设备等执行边缘计算的智能设备。终端的数量庞大，而且需求差异较大。

云 AI 芯片的特点是性能强大，能够同时支持大量运算，并且能灵活地支持图片、语音、视频等不同人工智能应用。我们现在使用的各种互联网 AI 能力（如在线翻译、人证比对等），背后都有云 AI 芯片在发挥作用或提供算力。

端 AI 芯片的特点是体积小、耗电少，而且性能不需要特别强大，通常只需要支持一到两种 AI 能力。目前，手机、摄像头、甚至电饭煲里的芯片都开始陆续 AI 化。

根据技术架构的不同，AI 芯片主要分为图形处理器（GPU）、现场可编程门阵列（FPGA）和专门用于人工智能的特定应用集成电路（ASIC，又称专用集成电路）。

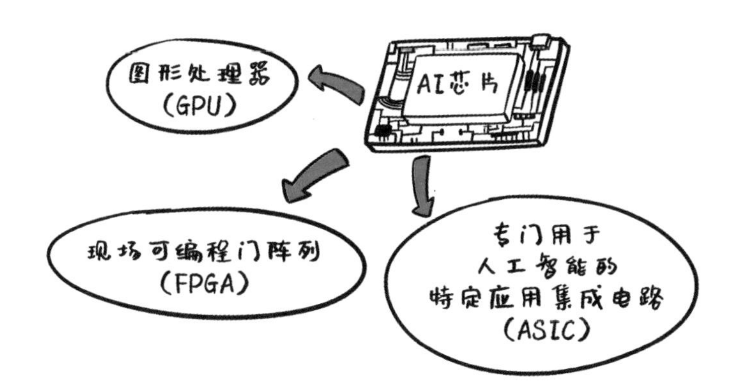

GPU（graphics processing unit）：即图形处理器，是一种由大量核心组成的大规模并行计算架构，专为同时处理多重任务而设计。GPU 更善于处理图像领域的加速运算，最初使用在个人电脑、工作站、游戏机和一些移动设备上运行绘图运算工作。GPU 是相对较早的加速计算处理器，具有速度快、芯片编程灵活简单等特点。但是 GPU 无法单独工作，必须由 CPU 进行控制调用。

FPGA（field-programmable gate array）：即现场可编程门阵列，作为专用集成电路领域中的一种半定制电路出现。FPGA 利用门电路直接运算，速度快，用户可以自由定义这些门电路和存储器之间的布线，改变执行方案，以得到最佳效果。FPGA 适用于多指令、单数据流的分析，与 GPU 相反，因此常用于推理阶段。FPGA 是用硬件实现软件算法，因此在实现复杂算法方面有一定的难度，价格也比较高。

ASIC（application specific integrated circuits）：即专用集成电路，是一种为专用目的设计、面向特定用户需求的定制芯片，在大规模量产的情况下具备性能更强、体积更小、功耗更低、成本更低、可靠性更高等优点。当然其缺点也很明显，因为是定制，芯片的通用性差，开发周期长，而且不能扩展。

技术架构	优点	缺点
图形处理器（CPU）	通用处理器。编程灵活性高，相比CPU有更强的并行计算能力，目前有成熟的开发环境。	相对于FPGA和ASIC，价格和功耗过高。
现场可编程门阵列（FPGA）	半定制电路。可对芯片硬件层进行编程和配置，相对于GPU有更低的功耗。	硬件编程语言难以掌握，相对于ASIC有一定的电子管冗余，功耗和成本有进一步压缩空间。
专用集成电路（ASIC）	针对专门的任务进行定制。可实现低成本、低功耗、高性能。	通用性差，可编程架构设计难度高、投入大。

AI 芯片的应用场景

了解了 AI 芯片的分类，我们再来看看 AI 芯片目前具体的应用场景。通过上文的介绍，我们知道 AI 芯片的部署位置主要分为云端和终端，目前在云端的应用场景主要为数据中心，在终端的应用场景主要为安防、自动驾驶、智能家居、手机终端等。

数据中心：用于云端训练和推理，目前大多数的训练工作都在云端完成，移动互联网的视频内容审核、个性化推荐等都是典型的云端推理应用。具有云计算需求的主要是金融业、医疗服务业、制造业、零售 / 批发业以及公共管理五大领域。云端主要的代表芯片有 Nvidia-TESLA V100、华为昇腾 910、Nvidia-TESLA T4、寒武纪 MLU270 等。

安防：是目前最为明确的AI芯片应用场景，主要任务是视频结构化。摄像头终端加入AI芯片，可以实现实时响应、降低带宽压力，也可以将推理功能集成在边缘的服务器级产品中。AI芯片要有视频处理和解码能力，主要考虑的是可处理的视频路数以及单路视频结构化的成本。代表芯片有华为Hi3559-AV100和比特大陆BM1684等。

自动驾驶：AI芯片作为无人车的大脑，需要对汽车上大量传感器产生的数据做实时处理，对芯片的算力、功耗、可靠性都有非常高的要求，同时芯片需要满足车规标准，因此设计的难度较大。面向自动驾驶的芯片目前主要有Nvidia Orin、Xavier和特斯拉的FSD等。

智能家居：在AI+IoT时代，智能家居中的每个设备都需要具备一定的感知、推断以及决策功能。为了得到更好的智能语音交互用户体验，语音AI芯片进入了端侧市场。语音AI芯片相对来说设计难度低、开发周期短。代表芯片有思必驰TH1520和云知声雨燕UniOne等。

手机终端：主要用于移动端的推理，解决云端推理因网络延迟带来的用户体验等问题。典型应用如视频特效、语音助手等，通过在手机系统芯片中增加协处理器或专用加速单元来实现。受制于手机电量，对芯片的功耗有严格的限制。代表芯片有Apple A12 Neural Engine（加速引擎）和华为麒麟990。

AI 芯片的发展前景

AI 芯片是芯片产业和人工智能产业融合的关键，随着技术更迭，以云平台、智能汽车、机器人等为代表的人工智能不同领域对 AI 专用芯片的需求也在不断增大，人工智能市场将迎来增长期。

目前，我国的 AI 芯片行业发展处于起步阶段，长期以来，我国在 CPU、GPU、DSP 处理器设计上一直处于追赶地位，绝大部分芯片设计企业依靠国外的 IP 核设计芯片，在自主创新上受到了极大的限制。但人工智能领域的应用目前仍处于面向行业阶段，生态上尚未形成垄断，国产处理器厂商与国外竞争对手在人工智能这一全新赛场上处在同一起跑线上。因此，基于新兴技术和应用市场，我国在建立人工智能生态圈方面将大有可为。

【扩展概念】

类脑芯片：为了解决 CPU 在大量数据运算时效率低、能耗高的问题，目前有两种发展路线。一是沿用传统冯•诺依曼架构，主要以 GPU、FPGA、ASIC 三类芯片为代表；二是采用人脑神经元结构设计芯片，以完全拟人化为目标，追求在芯片架构上不断逼近人脑以提升计算能力，这类芯片被称为类脑芯片。类脑芯片是微电子技术和新型神经形态器件的结合，模拟人脑进行设计。相对于传统芯片，类脑芯片在处理海量数据上优势明显，并且功耗更低。2019 年 8 月 1 日，清华大学开发出全球首款异构融合类脑计算芯片，结合了类脑计算和机器学习。这种融合技术有望提升整个系统的能力，促进人工通用智能的研究和发展。

云、云计算、云存储

【导读】在现代社会，人人头顶上都笼罩着一张巨大又看不见的网，通过电脑、手机、平板电脑等各种联网设备，将我们牢牢地串联起来，这张虚无缥缈的网便叫作“云”。

云（cloud）实际上是网络、互联网的一种比喻性说法。在“云端”，我们可以随时随地、按照需求量自助式地购买各种所需要的云服务，如云计算和云存储。

如今，我们已经习惯于将照片、视频、音频、文本等数据信息，存储在社交平台、网络硬盘（简称“网盘”）、移动办公软件等“云端”上面了，既不占用我们自己的设备内存，又能随时随地浏览信息并分享给别人。不仅仅是我们，就连很多企业也纷纷“上云”，通过云端来管理企业在生产经营过程中产生的各种数据。

什么是云

具体来讲，为了方便、快捷地实现数据的计算、储存、处理和共享，我们在广域网或局域网内，将硬件、软件、网络等系列资源汇集起来，通过虚拟化技术（virtualization technology）在云端整合成一个或多个具有相当规模、可以共享的虚拟资源池（virtual resource pool），来进行统一的管理与调度。

云端离我们很遥远（与地理位置上的远近无关），但只要我们手边有一台可以联网的终端设备（电脑、手机、平板电脑等，称之为云终端（cloud terminal）），就可以随时随地、按照需求量自助式地购买以获得各种所需要的**云服务**（cloud serving）。因为资源池可以实现规模效应，所以云服务能够以弹性扩展的方式来满足用户或多或少的需求，价格也很低廉，具有虚拟化、规模效应、弹性扩展、安全可靠、可访问性等特点，我们能够以低廉的费用、按需购买的方式获得。云服务中可以提供使用的产品包含云计算和云存储。

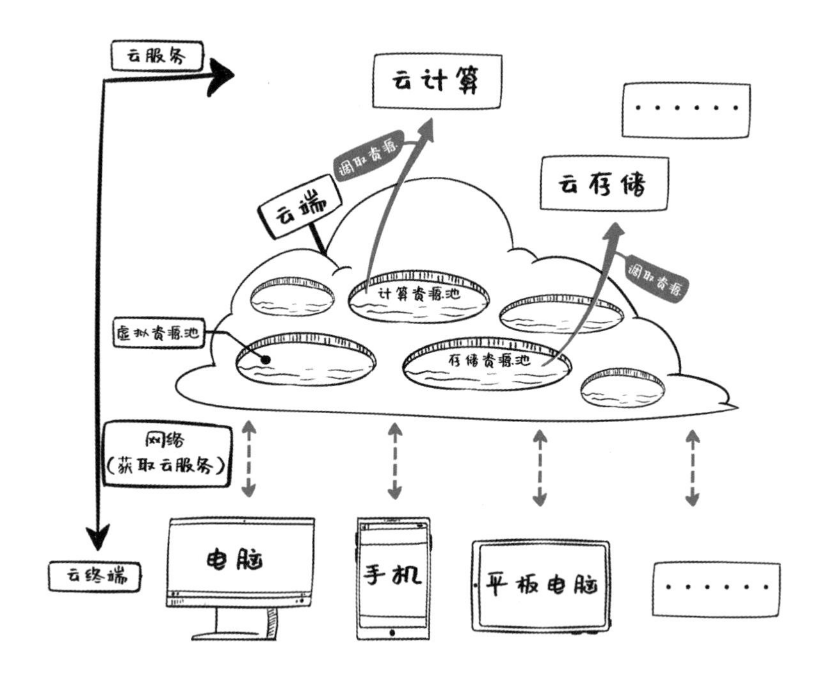

云计算

人们为什么需要云服务呢？数据（算量）作为一种重要的新型生产要素，堪称是21世纪的“石油”。得益于5G技术与数字新基建的快速发展，我们拥有了丰富的数据资源，然而我们还需要有足够的算力来对这些数据进行计算，以便能充分发挥数据的宝贵价值。

首先，我们需要了解什么是计算资源（resource on the computation）。广义的计算资源包含服务器、存储、网络、应用软件和人力服务等。拥有极大数据存储容量和极快数据处理速度的超级计算机，便是为了解决高速运算问题而生，它们在不同领域进行着一些普通计算机无法完成的工作。

云计算（cloud computing）则引入了一种全新的、方便人们使用计算资源的模式。云计算是并行计算、分布式计算、集群技术和网络技术发展、融合的结果，通过将上千台、上万台、甚至几十上百万台计算机“集群”起来，在云端汇集成具有相当规模、可以共享的计算资源池，使人们可以方便、快捷地自助使用远程计算资源。也就是说，计算能力作为一种商品，能够像水、电、煤气一样在互联网上流通，以较为低廉的费用方便地取用。而可以拿来作为服务提供使用的云计算产品，就属于云服务。

为了便于理解，我们让小美一家人来做几道计算题。为了让大家明白云服务的用处，我们先把小美家的网络切断，让他们没法通过网络获得云服务。

首先，我们要求他们计算出2021乘以2021的结果。这项计算任务太简单了，小美姐姐用计算器算出了答案，小美爸爸用电脑算出了答案，小美妈妈用手机也算出了答案。

然后，我们把计算任务提升级别，比如提高到“人类基因组测序”这种地狱难度的级别（假设小美一家人已完全掌握计算方法）。此刻，小美一家人无论通过计算器、手机还是通过电脑都无法完成了，他们可能需要一台超级计算机才能得到结果。但作为一个普通家庭，显然小美一家人不太可能弄得到超级计算机。

没关系，我们来恢复他们的网络访问能力。这时，小美一家用联网的手机连接到云端，发起了这项超级难的计算任务，在云端庞大的虚拟资源池中，自动调取了足以完成这个复杂任务的计算资源，让分布在云端的计算单元同时参与计算。很快，计算结果就返回给了终端用户——小美一家。最后，小美根据这次的使用量，支付了几根棒棒糖作为报酬。

从小美一家的角度来看，他们只是用手机发起了一项计算任务，以及为其支付了一些费用，就完成了一项甚至需要超级计算机才能完成的计算任务。是不是很不可思议！

在云时代，我们只要通过非常便携的可联网设备（而不是庞大的超级计算机），就能拥有如此大规模的信息获取及数据处理能力，以按需、低廉的方式获得我们所需要的各种服务。这就是云计算技术，可以在数秒之内处理数以千万计甚至亿计的信息，让普通用户也能享受到和超级计算机同样强大的高性能计算能力。

云存储

云存储（cloud storage）是在云计算概念上延伸和衍生发展出来的。我们已经知道，在云端汇集着一个或多个具有相当规模、可以共享的虚拟资源池。云存储就是通过集群技术、分布式技术、网络技术等，将网络中大量不同类型的存储设备整合成存储资源池，为用户提供随时随地的数据存储和业务访问服务。

在5G时代，我们面临着数据量的爆炸式增长。2020年，全球共产生了59ZB的数据（数据源于《IDC Perspective：中国数据安全市场研究》报告），相当于每人每天创造的数据量高达22.92GB（以世界银行公布的2020年全球总人口77.53亿人计算）。如果我们把数据比作“粮食”，那现在简直就是粮食大丰收。

假设小美家是个每天会产生很多数据的互联网企业，那么问题来了：这么多的“粮食”，该往哪里存呢？

第一种方法，小美家不进行专业的“粮食”存储和管理，打下来的“粮食”直接往家里某个角落随便一扔。等需要“做饭”（使用数据创造价值）的时候找出来一看，得，不同种类的“粮食”——糯米、薏米、花生、红豆、黑豆……全混在了一起，可以煮一锅八宝粥了！不仅如此，还被老鼠偷走很多，剩下的大都受潮发霉，不能吃了。

很多人都有过手机进水，导致数据损坏的经历。同样，企业数据也会因为存储和管理不当，造成损坏与丢失等，从而加大对数据加工与应用的难度，使数据失去原有价值。

因此，“粮食”存储方案需要具有安全性与可靠性。辛辛苦苦打下的“粮食”，安全肯定很重要，不能轻易就被偷了抢了，容错性也要高，万一遇到天灾人祸，还要能够以尽可能低的成本进行恢复。

第二种方法，小美家可以选择在家里建一座自己的“粮仓”（指物理存储设备，此处相当于企业内部的服务器机房）。“粮食”存在家里，外人接触不到，还可以把院墙建得高高的，防止有人来搞破坏，可以说安全性比较高了。但是，建设与管理“粮仓”需要花一大笔钱来购买设备并搭建粮仓，需要雇佣专业人员来负责运维，还需要租用场地，将来设备老化还会带来折旧损失等，成本很高。

另外，“粮仓”的存储量是固定的，如果某年的粮食产量突然下降，空荡荡的“粮仓”就会造成资源浪费；如果某年的粮食产量突然上升，多出来的“粮食”又会面临没地方存放的老问题。

这说明，小美家需要的存储方案还应该具有可伸缩性与可扩展性。因为每年收获的“粮食”产量不一定，如果是荒年，“粮仓”就要小一点；如果是丰年，“粮仓”就要大一点。简而言之，小美家既不想为用不到的存粮空间付费，也希望能随时扩大“粮仓”以应对突然的大丰收。所以“粮仓”需要具有可伸缩性——可大可小；也需要具有可扩展性——哪怕多打了几倍的“粮食”也不怕，立刻可以升级扩容。

第三种方法，就是出去租别人现成的“粮仓”（指物理存储设备，此处相当于租用服务器机房），用多少租多少，也不用费心去管理仓库，按时支付存储费用就行了。但此时“粮仓”存储量固定的问题仍然没有得到解决。读者可能会想：如果“粮食”多了，租用的“粮仓”不够存，可以再去租别的“粮仓”。那么问题来了，A 包租公手里的“粮仓”规模也是有限的，不够的话只好再去 B 包租公手里租，“粮仓”之间离得很远，如果我们把糯米存在 A 的“粮仓”，再把薏米存在 B 的“粮仓”，就来不及用它们一起做晚饭（数据不便于取用），八宝粥肯定是喝不上了。

读者或许已经发现了，上述方法中出现的传统物理意义上的“粮仓”，都具有一些相同的限制。再举几个例子：

- 小美家每天都要用“粮食”做饭，那么这个存放的地方需要便于大家随时取用。如果存在固定位置的“粮仓”，那么小美一家出门到了外地，就没办法取粮食了，说明这种存储方案缺乏可访问性。
- 如果 A 粮仓要整修，就需要把“粮食”从 A 粮仓迁移到 B 粮仓，过程很麻烦，这说明缺乏灵活性。
- “粮食”都存在一起，万一仓库突然着火，那么辛苦一年打下来的“粮食”就付之一炬，这说明小美家的抗风险能力（也就是容灾性）较差。

那该怎么办呢？这时候出现了一个精明的商人，他梳理了小美家对“粮仓”的需求后，提出了一个“云存储”的解决方案。他整合了很多分散在不同地方、不同类型的“粮仓”，使它们都汇集在云端，形成了虚拟化的“云粮仓”，并雇用了相应的安保人员、仓库管理人员等专业人士。

首先，“云粮仓”由很多“粮仓”组成，具有规模效应，所以价格低廉。

其次，虽然“云粮仓”的存储资源可能分散在各个地方，但是“云”就像我们头顶的云彩一样，将一切连通了起来。小美一家人就算是在外地旅游，也能随时随地访问“云粮仓”，不存在物理意义上的区隔，“粮食”的迁移也变得更加灵活。

再次，整合起来的“云粮仓”相当于将鸡蛋分散在了异地的不同篮子中，即使其中一个出现了问题，也不会全军覆没，让“粮食”存储更加安全和可靠。

最后，“粮仓”规模上去了，自然有了高可扩展性。“云粮仓”可以根据小美家的当下需要，动态、弹性调整存储空间，小美家只需要对使用的部分进行付费即可。

所以，云存储作为一种新兴的在线存储模式，具有虚拟化、规模效应、弹性扩展、安全可靠、可访问性等特点，让我们能够以低廉的费用、按需购买的方式获得存储服务。

综上所述，由于计算机计算性能的提升速度很难跟上数据增长的速度，因此我们将众多的计算机，如上千台、上万台、甚至几十上百万台计算机“集群”起来，通过云计算技术，实现对数据的云计算和云存储，以应对不断增长的数据计算需要。

公有云、私有云、混合云

【导读】云服务按照部署方式的不同，可以分为公有云、私有云和混合云。

先来介绍一下什么是公有云、私有云和混合云。

公有云（public cloud）一般是指由云服务提供商通过网络，为个人或中小型企业等多个用户提供资源的云服务模式。顾名思义，公有云的核心属性是共享资源，资源部署在云服务商的场所内，用户本身并不拥有。

私有云（private cloud）一般是指政府机构、大型企业等用户自建的云服务模式，即用户需要采购云计算软硬件产品和网络接入资源，搭建相应的基础设施，并部署相应的应用服务平台，为企业内部业务提供云服务。顾名思义，私有云属于非共享资源，是企业传统数据中心的延伸和优化。

混合云（hybrid cloud）就是公有云和私有云两种服务模式的混合，取长补短，兼容了两种不同模式的优势。

公有云

下面就以小美舅妈公司的员工餐为例，来认识一下什么叫作公有云。

小美的舅妈新开了一家公司，虽然规模不大但是福利很好，每天会为员工提供免费的午餐。因为团队只有几个人，所以小美舅妈每天都通过网络，从某大型餐馆点外卖作为员工餐。

小美舅妈的这种做法，就类似于以按需付费（需要几份餐就下几份单）的形式使用公有云提供的共享资源。其中，小美舅妈相当于公有云的“用户”；某大型餐馆相当于“云服务提供商”；餐馆的冰箱相当于公有云提供的“存储资源”，也就是云服务提供商的数据中心，替小美舅妈保存了食材，不需要她自己买冰箱；餐馆的厨子相当于公有云提供的“计算资源”，替小美舅妈把食材加工成了饭菜，不需要她自己雇厨师；外卖小哥相当于公有云提供的“网络资源”，替小美舅妈把做好的饭菜送到手中，使她能够方便快捷、足不出户地获取公有云提供的服务……

此外，我们需要知道，因为某大型餐馆实在很大，所以无论小美舅妈的公司扩招至多少员工，餐馆都能保证供应。

讲到这里，大家应该明白了，公有云的优势在于多个用户可共享一个云服务提供商的系统资源，不用自己架设任何设备及配备运维人员，便可享有专业的云服务，价格可能免费或相对低廉，而且扩展性非常好。这对于一般的创业者或中小型企业来说，无疑是一个降低成本的好方法。因此，公有云通常面向个人用户或中小型企业用户，以按需提供服务的方式收取用户费用。目前，国际上比较知名的公有云计算平台有亚马逊的 AWS（Amazon web services）和微软的 Azure，以及国内的阿里云等。

与之相应地，因为公有云必须将数据（也就是例子中说的食材）托管于云服务提供商的数据中心，用户无法自主运维，对数据的掌握力度较弱，所以数据安全难以保证。

就好比小美舅妈也会担心，每天午餐的食材都保存在餐馆的冰箱里，那么食品安全怎么保证？会不会有食物中毒的可能？

而且，多用户共享的模式可能导致在线流量峰值期间出现网络问题——这与用餐高峰期时，外卖小哥送餐都比较慢是同样的道理。此外，虽然公有云按需付费的定价方式初期能够节约大量架设成本（相当于从头盖一家餐馆所需的费用），但当后期业务量变大时，成本也会相应地增加。

比如在小美舅妈的公司做大做强之后，随着员工人数越来越多，与自己做饭相比，外卖成本也会显著高起来。

私有云

虽然小美舅妈一直对某大型餐馆的食品安全问题存在担忧，但因为之前员工人数实在太少，也没有更好的解决办法。后来，小美舅妈的公司渐渐做大做强，因为就餐员工大幅度增加导致的规模效应，使得建设食堂的边际成本越来越低。于是她决定，在公司院子里（相当于公司防火墙内）盖一间只属于自家公司的员工食堂。

斥资建好食堂后，小美舅妈还配备了高级冰箱，雇用了专业的厨师和管理人员，从食材存储、食品加工到食堂运营，都由自己人来完成，既安全又放心。这就是“财大气粗”的私有云。

当然，因为小美舅妈没有建设和运营食堂的实际经验，所以某大型餐馆也可以运用他们的专业知识，代为提供这样的服务。他们甚至表示，可以在他们的餐馆后厨中划出一块专门的地方作为小美舅妈的公司食堂，这样食堂甚至不必非得建在公司内部。

自建食堂和点外卖最大的区别就是，小美舅妈增强了对各餐饮环节的掌控权，所有的设备和人员都只为小美舅妈一家公司服务。

虽然公有云成本低，但是很多政府机构、大型企业为了保护个人隐私数据和业务数据不被泄露，不可能将重要数据存放到公共网络上，所以更倾向于架设私有云网络。

私有云主要面向政企内部业务，可由政企自己的 IT 机构架设，也可由云服务提供商进行基础设施的安装、配置和运营。可以部署在政企本地的数据中心防火墙内自主运维（正如小美舅妈把食堂建在公司内部），有助于打通内部的相关系统并进行集中管理；也可以部署在一个安全的主机托管场所，托管给云服务提供商进行运维，这样既赋予了用户对于云资源使用情况极高水平的控制能力，同时也带来了建立并运作私有云所需要的专业知识。

架设私有云是一项重大投资，初期安装成本很高，并且需要拥有专业的管理团队，维护成本也相对较大。但是随着后期业务量的增加，成本会逐渐下降。尤其是当企业发展到一定程度后，自身的运维人员以及基础设施比较充足、完善的时候，在规模经济效益下，搭建私有云的边际成本会逐渐下降。

私有云极大地保障了数据安全，但可能会使远程访问变得困难（因为员工只能去食堂用餐，不能提供外卖服务）。

对比一下

	公有云	私有云
用户	个人、中小型企业	政府机构、大型企业
部署位置	云服务提供商的数据中心	本地数据中心或托管
运维人员	云服务提供商	自主运维或托管
业务场景	对外互联网业务	核心业务、内部业务
架设成本	初期成本低，后期业务量增加时，成本上升	初期成本高，后期业务量增加时，成本下降
兼容性	业务适应公有云要求	私有云适配业务要求
安全性 可靠性	低	高
可伸缩性 可扩展性 可访问性	高	低

混合云

如今，小美舅妈的大公司已经有了自家食堂。但如果临时来的客户人数太多，食堂的规模也招待不了，她就会带着客户下馆子（使用一部分的公有云）。公司有的时候会承接高规格的国际会议，对于上菜速度、食品安全的要求非常高，所以小美舅妈也会选择在自家食堂和外部的大型餐馆同时下单，做两手准备来分摊风险，这样即使一边出了意外，也有另一边来保底。

这是因为不存在绝对完美的解决方案，所以出现的混合云模式不失为一种双保险的部署方案。毕竟，私有云和公有云各有优劣：私有云的安全性是超越公有云的，而公有云的共享资源又是私有云无法企及的。在这种矛盾情况下，混合云既可以利用私有云的高安全性，将内部的重要数据保存在本地的数据中心，也可以使用公有云的共享资源，以获得不太重要的数据，降低对私有云的压力和需求（因为私有云的规模是有限的）。

此外，将公有云和私有云进行结合的混合云，也解决了将鸡蛋放到同一个篮子里并不安全的问题。一般来说，可以将核心业务数据布署在私有云上，次要业务数据布署在公有云上，以满足不同级别的隐私需要。

混合云也是有缺点的，比如会因为设置复杂而难以维护；混合云由不同的云平台、数据和应用程序组合而成，因此其整合也可能是一项挑战；在开发混合云时，基础设施之间还可能会出现兼容性问题。

总而言之，公有云、私有云、混合云是云服务的三种主要部署模式。因为公有云和私有云各有优劣，所以出现了将两者优势互补的混合云，并成为近年来的主要发展方向。

【扩展概念】

云爆发：在用户对计算（存储）资源的需求达到顶峰时，云爆发技术会动态地向云服务器请求一定量的计算（存储）资源，而用户只需要再额外支付这部分云服务资源的费用。许多混合云会使用云爆发技术，让部署在私有云上的应用可以“爆发”到公有云，以满足激增的需求。

边缘计算

【导读】云计算可将各数据源产生的数据传输至云端，由云平台进行计算。边缘计算（edge computing）则相反，它是一种分布式计算框架，即把传统的网络中心的计算任务分散至网络边缘，或者说在网络边缘植入计算能力，让计算紧邻数据源。

什么是边缘计算

下面将通过小美叔叔的例子，带你了解什么是边缘计算。

小美叔叔供职于一家大型的集团公司，以前集团规模还小的时候，每个月底的财务结算都是由各地分公司把发票、收据等寄到集团总部，由集团统一核算。

随着集团的发展壮大，各地的分公司增加了，分公司的业务规模也在持续增长。每月需要进行财务核算的发票、收据等内容太多了，集团有些吃不消，经常处理延时。

后来，集团公司改变了做法，上海、江苏等地的分公司处理好公司报表、整理好发票，交给长三角分部进行核算；广州、东莞、深圳等地的分公司处理好公司报表、整理好发票，交给大湾区分部进行核算；最后再由长三角和大湾区分部，把已经进行完基础计算的数据给到集团进行统一核算。

这样一来，集团又可以轻松完成每月的核算任务了。

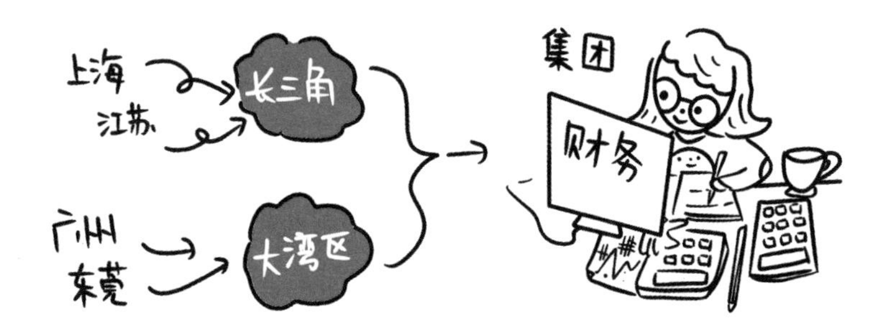

上述例子中，上海、江苏等地分公司的发票整理、报表处理等动作，相当于“端计算”；长三角、大湾区分部处理各地分公司的发票、报表等动作，相当于“边缘计算”。

总而言之，**边缘计算**就是把“计算”从中心节点分散至网络边缘，或者说在网络边缘植入计算能力，即让“计算”紧邻数据源。

与当前流行的云计算（将各数据源产生的数据先传输至云端，再由云平台来进行全部计算）不同，边缘计算是一种分布式的计算框架，即先对数据源产生的数据进行预计算，再将预计算后的结果数据传输至云端，最后由云平台进行其他必要的计算工作。

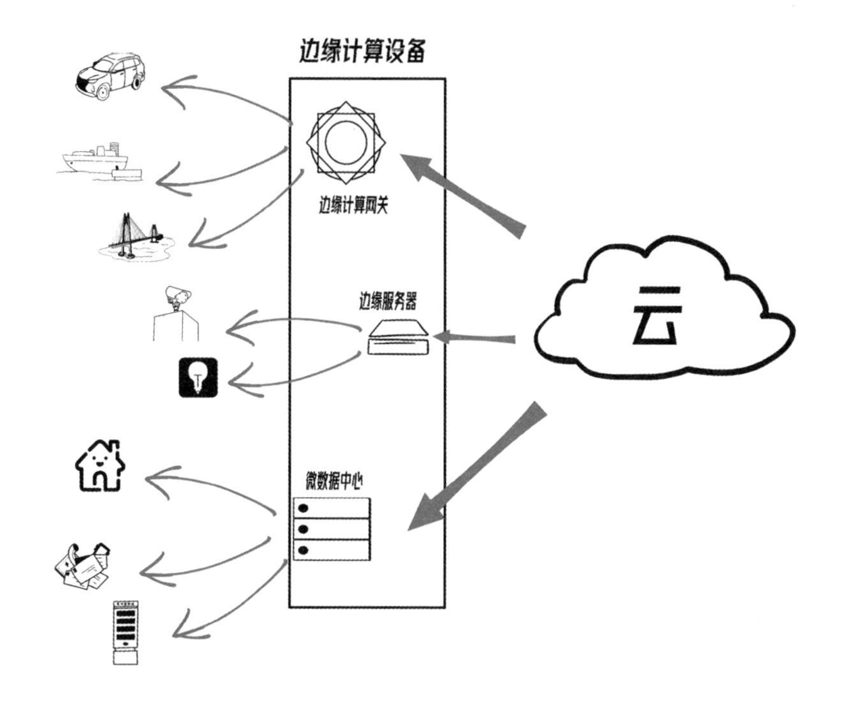

为什么需要边缘计算

随着物联网的兴起与应用，未来接入5G网络的设备量及其产生的数据量将呈爆炸性增长，不断增长的连接设备量及其所产生的前所未有的数据规模和复杂性将会超过既有的网络和基础设施能力。同时，若将全部设备产生的所有数据都集中“上云”，则会导致传输过程中的带宽和延迟问题，同时也会增加云计算负担，降低云计算效率。

为此，边缘计算提供了一种替代方案：让数据的处理和分析更接近数据产生的源点（即让“计算”紧邻数据源）。经过边缘计算后的数据将大大少于原始数据，并且过滤了许多噪声和无用数据。由于大量数据不需要通过网络传输到云或数据中心，因此有利于缓解带宽压力，降低网络延迟，同时也降低了云计算负担，提高了云计算效率。

尽管未来接入 5G 网络的物联网设备数量及其产生的数据量会呈指数级增长，但大多数物联网数据不需要被利用，或者没有实际使用价值。例如，麦肯锡公司的一项研究发现，一个海上石油钻井平台从 3 万个传感器中产生数据——但目前只有不到 1% 的数据用于做出决策。

边缘计算可以只针对有用的数据进行计算，无须处理无用数据，以支持更快、更全面的数据分析，为更深入的洞察力、更快的响应时间和改善客户体验创造机会。据 Gartner 公司估计，到 2025 年，75% 的数据将在传统数据中心或云之外进行处理。

有哪些边缘计算设备

从边缘计算框架图来看，边缘计算设备可以是边缘计算网关（gateway），也可以是边缘服务器（industrial PC）或微型数据中心（micro-data center），更多的将是移动设备或嵌入式设备。

例如，在电信领域，边缘设备大多是手机，或者是小型基站；在汽车领域，边缘设备可能是汽车；在制造业领域，边缘设备可能是车间里的机器；在企业 IT 中，边缘设备可能是笔记本电脑，也可能是企业网关服务器。具体应视实际应用而定。

边缘计算的展望

边缘计算将在工业互联网的联网生产设备中发挥重要作用。在这种情况下，可以看到传统的可编程逻辑控制器（PLC）将向边缘控制器扩展。

事实上，为了应对大数据指数级增长的压力，整体的计算架构不仅从云计算扩展到边缘计算，借助智能终端的计算能力，现已扩展到“端边云”，即从数据源端开始进行计算任务。

【扩展概念】

端计算：在芯片和存储的发展推动下，现在的智能终端已经具有强大的算力。端计算是指将计算、决策前置到智能终端设备，实时在端侧进行数据分析与决策。端计算的出现填补了云计算在网络延时、隐私安全、算力成本方面的不足。无人驾驶、智能手机、智能家居、智能机器人、可穿戴设备的发展均离不开智能终端计算能力的提升。

端边云：指通过终端计算、边缘计算与云计算的结合与协同，避免过载信息拥堵传输管道、冗余信息挤占计算资源、即时信息处理时延过长等不利场景的出现，满足低时延、大带宽、高并发和本地化的需求。智能终端设备负责多维感知数据的采集和前端智能处理，边缘计算平台负责在靠近物或数据源头的一侧进行数据汇聚、存储、处理和智能应用，云计算中心负责集中处理更为复杂及庞大的数据运算。

雾计算：也是一种分布式计算模型。作为云数据中心和物联网设备 / 传感器之间的中间层，雾计算提供了计算、网络和存储设备，让基于云的服务可以离物联网设备和传感器更近。与边缘计算的区别是，两者面对终端设备的数据计算不同，雾计算使云资源更接近应用程序（去中心化）。

第 4 章　新一代信息技术

本章导读

算量、算法和算力，是人工智能的三大基石。毫无疑问，这三大基石的发展促进了人工智能的发展与应用。人工智能是如此之重要，它与 5G 网络、工业互联网、物联网、大数据、云计算、区块链等技术一起，引领了新一轮科技革命和产业变革，是推动国家经济建设、政治建设、社会建设、文化建设和生态文明建设的新一代信息基础设施，即**数字新基建**。

5G，作为新一代无线网络通信技术，具有大连接、高吞吐量和低时延的显著特点，可以用来连接更多网络节点，实现极高速率、极低时延的实时数据传输，为人与人、人与物、物与物（**物联网**）连接在一起的泛在网络创造技术条件，从而促进互联网从**消费互联网**向**产业互联网**和**工业互联网**的应用扩展。人类从此进入一个万物互联的时代。

万物互联时代，意味着万事万物都可以成为泛在网络上的一个节点。每个节点需要用网络地址进行标识，因互联网协议 IPv4 的网络地址容量有限，新一代互联网协议 **IPv6** 应运而生。据估计，IPv6 可分配的地址容量足以覆盖到地球上的每一粒沙子。同时，伴随**半导体芯片**技术的突飞猛进和**集成电路**的性能提升，网络上的每个节点都会具有环境感知、数据处理和数据传输能力，各类**智能传感器**、智能终端必将得到长足的发展。

伴随智能终端的发展，未来的**人机交互**方式也会发生革命性的变化。除了传统的键盘 + 鼠标、手指触摸、生物识别等交互方式之外，语音唤醒、脑 - 机接口等新的人机交互方式将层出不穷。这同样得益于操作系统的演进，如华为公司推出的鸿蒙和欧拉操作系统，已经开启了**下一代操作系统**的未来图景。

随着下一代操作系统的发展演进以及人工智能在各类智能终端上的渗透应用，互联网技术将迎来一种新的网络形态——**智联网**。智联网是由各种智能体通过互联网形成的一个巨大网络，可以方便地为人们汇集各种智慧，帮助人们更好地认识世界，获得更好的生活质量。

此外，人们还可以借助**虚拟现实**技术（VR）、**增强现实**技术（AR）和**数字孪生**技术，实现人工虚拟世界与现实世界之间的互动，从而更好地为现实世界服务。

新一代信息技术

【**导读**】从世界范围来看，信息技术产业已成为最具技术变革性的领域之一，不断涌现的新技术、新产品、新服务、新模式乃至新理念，每天都在刷新着人类对信息技术涉及的广阔领域和拥有的巨大影响的认知。新一代信息技术产业，其内涵、方向选择也随着技术革新、市场需求以及产业发展，不断地发生着变化。

星期天，小美一家都在享受着惬意的周末时光。小美拿出电子画笔在平板电脑上尽情涂鸦，小美的哥哥玩着最新推出的 VR 游戏，爸爸正在用手机与远方的爷爷奶奶进行视频通话，妈妈在厨房中通过智能冰箱下单采购晚餐所需的食材，客厅的扫地机器人响起调皮的提示音“我要开始扫地了”，然后按照事先设定的计划开始了全屋清扫。

上述例子中，这看似普通的一天，离不开新一代信息技术的支撑。

什么是新一代信息技术

新一代信息技术在2010年政府颁布的文件中被首次提出。2010年，《国务院关于加快培育和发展战略性新兴产业的决定》印发，提出要加快培育和发展七大战略性新兴产业，包括节能环保产业、新一代信息技术产业、生物产业、高端装备制造产业、新能源产业、新材料产业和新能源汽车产业，“新一代信息技术”的概念开始被各界关注并广泛讨论。**新一代信息技术**主要指新一代移动通信、下一代互联网、三网融合、物联网、云计算、集成电路、新型显示、高端软件、高端服务器、软件服务、网络增值服务、基础设施智能化、数字虚拟等技术。

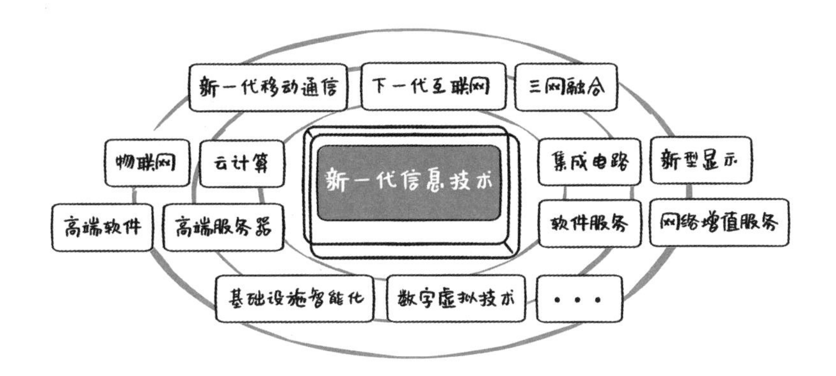

新一代信息技术产业随着国家政策支持、技术革新、市场推动，已步入快速成长期，很多领域实现重大突破，新一代信息技术的涵义也在不断被扩充。移动互联网、大数据、云计算、人工智能、5G、区块链、工业互联网、工业软件（工业 APP）、增强现实（AR）/ 虚拟现实（VR）等技术的关注度持续提升。

与传统信息技术的比较

信息技术（IT），主要是指管理和处理信息所采用的各种技术的总称。IT 最初是指互联网技术（internet technology），目前通常所说的 IT（information technology，信息技术）主要是指应用计算机科学和通信技术来设计、开发、安装和实施信息系统及应用软件，包括电脑硬件、应用程序、自动化设备、互联网产品等。

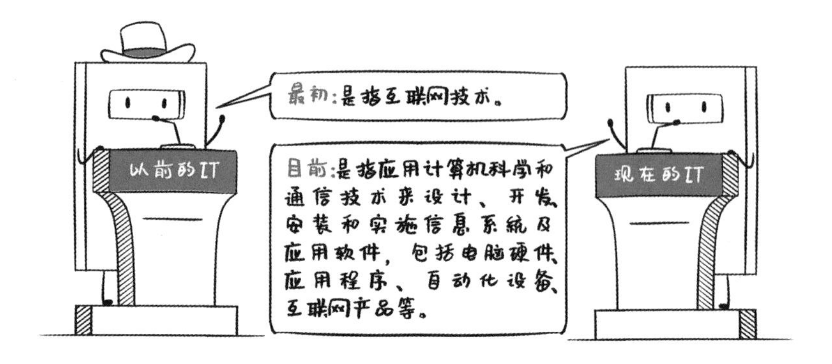

随着信息技术的持续发展，IT 行业的软硬件公司开始大规模地向 **CT**（communication technology，通信技术）**行业**进军，同时 CT 行业的公司也开始研发 IT 技术，双向融合之后，IT 行业和 CT 行业的壁垒越来越不明显，逐渐形成了一个新的行业——**ICT 行业**。

信息通信技术（information and communications technology，ICT）是一个涵盖性术语，可简单理解为信息相关的技术，包括信息的采集、传输、存储、处理和表达五个环节。

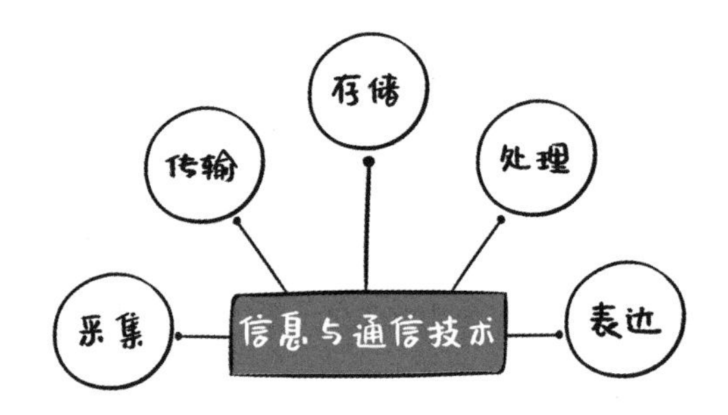

ICT 的应用包括计算机硬件和软件、网络和通信技术、应用软件开发工具等，覆盖了所有通信设备、应用软件以及与之相关的各种服务。相对于 information technology，在其中加入

communication（通信）一词后，意味着不再局限于单纯的信息处理，而是强调通过网络通信实现信息和知识的共享。

换言之，传统信息技术实现了办公自动化、业务流程自动化以及单点或局部区域的连接；新一代信息技术更倾向于 ICT 的范畴，不再局限于软硬件信息产品的开发和生产，而是更加注重信息采集、传输、存储、处理、表达全链条的技术能力，同时在信息化、数字化、网络化、智能化、融合化等方面也提出了更高要求。

新一代信息技术带来的变革

5G、物联网、大数据、云计算、人工智能等新一代信息技术被广泛应用于经济、社会和人际交往中，大大改变了人们的工作、沟通、学习和生活方式。新一代信息技术在传统信息技术的基础上，通过工业互联网、工厂数字化来实现自动化和半自动化；通过 5G、物联网、大数据等技术，建立新的连接，实现万物互联；基于 AR/VR、区块链、人工智能、云计算等技术，创建物理世界和虚拟世界的连接。

新一代信息技术的“新”体现在更广泛的连接（万物互联）、更普适的计算（万物计算）和更智能的服务（万物智能）上。新一代信息技术把人类社会的交互方式从此前的“人与机交互”和“人与人交互”的二维，拓展到包括“物与物交互”的三维，加速了数字虚拟世界的发展，促进了虚拟世界与现实世界的融合。

数字新基建

【导读】2018 年 12 月，中央经济工作会议明确提出，要加快 5G 商用步伐，加强人工智能、工业互联网、物联网等新型基础设施建设。从此以后，“新基建”作为一个新名词，开始出现在国家层面的文件中。

小美一家开车回家乡，妈妈看着车窗外的美景，说起了家乡多年来的变化。不仅修了高速公路和高铁，楼房、工厂也比原来更多了，村里通了水、通了电，家家都装了宽带，真是太方便了。

小美听后不服气，说：“爸爸说以后火车和汽车都要用电了，而且不用担心电不够用，有很高很高的塔把电从很远的地方送过来。汽车还会自己在路上跑，用手机也能遥控汽车，工厂、楼房也都能联网，所有的数据都存在一个大房子里面，特别厉害。”

小美一番话听得妈妈一头雾水，一旁的爸爸忙解释道，“小美说的是‘新基建’。”

什么是“新基建”

2020年5月22日，《2020年国务院政府工作报告》提出，“加强新型基础设施建设，发展新一代信息网络，拓展5G应用，建设充电桩，推广新能源汽车，激发新消费需求，助力产业升级”。“新基建”成为社会广泛关注的热点。

新型基础设施建设（简称“新基建”），是基础设施建设中的一个相对概念。新型基础设施是以新发展理念为引领，以技术创新为驱动，以信息网络为基础，面向高质量发展需要，提供数字转型、智能升级、融合创新等服务的基础设施体系。

以往的基础设施建设（又称“旧基建”），主要是指铁路、公路、机场、供水、供电、商业服务等工程建设项目；而“新基建”主要是指5G建设、特高压、城际高速铁路和城市轨道交通、新能源汽车充电桩、大数据中心、人工智能、工业互联网等智慧经济时代的基础设施建设。与“旧基建”重资产的特点相比，“新基建”更倾向于轻资产、高科技含量、高附加值的发展模式。

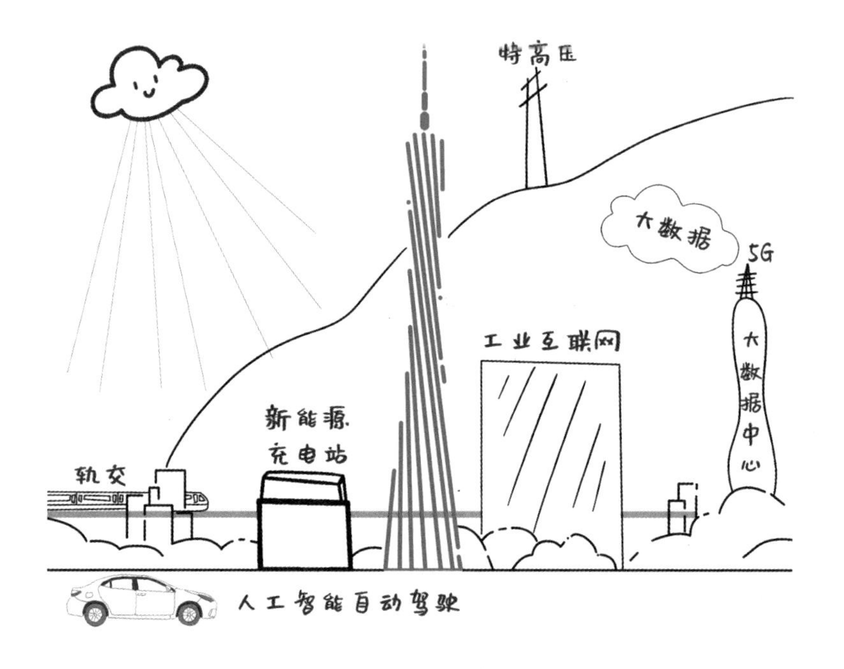

“新基建”七大领域

5G：作为移动通信领域的重大变革点，是当前“新基建”的领衔领域，涉及网络规划、设备制造、终端普及、运营商等多个产业链。

特高压：指的是±800千伏及以上直流电和1000千伏及以上交流电的电压等级，能大大提升我国电网的输送能力。

城际高速铁路和城际轨道交通：高铁是中国技术走向世界的一张名片，也是中国交通的大动脉；在城市化进程中，轨道交通是关键一环，涉及基础建设、机械设备、公共事业、运输服务等产业链。

新能源汽车充电桩：是新能源汽车的“加油站”，对新能源汽车的发展和普及具有重要作用。

大数据中心：信息时代海量数据的汇集中心和处理中心。新兴产业的发展将大量依赖于数据资源，建立数据中心能够促进行业转型和实现企业上云。

人工智能：是引领新一轮科技革命、产业变革、社会变革的战略性技术，可对经济发展、社会进步、国际政治经济格局等方面产生重大、深远的影响，对 AI 芯片、传感器、大数据算法等领域都有促进作用。

工业互联网：是智能制造发展的基础，可以提供共性的基础设施和能力，5G、平台和安全是工业互联网行业最重要的三大发展方向。

新基建七大领域

“新基建”的重要意义

小美妈妈问道，“‘新基建’听着挺厉害，但是投资‘新基建’要花很多钱吧？”

小美爸爸微微一笑，“这里面不仅有短期经济提振的需要，更蕴含了长期经济、社会、国家可持续发展的期待。基础设施建设需要达到一定规模之后才能发挥出最大的作用，就像高速公路和高铁一样，随着物质条件的改善，人们会逐渐认识到修高速、通高铁给我们带来了怎样的便捷。”

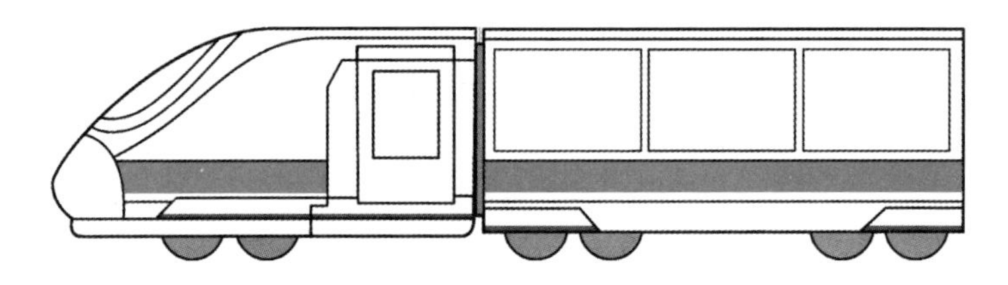

“新基建”的提出和加快新型基础设施建设早已在国家的筹划之中。2020 年的全国“两会”上，“新基建”首次写入政府工作报告，这既是疫情后经济恢复的切实需要，更是未来发展的殷切期望。“新基建”不仅能够减缓新冠肺炎疫情对经济、社会的负面影响，更是我国产业结构调整的重要支撑推动，5G、人工智能、工业互联网等新一代信息技术产业快速发展，能够为实体经济高质量发展提供技术支撑。

在新冠肺炎疫情防控期间，5G 技术、大数据发挥了重要作用，多个大数据平台有力支撑起政府部门、社区街道的疫情防控工作，通过大数据分析，可有效分析人员流动情况，锁定重点区域和人员，实现高效、精准的联防联控。复工复产过程中，工业互联网助力制造企业实现了转型升级。而在线办公、在线教育、直播带货等产业的迅速发展也离不开云计算、大数据的支持。面对疫情，“新基建”打破了传统生产经营、工作生活的时空限制，构建线上与线下、数据与价值相结合的数字经济新模式。

“新基建”不但为发展新兴产业提供了基础，同时也会促进产业的迭代升级，有效加速社会整体经济发展。伴随物联网、云计算、人工智能、工业物联网、5G等“新基建”的发展，所有与供需、生产状况相关的信息都能够被聚集起来；特高压、城际高速铁路和城市轨道交通、新能源汽车充电桩的建设能够为供需、生产、运输等各个环节提供服务保障。另一方面，新型基础设施的完善对直播、视频会议、交通运营监控、自动驾驶等新技术、新产业的发展具有推动作用，相关的数据会随之大规模增长，人工智能、云计算、数据中心也会得到相应的发展。可以说，“新基建”将充分发挥数字产业对经济发展的放大、叠加、倍增等作用，对产业链改造，突破产业发展瓶颈，培育新的服务与消费，实现经济长效增长都具有重要作用。

什么是数字新基建

“新基建”所指的5G、人工智能、工业互联网等新型基础设施，本质上是信息数字化的基础设施。当前对“新基建”的讨论众多，但是对其中的数字部分却还没有明确的边界范围。基于对各方提及的不同数字技术领域的共性归纳，**数字新基建**可以认为是指面向数据感知、存储、传输、计算能力需要而建设的新一代智能化基础设施，主要由与数据相关的基础软硬件构成，数据资源则贯穿其中。

具体而言，数字新基建可分为四个层次：一是网络层，为数据流通提供基础网络等设施系统，包括工业互联网、物联网、5G 等新一代移动通信、数据交换平台等；二是算力层，是支撑存储和处理分析数据资源所需的设施系统，包括大数据中心、云计算平台等；三是算法层，是控制和管理物理设备的程序系统，包括数据分析算法、人工智能等；四是应用层，支撑数字技术应用和产业数字化转型的通用软硬件基础设施，如智能交通设施、智能电网、通用操作系统等。

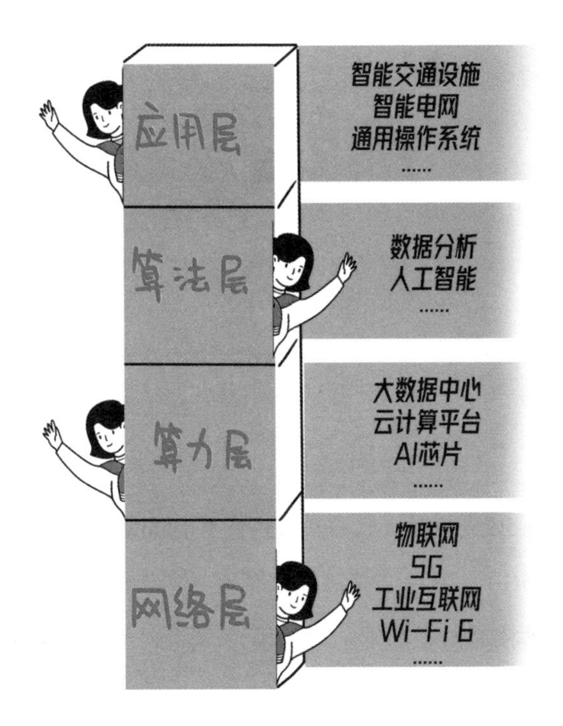

小美爸爸总结道：“我们所熟知的大数据、人工智能等技术都依赖于数字新基建提供的服务支撑。当数据成为生产资料，计算让数据变得可被利用，即数据可以被使用和流通，而使用和流通过程离不开算力的支持，数字新基建就是围绕数据的感知、存储、传输、计算能力而建设的基础设施。等到小美这一代孩子长大了，一定会感慨‘新基建’给我们带来的巨大变化。”

小美迫不及待地说：“我长大了也要做‘新基建’，让中国越来越好。”

5G

【导读】5G是指第五代移动通信技术（5th generation of mobile technology，5G），是具有高速率、低时延、大连接特点的新一代宽带移动通信技术，是实现人、机、物互联的网络基础设施。

5G有什么特点

5G具有高速率、低时延和大连接等优点。

“高速率”就是指网速快，如下载快、看视频不卡等。5G可以达到4G网速的100倍，如果4G的速度相当于走高速公路，那5G的速度就像是开飞机了。没有5G的高速率，就不能实现物与物之间的连接（物联网）；没有物与物之间的连接，就不可能实现车联网，以此为基础的智联网更无法形成。

出差途中，客户发来一个几百兆的文件，5G几秒钟的时间就能下载下来，还能随时随地视频会议而不会感到卡顿；爱追剧的人也不用提前把视频下载到缓存中了，随时随地都可以追上你最爱的综艺和影视剧；另外，电视直播中常见的卫星转播车也会在 5G 信号覆盖的地方消失，因为 5G 就已经可以撑起高质量视频直播的需求。

“低时延”就是指响应快，在这边发出一个指令，千里之外瞬息就可以收到执行。在远程医疗领域，应用 5G 的低时延特性，远在北京的医生可以给边远地区的病人实施机器人手术，这在以前只能是医生过去或是病人到北京去，极耗费时间，而病人缺的往往就是时间。另外在火热的无人驾驶领域，路面信息千变万化，视频、雷达等传感器收集的信息需要瞬时计算得到最安全的处理方案，在单机算力没有很大突破的时候，只能把这些信息上传到服务器上进行计算再反馈回来，其间的反应时间需要比人反应的时间还快，这样才能实现真正安全的无人驾驶。

很多电子竞技类游戏为什么只安排 5V5 的对战？除了服务器的计算能力外，还有一个原因就是网络延时问题。10 部以上的手机同时对战的延时累加，使得数据同步非常困难，游戏会变成一帧帧的图片，丝毫没有顺畅的感觉。但是在 5G 普及后，延时将不再是困扰游戏开发者的问题，开发者可以设计出更大规模的对战模式，游戏的可玩程度、同时参与人数将会再次刷新游戏体验，到时在 5G 环境下开发的新型游戏，一定是沉浸式、体验感十足的游戏——元宇宙的世界。

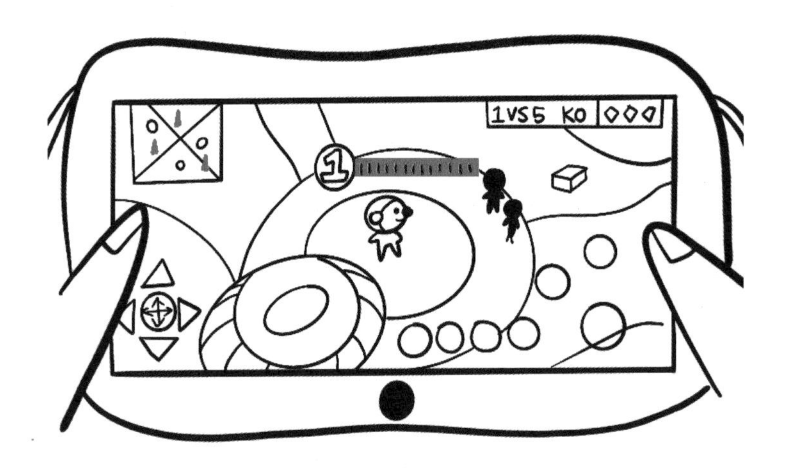

“大连接”就是指可以同时连接的手机数量和设备数量多。这一点在参加演唱会、现场观看大型比赛的时候很容易感受到。5G 时代以前，在一个几万人聚集的场所，同时有太多手机连接，结果就是大家都无法连接，演唱会现场想发个朋友圈半天都发不出去。现如今，大家都可以高速连接到网络中，可以同时发送照片和视频到社交平台，收获更多的点赞。

智能驾驶的数据可以在 5G 环境下上传到云服务器，利用服务器集群的庞大算力，不会出现延时，在单个设备没有足够算力的情况下，5G 可以把集群的算力充分发挥出来，从而让生产产生深刻的变革，所以说 4G 改变的是生活，5G 改变的是社会。

5G 的发展历史

一起来回顾下移动通信的发展历程。

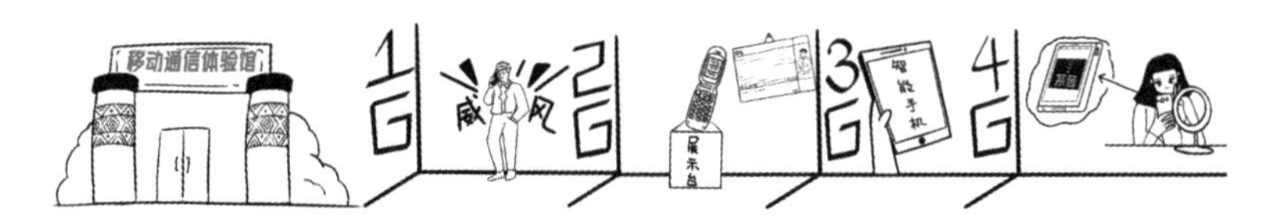

1G 是模拟信号时代（1987—2001 年）。1987 年 11 月中国开通了第一代模拟信号通信系统，直到 2001 年正式关闭。1G 时代的手机只有通话功能，当年的代表是大哥大手机，很多 70 后、80 后都记得一个非常经典的形象——身穿西装、大背头、手持大哥大的江湖大哥。

2G 开启了数字通信时代（2001 年至今）。2G 时代的手机，在通话基础上增加了短信和上网功能，手机体积大大缩小，这个时

期的经典是诺基亚手机。回忆当年，发短信拜年成为潮流，而且挂QQ、升等级是非常流行和酷炫的事情。这个时代手机数据业务开始初露端倪，移动梦网、联通新时空之类的手机访问网络开启了数字人类的时代前奏。

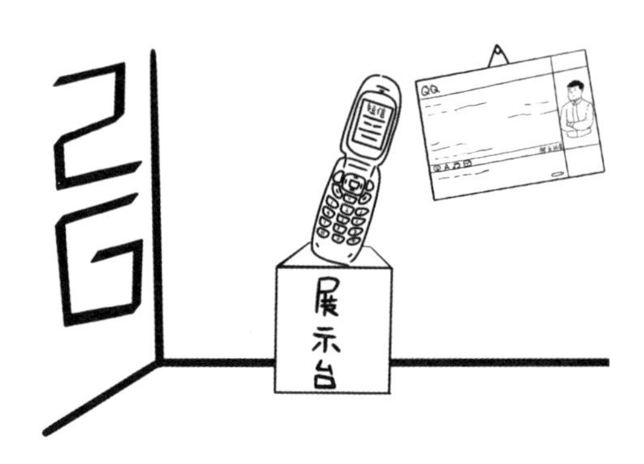

2008 年，国家发放 3G 牌照，移动互联网的时代开始了。智能手机出现，但这时的安卓手机还没有显示出它后来的王者气象，苹果手机也很难让人看出它日后在手机市场中独占鳌头的雄姿。

短暂的 3G 时代犹如昙花一现，很快就被 4G 给取代了，很多人对移动互联网的感觉甚至是直接从 2G 时代跨越到了 4G 时代。

究其原因，除了技术的发展外，4G 的网速相对于 3G 出现了质的飞跃，高通公司对 3G 专利技术的垄断也是 3G 被迅速淘汰的原因。

2015 年，工信部发放了第一张 4G 牌照，标志着 4G 时代的降临。4G 迎来了移动互联网的爆炸式发展，高达百兆的网速支撑起了大量应用。可以说，4G 构建了人们的移动生活，移动支付已经深入街边小贩，社交应用和自媒体的发展让信息沟通屏障极大缩小，人们可以随时随地观看各种直播，文字直播已成为远久记忆。如今，4G 给人们的生活带来了前所未有的变化，以抖音为代表的短视频平台崛起，带来新的媒体空间；微信的应用，让短信业务只剩下接收验证码的功能；各种媒体平台的发展，使得 4G 时代人人都可以成为自媒体。

一句话总结，2G 时代到 4G 时代的发展就是：文字→图片→视频。

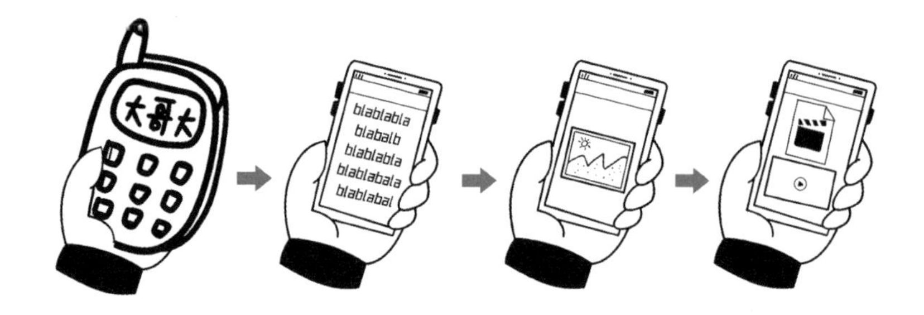

2019 年，国家发放了 5G 手机牌照。5G 除了网速更快之外，还会在智能化、自动驾驶、万物互联等领域大有作为。如果说 4G 展示的是平面信息，那么 5G 则把人们带入一个 3D 的世界。2021 年，5G 使得沉浸式体验蓬勃发展，元宇宙概念火爆了整个资本圈。

5G 由于其高速率、低时延的特点，不同于 3G、4G 时代人与人之间的互联，而可以实现人与物、物与物的互联，即“万物互联”，具有“大连接”的特点。通过 5G 可有效应对海量设备接入导致的中心算力不足、数据并发量过大等问题。

5G 的应用场景

5G 将广泛应用于各类场景，实现人与物、物与物之间的信息交互，实现各类场景的数字化管理与智慧应用。例如，在物流领域采用新型 5G 室内分布系统，可实现冷库内 5G 全覆盖，并结合 5G 室内定位技术，建设新型的数字化冷库，在新冠肺炎疫情防控期间实现无接触化的冷链操作。再比如，在危险而又艰苦的采矿工作中，使用 5G 智能建设可以实现无人化操控、远程开采、机器人巡检等功能。在 5G 赋能下，互联网产业正在逐步走向万物互联的新时代，打造数字生活、智慧社会的新体验、新变革。

国家在“十四五”规划中提出了数字新基建的发展蓝图，即构建基于 5G 的应用场景和产业生态，在智能交通、智慧物流、智慧能源、智慧医疗等重点领域开展试点示范，培育壮大人工智能、大数据、区块链、云计算、网络安全等新兴数字产业，提升通信设备、核心电子元器件、关键软件等产业水平。在国家政策的大力推动下，我们相信，5G 在人工智能、云计算领域的应用将会更为广阔。

物联网

【导读】物联网是“万物相连的互联网”，即通过各类可能的网络接入，实现物与物、物与人的泛在连接，以实现对物品和过程的智能化感知、识别和管理。

什么是物联网

物联网（Internet of Things，IoT）是通过射频识别（RFID）、红外感应器、全球定位系统、激光扫描器等信息传感设备，按约定的协议，把任何物品与互联网相连接，进行信息交换和通信，以实现对物品的智能化识别、定位、跟踪、监控和管理的一种网络。

简单地说，物联网就是“万物相连的互联网”，是在互联网基础上延伸和扩展的网络。物联网将各种信息传感设备与网络结合起来，实时采集任何需要监控、连接、互动的物体或过程，采集其声、光、热、电、力学、化学、生物、位置等各种需要的信息，通过各类可能的网络接入，实现物与物、物与人的泛在连接，实现对物品和过程的智能化感知、识别和管理。

从应用层面看，物联网可以分成不同的场景物联网，如工业物联网、农业物联网、城市物联网、家居物联网等。从技术层面看，物联网包含传感器技术、网络技术和云计算技术，可分成感知层、网络层、平台层和应用层。

物联网的应用领域

物联网有望让我们的社会环境（比如我们的家居、办公室和车辆）变得更加智能和可测量。像现在比较普及的物联网设备——智能音箱，就可以让我们更轻松地播放音乐、设置闹钟或者查询信息，家庭安全系统可以让我们更容易监控室内外的情况，智能温控器可以帮助我们在回家之前自动调温，智能灯泡可以让我们即使不在家也能随时随地进行开关的控制。

对于消费者来说，智能家居可能是最容易接触到的联网设备，除了我们前面提到的智能音箱、家庭安全系统、智能温控器、智能灯泡外，还有智能插头、摄像头等。但除了具备一些比较酷炫的功能外，智能家居还有更重要的一面，它可以让老年人或者行为不便者保持独立，让家人或者他们的照顾者更方便地与他们交流，观察监测他们的生活情况。

以大家常见的智能音箱为例，我们可以通过语音呼叫“小 x 同学”以发布指令，如“打开电视”，电视机就被打开了，对于行动不便人士来说特别友好。这里的“小 x 同学”起到的是收集、传输的作用，把语音收集后上传到云端，判断操作信息后再返回一个指令给电视机。还有智能手环，可以通过加速度传感器、脉搏传感器、血氧传感器、血压传感器等，加上蓝牙和其内置的 MCU，便可以实现计步、心率监测等运动或健康应用。另外，扫地机器人也是最常见的物联网在智能家居领域的应用。

让我们将目光投向家庭之外，传感器还可以帮助我们了解环境的嘈杂或污染程度，而自动驾驶和智慧城市可以更大程度地改变我们的城市空间与运行模式。

在航空领域，可以应用物联网技术，通过工程机械运行参数实时监控智能分析平台，对发动机进行及时养护，以预防故障发生。客服中心的工程师可以通过安装在发动机上的智能终端传回的油温、转速、油压、液压、控制阀状态等信息，对发动机进行远程诊断，并指导客户如何排除故障。

在数字化生产线中应用 RFID 技术，可以提高生产效率。例如，在一条生产流水线上，为保证从螺丝到外壳所需的物料能源源不断地供应，可应用物联网技术实时感知物料的补充情况。

在供应链管理领域，物联网技术主要应用于运输、仓储等物流管理环节。将物联网技术应用于车辆监控、立体仓库等，可以显著提高工业物流效率，降低库存成本。例如，采用 RFID 技术可以提高库存管理水平和货物周转效率，减少配送不准确或不及时的情况。

在生产管理领域，物联网技术已在生产车间、生产设备管理等环节得到应用。例如，在纺织厂建立网络在线监控系统，可对产量、质量、机械状态等参数进行监测，并通过与企业 ERP 系统对接，实现管控一体化和质量溯源，提升生产管理水平和产品质量档次。此外，还可以及时、准确地发现某台设备的异常情况，引导维修人员有的放矢地工作。

物联网设备会产生大量的数据，如发动机的功率和转速、车门的打开与关闭状态、智能电表读数等信息，所有的这些物联网数据都需要被收集、存储和分析。商业中利用这些数据的一种方式是，将其输入企业的人工智能系统中进行分析，并利用其进行预测和决策。通过机器学习和人工智能技术，使数据中心更加高效。

物联网面临的安全问题

随着科技的发展，安全成为物联网面临的最大问题之一。

物联网传感器在许多情况下收集着极其敏感的信息，比如关于你的一切数据，以及我们在家里说的话、做的事等，这让物联网有了一个潜在又巨大的隐私和安全问题。以智能家居为例，它可以告诉你什么时候起床，你的刷牙情况如何，你喜欢听什么歌，你的孩子在干什么（智能玩具），以及谁来拜访你和经过你的房子（智能门铃）。此外，物联网数据还可以与其他数据结合，创造出一个令人惊讶的关于你的“个人画像”。

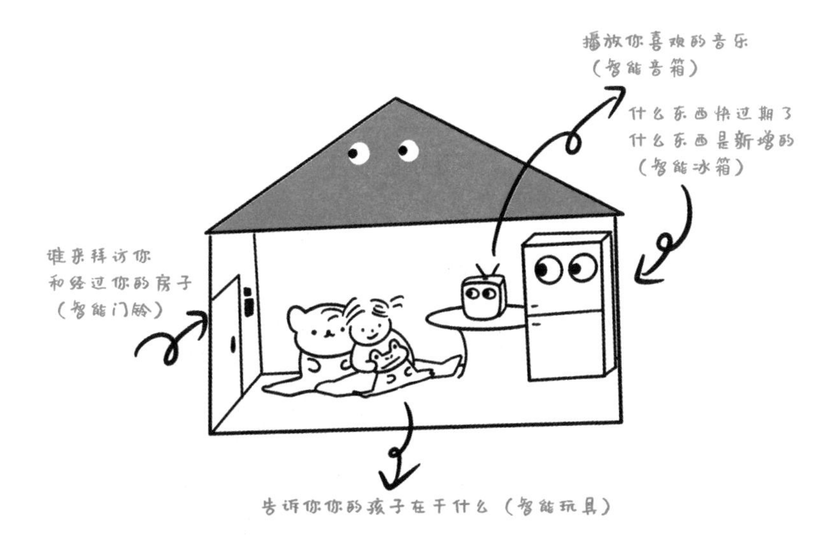

这些数据应如何处理，涉及极其重要的隐私问题，而保证这些数据的安全对消费者和生产企业来说都至关重要。但到目前为止，物联网在这一块儿做得较为薄弱，很多物联网设备在开发时都很少考虑到基本的安全问题，例如可以在运输和待机时对数据进行加密等。

更值得警醒的是，物联网在数字世界和物理世界之间架起了桥梁，这意味着黑客入侵物联网设备可能会对现实世界造成危险的后果。

例如，黑客入侵控制发电站温度的传感器，可能会骗取操作人员做出灾难性的决定；黑客控制无人驾驶汽车，也可能产生灾难性后果；将工业机械连接到物联网网络，会增加黑客发现和攻击这些设备的潜在风险；工业间谍活动可能会对关键基础设施进行破坏性攻击等。这意味着企业需要确保这些网络被隔离和保护，对传感器、网关和其他组件进行数据加密和安全保护是必要的。

当然，现在针对物联网的部署还处于早期，大多数参与物联网的公司目前还是试验阶段，这主要是因为传感器技术、5G 和机器学习驱动的分析技术还处于早期发展阶段。

物联网发展的下一步就是智联网，所有连接的物体都会具有一定智慧，交流的是知识而不再只是数据。

【扩展概念】

SCADA（supervisory control and data acquisition）**系统**：即数据

采集与监视控制系统，涉及组态软件、数据传输链路（如数传电台、GPRS 等）和工业隔离安全网关。其中，安全隔离网关用以保证工业信息网络安全，大多数工业互联网都要用到这种安全防护性的网关，防止病毒入侵，以保证工业数据、信息的安全。其中的一种隔离网关是工业安全防护网关（pSafetyLink，简称隔离网关）。

消费互联网

【导读】消费互联网以个人消费者为服务中心，通过提升消费者在衣食住行、社交娱乐等方面的消费体验，或为潜在消费者提供有效信息等方式，让生活变得更方便、快捷，同时促进消费，实现流量变现。

消费互联网（consumer internet）是为了满足消费者在互联网中的消费需求而产生的互联网类型。它以个人消费者为服务中心，以流量变现为主要商业模式，通过提升消费者在衣食住行、社交娱乐等方面的消费体验，或为潜在消费者提供有效信息等方式，促进消费，实现流量变现。

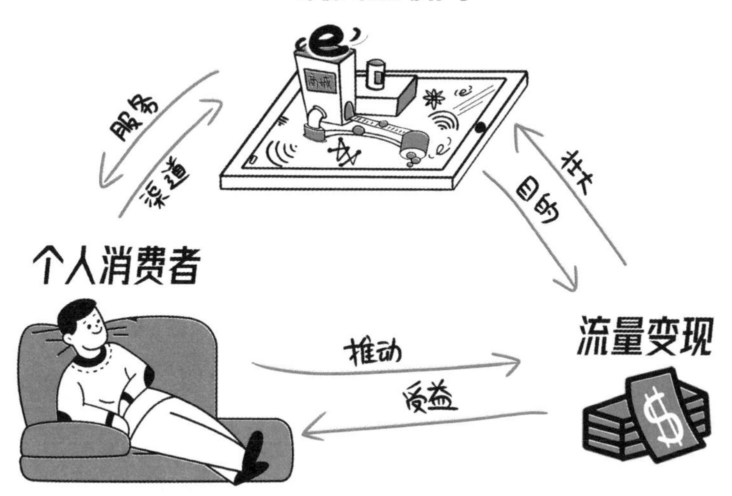

数据显示，2011—2019 年我国电子商务交易额从 6.09 万亿元增长到 34.81 万亿元。消费互联网已深入到人们生活衣食住行各个角落，某宝可以“猜你喜欢”，某多多愿意“拉新返现”，各大平台费尽心思希望优化现有用户的消费体验，以吸引更多潜在用户并促使消费者下单。

下面通过两个例子，向大家具体说明消费互联网如何改变着我们的生活。

十年前，如果你想购买一副立体声效好的进口耳机，只能在工作日晚上或周末约上好朋友，一同前往 5 公里外的大型购物商场，隔着玻璃柜台对着“天文”价格发呆。

现在，你只需要拿起手机，登录购物网站，在搜索栏中输入“耳机”，立刻便会出现琳琅满目、不同品牌、不同特性的耳机。恰好第二个就是你一直关注的款型，于是你点进第二个搜索结果，下面的小字写着“销量排名第二”。进入店铺，你发现这是一家设计高端、时尚感十足的国外品牌耳机的直营店，其主页写着：“惊爆价！本周新品九折！仅限直营店！”你仔细比对了耳机的各项参数，查阅了其他买家的评价，尤其是追评，最终你下单购买了这款耳机。三天后，你便收到了新耳机。

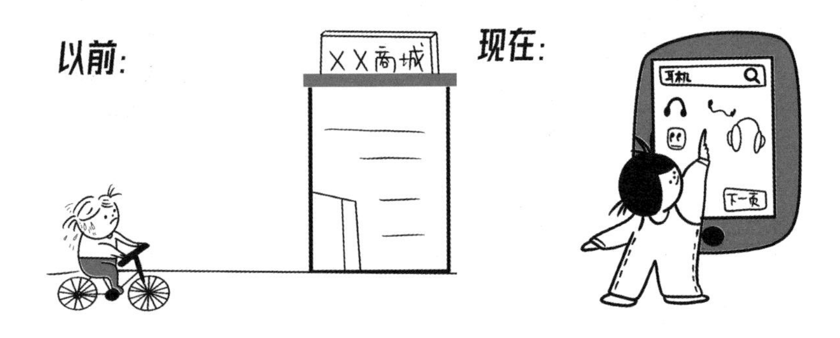

上述例子中，购买耳机的方式由去商场变为手机下单，标志着消费方式由线下转到了线上，更为便捷省时；第二个搜索结果便是你心仪的耳机，表明大数据正在默默记录着每个人的消费习惯，试图猜测你的喜好来推动你的下单进程；从“商场价格高昂”变为“线上直营店全场新品九折”，标志着消费业态由传统的“生产→仓库出货→代理商进货→线下销售”模式的 to B 端销售，直接转为“生产→仓库出货→消费者”的 to C 端销售，不仅为消费者提供了更丰富的选择，也提供了更大的让利空间，极大地优化了消费者的消费体验。

以前：

“生产→仓库出货→代理商进货→线下销售”
模式的 To B 端销售

现在：

“生产→仓库出货→消费者”
模式的To C端销售

新耳机的立体声效果特别好，你准备发朋友圈庆祝一下。你点开微信朋友圈，发现了一则嵌入广告，上书“这是一款无须支付手续费即可快速买卖股票的 APP”。闲暇时你经常会做一些投资理财，一般的股票交易小程序都需要支付手续费，这则内嵌广告成功地吸引了你的注意力，于是你下载了这款 APP，还将这个好消息告诉了朋友。朋友完成注册后，你的账户里便到账了两张限时优惠券。

上述例子中，微信朋友圈的广告投放、拉新优惠，标志着消费互联网时代促进消费的重要模式——一句话展示产品的核心价值并通过流量变现。消费时代，用户的注意力被大大分散，能够简短、有力地触达不同圈层，便迈出了该模式的第一步。大数据记录到你有理财习惯，便将你可能感兴趣的信息植入在显眼的社交渠道中，你不仅能立刻了解产品优势，还能顺便将这一信息传递给亲朋好友，以获得拉新优惠。消费互联网通过口口相传、拉新优惠，最大限度地提升了消费信息的触达率与覆盖范围，可吸引更多的潜在消费者消费。

总而言之，消费互联网旨在通过革新传统消费形式，满足日益变化的个人用户消费需求并盈利。其永远以消费者为中心，关注如何不断优化受众的消费体验，并将核心卖点简洁明了地传递给潜在用户，实现流量变现。谁能赢得消费者的心，谁就能立于不败之地。

【扩展概念】

流量变现：是电商运营的三大基础目标流程“拉新、留存促活、变现”中，变现方式的一种。通俗点说，就是通过点击率、浏览量来实现变现，最主要的流量变现形式就是广告。

产业互联网

【导读】消费互联网关注的是如何满足个体消费者的需求，产业互联网则将目光投向整条产业链中的各级生产者。

产业互联网（industrial internet），是指借助互联网优势，打通并优化产业链上研发、生产、消费、售后等各个环节，促进企业内、企业间的各类生产要素互相连通，资源与要素协同的全新产业发展范式。通过生产、资源配置和交易效率的提升，与互联网充分融合的传统产业得以优化消费体验，提升产业效率，不断向前发展。

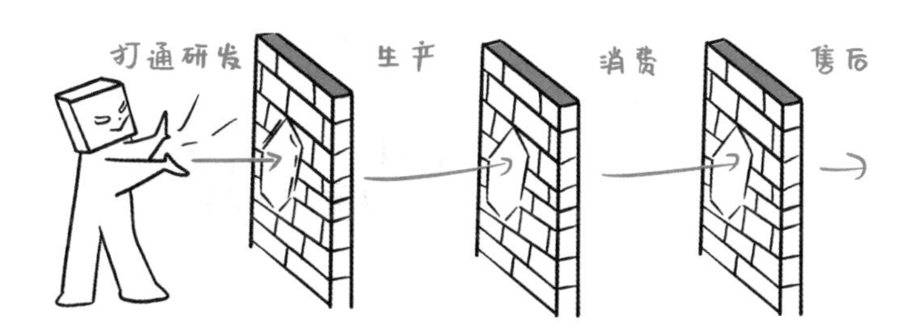

让我们一起来看看，变身家居行业老板的小美堂哥，是如何践行产业互联网创新的吧。

小美伯伯家经营着一家远近闻名的家具厂，家具质量受到乡亲们的一致好评。过去，小美的伯伯坚信“酒香不怕巷子深”，所以集中精力专攻家具品质。家具产销流程通常是：乡亲们将做凳子或打桌子的需求口头告诉小美伯伯→小美伯伯开始连夜设计草图给乡亲们确认，同时打电话告知木材厂所需木材→木材厂需要 3 ～ 5 天从邻乡运来木材→小美伯伯花上两个月打制出成品。这一流程通常需要耗费三个月。

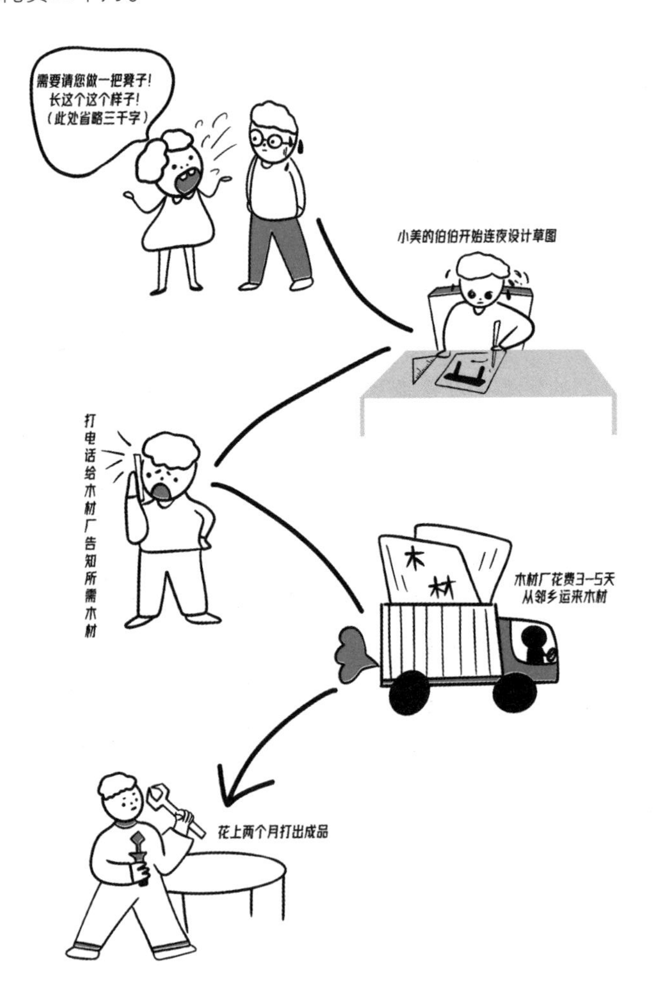

后来，小美伯伯开始应用各大电商平台在网上开店，提高知名度。可是热度仅维持了数月，小美伯伯就发现，尽管线上平台解决了销售渠道的问题，但仍有很多问题解决不了。一方面，当旺季需求忙不过来时，有些家具只能由学徒打制，质量不好；另一方面，层层分销，导致价格不透明。另外，有些乡亲希望能省时省力地完成新屋装修，提议他们提供“一条龙”服务，同时承接装修业务，他们却只能提供家具。望着逐渐冷清的家具厂，小美伯伯逐渐有些力不从心。

小美堂哥大学毕业后，顺理成章地接手了家里的家具厂，并立志要让自家产业东山再起。运营一段时间后，堂哥愈发深刻地意识到，仅靠生产和销售家具无法在家居行业激烈的竞争中占据一席之地，只有将目光投向整个产业链，才有机会绝地反击。于是堂哥决定将家具厂转型为家居厂。

说干就干，堂哥先熟悉了家居业的特性，了解其涉及设计师、装修公司、施工队、材料商等众多对象，认为只有链接起产业链的各个环节，才能更好地服务家居产业的上下游。于是，堂哥为家具厂转型设定了清晰的目标：突破自家传统家具厂的零售业务模式，利用互联网优势，将业务范围拓展至设计、装饰、物流、到家服务的全产业链。

堂哥将家居厂打造成面向产业链不同环节生产者或消费者的线上家居平台，面向不同人群开设不同类型的子平台，如为设计师提供多种标准化装修方案以及专业工具、定制服务，供其以标准装修方案为依托，结合专业工具为消费者提供个性化家装方案。同时，堂哥还开设了专门的线上建材平台，为装修商、材料供应商提供优质、多元、价格透明的材料选择。堂哥创办的小美家居还引入智能仓储、智能物流、智能配送等系统，为普通消费者提供大件家具的仓储、个性化加工、配送安装、售后服务，并利用 VR、AR 技术打造线上智能家居体验生活馆，提供线上沉浸式家居体验，优化个体消费者的消费感受。

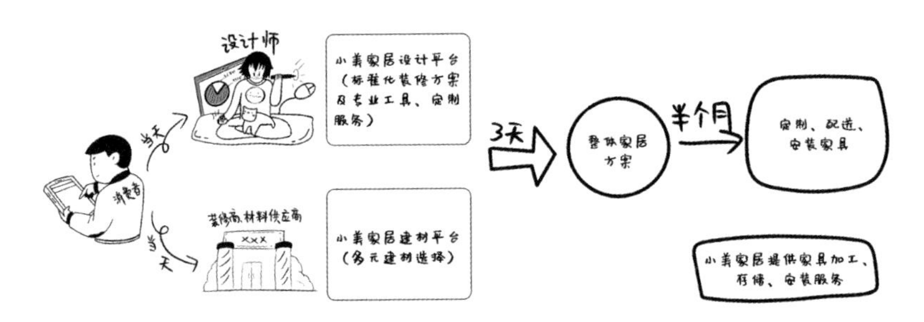

借助互联网优势链接产业上下游不同环节的主体，令原本让消费者最头疼的耗时长、品控不稳定、价格不透明的新房装修，升级为省心省力省钱的一条龙服务，消费者们纷纷认准了小美家居。小美堂哥惊讶地发现，与以往的漫长流程与惊人耗时相比，通过产业链的整合，小美家居的效率提升了 150%，且各流程环节间的衔接更为流畅。小美家居也摇身一变，成为“高端时尚家居”的代名词。

上述例子中，小美家居将业务范围拓展至设计、装饰、物流、到家服务的全产业链的尝试，即是在打造家居产业互联网。线上家居平台、线上建材平台、线上智能家居体验生活馆充分结合了互联网信息技术、大数据优势，为家居产业链上的各类主体分别提供服务，打通了整个家居产业链的上下游，避免了传统家居业各个环节自说自话、运转缓慢、品控不稳的尴尬情况，提升了家居业产业效率。

总而言之，产业互联网借助互联网、信息技术优势，为传统产业赋能，从而串联起产业链上的各生产要素，优化资源配置，释放传统产业的无限潜能。

尽管产业互联网在各行业的拓展尚处于起步阶段，但巨大的市场需求造就了产业互联网广阔的市场前景与更多发展机遇。根据GE白皮书测算，仅在航空、电力、医疗保健、铁路、油气这五个领域引入互联网支持，且只提高各领域1%的效率，在未来15年中就可节省近3000亿美元。

今后20年，产业互联网将有力量改变并塑造各行各业，银行、医院、教育、交通等关键领域都会加入产业互联网的大潮。如果说过去20年，消费互联网改变了人们的生活与消费方式，那么，未来20年产业互联网将异军突起，创造下一个辉煌。

【扩展概念】

产业互联网和“互联网+”：产业互联网是指某一个产业链的互联网，而“互联网+”是指将互联网与传统行业相结合。例如，“互联网+农业”表示可以利用互联网平台推广销售农产品。

工业互联网

【导读】顾名思义，工业互联网就是“工业＋互联网”，工业指生产的机器和数据，互联网指网络连接和平台。简单地说，工业互联网就是把人、数据和机器连接起来。

工业互联网（Industrial Internet）是新一代信息通信技术与工业经济深度融合的新型基础设施、应用模式和工业生态，通过对人、机、物、系统等的全面连接，构建起覆盖全产业链、全价值链的全新制造和服务体系，为工业乃至产业数字化、网络化、智能化发展提供实现途径，是第四次工业革命的重要基石。工业互联网的核心目的就是降本增效。

工业互联网通过开放的、全球化的通信网络平台，把设备、生产线、员工、工厂、仓库、供应商、产品和客户紧密地连接起来，共享工业生产全流程的各种要素资源，使其数字化、网络化、自动化、智能化，从而实现效率提升和成本降低。

原本的工厂生产各自为营，设备信息是一座座孤岛，工业互联网就是要把这些孤岛打通，就像武侠小说中打通任督二脉一样，这个"任督二脉"就相当于数据的流动，而工业互联网就是让数据流动起来。

比如，小美妈妈在《星际争霸》游戏中需要不停地收集资源、建造工厂、生产和制造武器（机枪、坦克），然后升级科技树，生产出更先进的武器去消灭对手。这里，一个很重要的制胜因素就是生产效率，谁先拥有更多、更高科技的武器和士兵，谁就能赢，这是一个非常复杂的生产系统，涉及资源类型、武器类型、兵种、科技树还有能源管理，但是整个生产过程都可以由小美妈妈通过键盘、鼠标控制，这就是初级的工业互联网模型。在显示器展示的游戏界面上，小美妈妈可以清楚地看到自己当前有多少资源、多少座兵工厂、当前在生产什么、生产速度如何、科技研发的进度、电厂发电量等参数，可以用这些数据进行高效率的决策，以指挥生产过程。

再比如，小美妈妈最近要买一辆车，她在该品牌的 APP 上可以选择车身颜色、灯光设备型号、座椅布局等个性化的定制生产要求。这种个性要求涉及到各种生产信息的管理，比如车身颜色的调配、油漆和灯光设备型号的供应等，工业互联网把各个设备、生产线、仓库、供应商和消费者连接起来，提供了可选择的生产定制可能。

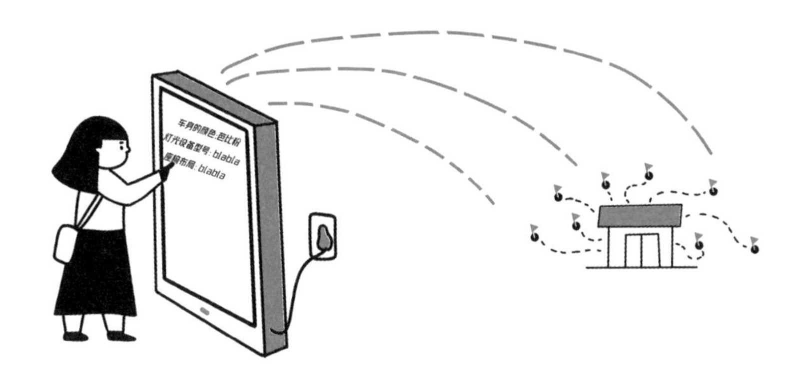

工业互联网，就是IT（信息技术）、CT（通信技术）、OT（操作技术）的全面融合和升级。它既是一张网络，也是一个平台，更是一个系统，实现了工业生产过程中所有要素的泛在连接和整合。在一些高端设备领域，如航空发动机的检修与保养，以前需要定期停飞检查，现在可以直接把各种检测、运行数据传输到平台上，通过建立的数据模型判断发动机状态，提前发现问题。

海量的生产设备是非数字化的单个节点，没有网络连接，它们就是孤岛，是“死”的。随着传感器等数据采集技术的升级，节点开始产生数据，有了“生命”。与此同时，通信技术在不断升级，像血管和神经一样，帮助无数孤立的节点交换与共享数据。最后，这些数据流会到达云端，借助云计算、大数据等信息技术产生价值。如此一来，所有节点就形成了一个系统，一个强大和完整的“生命体”。这就是为什么我们通常将工业互联网称为工业技术革命和ICT（信息通信）技术革命相结合的产物。

工业互联网不是互联网在工业上的简单应用，而是具有更为丰富的内涵和外延。它以网络为基础、平台为中枢、数据为要素、安全为保障，既是工业数字化、网络化、智能化转型的基础设施，也是互联网、大数据、人工智能与实体经济深度融合的应用模式，同时也是一种新业态、新产业，将重塑企业形态、供应链和产业链。

当前，工业互联网的融合应用向国民经济重点行业广泛拓展，形成平台化设计、智能化制造、网络化协同、个性化定制、服务化延伸、数字化管理，赋能、赋智、赋值作用不断显现，有力地促进了实体经济提质、增效、降本、绿色、安全发展。

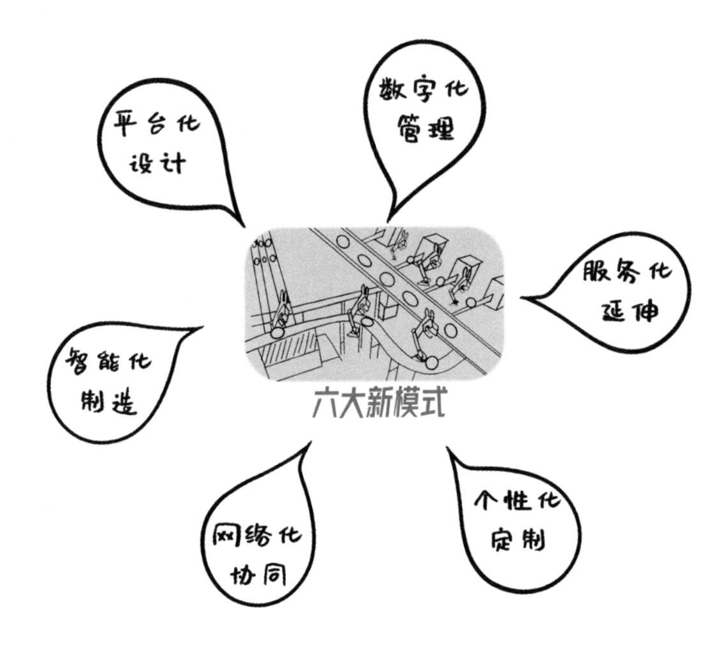

【扩展概念】

OT（operation technology，操作技术）：可以理解为工厂车间里面的工业环境和设备，包括机械臂、传感器、仪器仪表、监控系统、控制系统等。

工业 4.0：是基于工业发展不同阶段做出的划分。工业 1.0 是蒸汽机时代，工业 2.0 是电气化时代，工业 3.0 是信息化时代，工业 4.0 则是利用信息化技术促进产业变革的时代，也就是智能化时代。工业 4.0 意味着从集中式控制向分散式、增强型控制模式转变，目标是建立一个高度灵活的个性化和数字化的产品与服务的生产模式。在这种模式中，传统的行业界限将消失，并会产生各种新的活动领域和合作形式。创造新价值的过程正在发生改变，产业链分工将被重组。工业 4.0 项目主要分为两大类：一是智能工厂，重点研究智能化生产系统及过程，以及网络化分布式生产设施的实现；二是智能生产，主要涉及整个企业的生产物流管理、人机互动以及 3D 技术在工业生产过程中的应用等。工业 4.0 特别注重吸引中小企业参与，力图使中小企业成为新一代智能化生产技术的使用者和受益者，同时也成为先进工业生产技术的创造者和供应者。

IPv6

【导读】互联网协议是互联网设备之间进行信息互通的通信协议。IPv6作为第六代互联网协议，其IP地址几乎可以覆盖“世界上的每一粒沙子”，充分解决了IPv4的IP地址容量问题。2025年我国互联网将全面支持IPv6。

小美是个收纳整理控，喜欢把自己的东西贴上编码，收拾得整整齐齐。她使用A、B、C、D、E……字母命名自己的娃娃，可有一天，她发现自己的娃娃超出了26只，新买的娃娃不知道该怎么命名了，就“哇呜”一声哭了起来。

爸爸笑着说，“你可以试试这样，你的娃娃用A开头，就命名为A001、A002、A003……以此类推。你的课本用B开头，命名为B001、B002、B003……你的连衣裙用C开头，裤子用D开头等，以此类推，不就解决问题了吗？”小美满意地点了点头。

上述例子中，每个编号就相当于一个 IP 地址，而 IPV4 与 IPV6 的区别就是更换了编码形式，扩容了。

什么是网络通信协议

20 世纪 90 年代，互联网兴起。世界各地的计算机都可以接入互联网，通过互联网进行通信，如发送电子邮件、传输文件、即时通讯、浏览网页等。今天，视频电话、网购、远程会议、远程控制等早已融入人们的生活和工作当中。不仅是计算机，智能手机及其他终端设备也都在随时随地准备接入互联网。

早期的计算机都是通过有线方式（电话线、铜线电缆、光纤）接入互联网，今天无线接入方式成为首选，这要得益于 3G、4G 和 5G 无线通信技术的发展。

就像人类的语言一样，要使计算机连成的网络能够互通信息，需要有一组共同遵守的通信标准，这就是网络协议，不同的计算机之间只有使用相同的通信协议才能进行通信。

最为广泛的网络通信协议是 TCP/IP 协议。TCP/IP 是英文

transmission control protocol/internet protocol 的缩写，意思是“传输控制协议 / 网际协议”。TCP/IP 是一组协议（protocol），其中包括众多不同层面的协议。

什么是 IP 地址

所谓 **IP 地址**，其实就是每一个接入互联网设备的“门牌号”。现实世界中，如果房屋住宅没有门牌号，人们将无法邮寄物品；人口信息缺少一个关键属性，人口普查将无法进行，人口流动也无法管理。类似的，如果互联网上的设备没有“门牌号”（IP 地址），设备与设备之间将无法通信，因为既不知道信息从何处发出，也不知道信息将送往何处。

所以，互联网上的每个设备都需要有一个 IP 地址，以便于进行通信。这个地址的设计与分配统一遵循互联网协议（internet protocol，IP），是互联网协议中的一部分，所以俗称 **IP 地址**。

从 Ipv4 到 IPv6

国际上有一个叫 IETF（互联网工程任务小组）的组织，是互联网规划协议的制定者，今天说的 IPv6 就由其制定。

通俗地讲，**IPv6** 是第六代互联网协议（internet protocol version 6）。既然说 IPv6 是第六代互联网协议，那是不是此前还有其他代？没错，在 IPv6 之前还有一个 IPv4，即第四代互联网协议，或互联网协议第 4 版。

所以，在了解 IPv6 之前，有必要先了解一下 IPv4。

1981 年 9 月，IETF 发布了 IPv4。四十多年过去，互联网的发展已经翻天覆地，接入互联网的设备除了个人计算机外，智能手机、智能终端以及物联网连接的各类物体，都将接入互联网。据公开资料报道，2022 年全球人口已达到 78 亿，网民总数已超过了 40 亿，单是物联网的上网终端数都将是数百亿级规模。越来越多的人与物将接入互联网，致使 IPv4 协议的 IP 地址容量已无法满足要求，因为 IPv4 协议的 IP 地址容量不超过 42 亿。这是因为最早期的时候，互联网只是设计给美国军方用的，根本没有考虑到它会变得如此普及和庞大，成为全球网络。此时，需要新的互联网协议了。

事实上，早在1990年，IETF就开始规划IPv4的下一代协议，即今天的IPv6，并于1998年12月正式推出。

IPv6，号称“地球上每一粒沙子都可以拥有一个IP地址”，足见其地址容量之大。不仅手机、电脑、电视、汽车、冰箱、洗衣机、空调、手环、手表等都可以分配一个IP地址，只要有上网需要，万事万物都可以拥有一个IP地址。这对于物联网和工业互联网的发展来说是一个基础。

从IPv4切换到IPv6的技术工作主要是网络服务提供商和设备厂商在做，与一般终端用户关系不大（当然，如果你上网的设备太旧了，也许需要更换新一代的设备以支持IPv6。不过在2025年前，还是可以继续使用IPv4的）。

先说设备厂商。对于计算机而言，很早就支持IPv6了。如Windows，从Windows 2000开始就已经支持IPv6了，现在的Windows 7、Windows 8、Windows 10等都完全支持IPv6。对于智能手机来说，不管你使用的是苹果还是安卓，是小米还是华为，全都支持 IPv6。

对网络服务提供商而言，据公开资料报道，国内三大运营商（中国移动、中国电信、中国联通）早在 2018 年年底就已完成了网络层面的 IPv6 改造。2018 年 6 月，阿里云宣布联合三大运营商全面对外提供 IPv6 服务。今天，无论是网络设备、用户终端还是业务应用，国内都已经基本普及 IPv6。

IPv6 是国之重策

2017 年 11 月，中共中央办公厅、国务院办公厅印发了《推进互联网协议第六版（IPv6）规模部署行动计划》。而后，工信部也印发了关于贯彻落实《推进 IPv6 规模部署行动计划》的通知，要求大力推动 IPv6 的规模化部署，到 2025 年，要全面支持 IPv6。

很显然，加快推进 IPv6 部署，其目的是为今天新一代信息技术在各行各业的应用落地、促进数字经济发展、全面实现“中国制造 2025”做充分的准备。

集成电路

【导读】集成电路与我们的生活息息相关，手机、电脑、电视、微波炉、空调、洗衣机中都有集成电路的存在。基本上，要用电的地方就有集成电路的存在。

集成电路（integrated circuit，IC）由“集成”和“电路”两个词组成，顾名思义，就是在一块极小的硅晶片上，用半导体制造工艺把许多电路元件连接集成在一起，以完成特定功能的电子电路。

我们平时看不到具体的集成电路，这是因为它们被包装在各种外壳里面。例如，我们能看到电视上播放的各种节目，但控制屏幕显示内容的却是电视机内部的集成电路。我们用遥控器换中台，按下遥控器的时候集成电路就在里面工作了，它发出了一束红外光信息被电视机接收到后，电视机上的集成电路就开始为你换台。

集成电路已经广泛、深入地嵌入到我们的生活当中，基本上要用电的地方就有集成电路的存在。想象一下，一个没有手机可以通信，没有电脑可以工作，没有电视可看，没有洗衣机、电磁炉、微波炉、汽车、飞机、高铁、卫星，以及各类机器工作的世界，会是什么样子！嗯，我们可能会回到原始社会。换言之，我们已经难以想象没有集成电路的世界了。

蒸汽机的发明应用推动了第一次工业革命，电气的发明应用推动了第二次工业革命。第三次工业革命是信息社会的出现，那么是什么支撑起了这个信息社会？就是集成电路的发明与应用。

集成电路的起源与发展

集成电路的发展经历了 100 多年的时间。1906 年诞生了第一个电子管，1956 年发明了硅台面晶体管，1960 年制造成功第一块硅集成电路，然后就是突飞猛进的发展。现在，大家拿出手机就能知道集成电路已集成到怎样一个地步。总结一下，集成电路的发展脉络就是：电子管→晶体管→集成电路→超大规模集成电路→巨大规模集成电路。

小美爷爷年轻的时候有一台电子管收音机，有差不多微波炉这么大。到了后面晶体管收音机普及的时候，它只比一个手掌大一些。后来晶体管发展到集成电路，一块集成电路上可以制造出以亿为单位的晶体管元件，这时收音机只是手机中的一个小功能了，以前需要一张报纸那么大的电路现在只要一个指甲盖这么大。

集成电路的发展到底有多快呢？一位叫摩尔的科学家发现了"**摩尔定律**"：集成电路上所集成的电路数目，每隔 18 个月就翻一番。

集成电路发展至今，已经升级到 10 纳米以下级的生产工艺。

纳米是什么概念呢？把小美的头发拔一根下来，沿着截面剖成 5 万根，其中一根就差不多是 1 纳米了。

以手机为例，早期的大哥大手机只有通话功能，还和砖头一样大。现在我们使用的智能手机，只有手掌那么大，不仅很薄，功能还很强大。再比如，之前的电视都有着巨大的“肚子”，如今的液晶电视不但超薄，还可以嵌入墙中，节省空间。

集成电路如此强大，小到个人和家庭，大到国家和社会都离不开它。从家门口的人脸识别门禁开始，到家家户户都有的电视、冰箱、电脑、手机等，再大到高铁、飞机、火箭、卫星等，都需要用到集成电路，并且对集成电路的要求越来越高。

集成电路的生产制造

如今的集成电路，需要在指甲盖大小的面积上制作出几十亿个晶体管。可以想象一下，相当于在人的指甲上写 20 亿遍自己的名字。这么细微的差别要生产出量大、价优的产品，就需要非常高的科技水平。目前生产这样的集成电路主要使用光刻机制造工艺，简单地说，就是设计好电路图，然后用特定的激光照射到硅片上，经过一系列的工艺后生产出来。

设计这些电路要用到专门的电子电路自动化设计软件（EDA），因为我们要看见集成电路的话，需要使用电子显微镜放大 10 000 倍才行，如果不用软件进行设计和测试，根本无法实现。设计完成后，就需要用专门的机器——光刻机，把电路图微缩照射到硅片上进行蚀刻。

集成电路的现状与未来

目前，我国在 EDA 技术和光刻机工艺水平上距离国际先进水平还有着较大的差距。美国出于政治原因对我国进行各种封锁和打压，光刻机技术就成了美国对我们发动科技封锁和贸易战的武器，不给我们先进的制造设备，也不允许拥有这些设备的公司替国内的商家生产代工。美国掌握了大量的专利技术，使得我们要生产高端集成电路很难绕开美国的封堵。大家使用的华为手机以及 5G 通信技术，被美国封锁了高端的集成电路生产技术后，陷入了巨大困难之中。

但中国从未放弃过，而是投入了巨大的资源进行研发。目前，国产的光刻机已经能够生产 28 纳米工艺的集成电路（如今在电子消费应用领域的主流工艺是 5 ～ 7 纳米，掌握先进工艺技术的我国台湾地区的台积电和韩国三星，正在冲击 4 纳米的制造工艺）。我们也不必悲观，一方面，国家在不断投入资源追赶先进的工艺水平，目前高性能要求的集成电路主要集中在电子消费领域，如手机、游戏机、高端电脑和服务器。另一方面，不是所有的集成电路都需要这么高的性能，像是汽车用的集成电路在28纳米或以上都足够使用，一些音响系统上的集成电路甚至是20世纪70年代设计的，目前也都还在使用。我们坚信，发展集成电路的道路虽然曲折，但前途是光明的。

【扩展概念】

EDA技术：EDA是电子设计自动化（electronics design automation）的简称，是在电子CAD技术基础上发展起来的计算机辅助设计软件系统。如果把芯片制造比作建造一座大厦的话，IC设计就是大厦的设计图纸，EDA软件就是实现这张图纸的设计工具。因此，可以说EDA是芯片之母，是集成电路产业的上游基础工具。

光刻机工艺水平：半导体芯片产业链分为IC设计、IC制造、IC封测三大环节。光刻的主要作用是将掩模版上的芯片电路图转移到硅片上，是IC制造的核心环节，也是整个IC制造中最复杂、关键的工艺步骤。作为整个芯片工业制造中必不可少的精密设备——光刻机，其光刻工艺水平直接决定芯片的制程和性能水平。

芯片

【导读】芯片是集成电路的载体，是半导体元件产品的统称。顾名思义，“芯”是核心大脑，“芯片”一词已清楚说明了芯片的作用，即它是电子设备的核心大脑。

什么是芯片

集成电路和**芯片**（chip）的区别在于：集成电路是最基础的元件，狭义的集成电路强调的是电路本身，需要加入电路板中和其他元件一起才能工作；芯片则是各类集成电路形成的有一定功能的集合，即集成电路经设计、制造、封装、测试后的整体产品，通常可以立即使用。

简而言之，集成电路构成了芯片。如果用“书本”来比喻芯片的话，那集成电路就相当于书中的“纸张”。

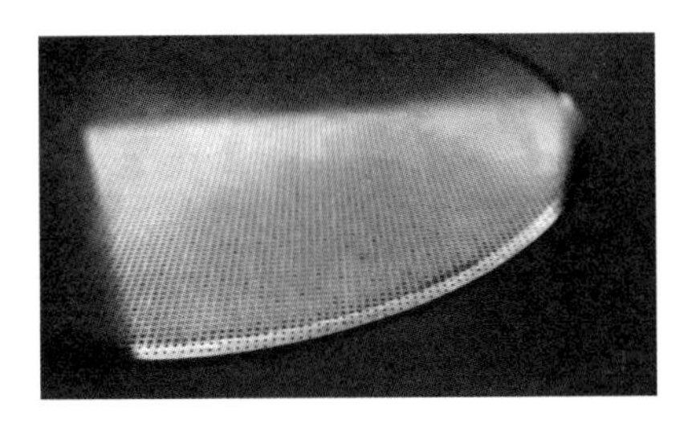

集成电路 图源：pixabay.com

芯片 图源：摄图网

作为非专业人员，在日常生活中交流讨论时，不必区分的这么清晰，这时我们可以把集成电路和芯片等同。

为了方便理解芯片的作用，我们用一个生活场景来说明。

之前，小美妈妈去药店买药时，每次都会在店内的杠杆秤上称下体重，获取自己的体重信息。最近小美妈妈开始运动健身，为了监控健身效果，她买了一个体脂秤，每天都测一下。体脂秤会准时把小美妈妈的身体数据进行语音播报，并通过蓝牙传输到手机 APP 上：体重 50kg、身高 160cm、体脂 XXX……

老款的体重秤

智能体脂秤

小美妈妈的身体状况是实际的存在，我们把这称为物质世界中的存在。而通过体脂秤的芯片，小美妈妈的身体状况就会经测量转化为各项数据，传输、存储至健康管理APP，在被进一步分析后，即可输出相应的健康管理建议。通过芯片实现了物质世界与数字世界的连接与互动。

通过上面的例子可以看出，芯片就是一个具有一定功能的集成电路的载体，是物质世界走进数字世界的一个入口。大家或许看过斯皮尔伯格的《头号玩家》，在电影中玩家通过虚拟现实（VR）设备进入游戏，感觉如同置身于真实世界，游戏世界里运行的各种声光电环境就是由各类计算芯片运算构成的。在工业领域，芯片也发挥着重要作用，生产线上的机器人需要通过芯片来控制运作，高精密度的机床需要通过芯片来控制其加工精度。

芯片的种类众多，打开芯片采购网站可以看到，里面大约有44

万种芯片。以手机为例，手机中存在着多种芯片：手机的 CPU 是一个中枢芯片，它控制着手机的各个方面，是整个手机的核心；为了帮助 CPU 快速计算，手机中还有一个内存芯片；为了提升手机性能，如今厂家还在 CPU 中加入了 AI 芯片；为了存储照片和视频信息，要有存储芯片；现在是 5G 时代，所以手机中还需要有 5G 的模块芯片；如今我们可以直接用手机刷卡乘坐地铁和公交，也是因为手机里还有一个 NFC 芯片在默默提供支持，可以说是芯片开启了我们的数字时代。

芯片的制造流程是从设计开始的，简略流程就是“设计→制造→封装→测试→出厂”。这里可能有人会问：这不就是集成电路的流程么？如果在不是那么专业的环境下，也可以这么说，但芯片是大规模的集成电路，是封装好的可以直接使用的一个小黑盒子。

发展芯片对国家的意义

大家对芯片地位的认知可能是从2018年美国打压中兴开始的，因为中兴的芯片控制在美国手中，所以在美国的封锁下，作为世界前列的通信设备厂商陷入危机，最后以中兴认罚 10 亿美金、董事长换人结束。随后就是对华为的打压，美国的芯片制裁政策使得华为的通信设备在市场上蒙受了巨大损失。通过这些事件，我们就能充分认识到芯片在国家发展中的重要战略地位，如果一个国家没有掌握先进技术，就会被打压和控制。

现阶段，我国的芯片产业正在快速发展。在新材料的研发上，2021 年北京大学的张志勇、彭练矛课题组突破了半导体碳纳米管的关键材料瓶颈，使得我国在光刻机和硅基芯片技术封锁领域，迈出了重要一步。在国家层面，我国在“十三五”规划中对芯片发展提出了总体指导意见，并成立了集成电路产业投资基金，对需要投资的企业和技术进行资金上的支持和引领。此外，为了支持我国半导体产业发展，国务院印发了《新时期促进集成电路产业和软件产业高质量发展的若干政策》。

根据文件要求，我国在 2025 年的芯片自给率要达到 70%。短短几年时间，要从 30% 自给率提升到 70%，是一个巨大的挑战，但也充分说明了国家对芯片产业的重视。

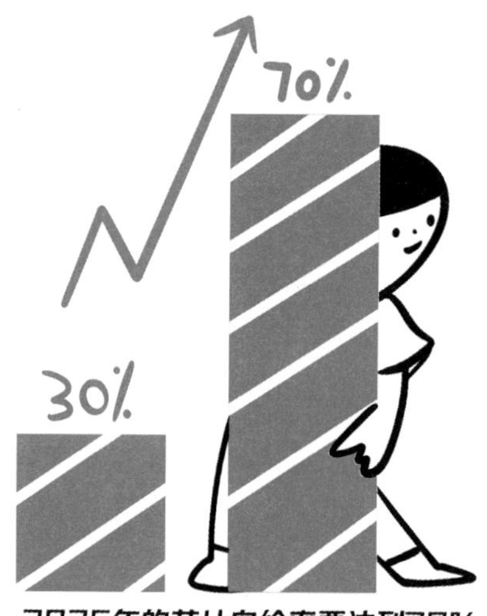

传感器

【**导读**】传感器是一种检测装置，“感”指能感受和测量温度、压力、超声波、流量、电阻、图像等信息数据，“传”指能把各种测量到的信息数据传输出去。

什么是传感器

传感器（transducer/sensor）是一种检测装置，能感受到被测量的信息，并将感受到的信息，按一定规律变换成为电信号或其他所需形式的信息输出，以满足信息的传输、处理、存储、显示、记录和控制等要求。

简单地说，传感器就是“传”+“感”，“传”是指把各种测量到的信息传输给处理器，或是存储、显示出来；“感”和人体的五觉有点类似，光学传感器是“视觉”，声敏传感器是“听觉”，气敏传感器是“嗅觉”，化学传感器是“味觉”，压敏、温敏及流体传感器是“触觉”。

传感器的应用场景

传感器一直存在于我们的生活当中，小到遥控器、台灯、手机按钮等，大到电视、锅炉检测、电网传输、医疗器械诊断等，覆盖了大大小小不同的应用场景。可以这样说，传感器技术和传感器是现代化产品中不可或缺的一部分。

从技术和应用类型来看，传感器分为温度、压力、超声波、流量、电阻、图像等传感器；从学科来看，传感器包含声光电等，分为化学、物理、生物传感器等；从产业布局来看，传感器分为消费级、汽车电子、工业级、医疗传感器四种。

自 1883 年全球第一台恒温器上市以来，传感器就以各种形式存在了相当长的一段时间。随着时间的推移，在物联网和 AI 技术不断进步的情况下，智能传感器被推向了市场，在物联网技术项目中得到广泛应用。

物联网的发展离不开传感器的发展，物联网的感知层技术之一就是各种传感器，各种物与物的连接就是传感器的信息连接。例如，控制电机的转速，需要有转速传感器上传相应的数据。

传感器在现代生活中是无处不在的。以手机为例，我们每天的运动步数，是手机里的陀螺仪在进行实时测量；手机屏的指纹解锁功能，也是由陀螺仪进行检测的，它一旦检测出用户想使用手机，就会让屏幕显示出指纹解锁的位置，然后使用指纹传感器收集并匹

配指纹，还有加速度传感器，它可以判断人在行动时的速度变化，根据速度来断定此人是在开车还是在步行，当人在走路时，会有一个稳定的非匀速加速，与乘车时的加速度是不同的，所以它能判断出人是在乘车还是在走路；手机里还有气压传感器，可以测量手机所处的高度。

在工业过程控制中，计算机技术已经相对成熟，需要采集的信息也一直在不断增加。生产过程中需要大量的各类传感器，如压力传感器、热敏传感器、光敏传感器、气体传感器、湿敏传感器和磁敏传感器等，把大量非电量的物化参数转化成电信号控制信息，以满足各个工业过程中的自动化和智能化的发展需求。如今，使用数量较多的传感器是压力、位移、加速度、角速度、温度、湿度和气体传感器。

随着技术的发展，传感器也步入了智能传感器时代。无线及智能传感器在网络爆发——无线化如同固定电话变手机，可以无处不在；网络化让传感器融入物联网。20 世纪 80 年代发展起来的智能传感器主要以微处理器为核心，把传感器信号调节电路、微计算机、存储器及接口集成到了一块芯片上，是微型计算机技术与检测技术相结合的产物，其代表性产品是 MEMS 传感器。低精度的 MEMS 惯性传感器的应用以消费电子领域为代表，中精度的应用以汽车领域为代表，高精度的应用以航空航天和国防领域为代表。

在汽车电子领域，全球平均每辆汽车上会用到 10 个传感器。高档汽车中，大约会用到 25 ～ 40 个 MEMS 传感器。未来，随着汽车智能化的进一步发展，传感器的应用会更加广泛。

除了消费级别的传感器，最值得关注的就是工业智能传感器产业的发展状况。与消费电子领域相比，工业传感器在稳定性、精度、运行安全等方面的要求更高。

随着云计算、5G、大数据、AI 技术以及物联网技术的爆发，智能传感器和智能传感技术逐渐被频繁提及。在大量的可穿戴式设备中，含有多种生物以及环境智能感应器，用以采集人体及环境参数，实现对穿戴者运动健康的管理，其更高的传感器精度使得设备更加可靠。

时至今日，随着传感器的发展壮大，度量衡器具、各类专属的仪器仪表已经形成独立门类并持续规模化发展。而在专业领域探索新型应用、探索人类未知领域的大量高精尖新型传感器以及高性价比传感器，正处于需求引领、应加大力度优先发展的局面。

直至 2000 年后，中国的传感器技术及其产业发展逐步缩小了与发达国家之间的差距，同时，我国出台一系列相应政策，大力鼓励、扶持传感器产业的发展。2013 年，由工信部等四部委联合印发的《加快推进传感器及智能化仪器仪表产业发展行动计划》提出，未来将在传感器领域建立超百亿元的创新产业集群，以及产值超过 10 亿元的行业龙头和产值超过 5000 万元的小而精企业。2019 年，围绕《工业强基工程实施指南（2016—2020 年）》“一条龙”应用计划，为聚焦解决工业基础产品和工艺应用难题，工信部继续组织开展工业基础领域重点产品、工艺的传感器“一条龙”示范应用推广工作。

【扩展概念】

数字传感器：只能告诉用户“有”或者“无”。在程序当中，有的话返回值为1，无的话返回值为0。

模拟传感器：能告诉用户一个连续变化的量。在程序当中，原始返回值一般为0～1023。例如，当我们描述一个灯泡是否通电，我们一般会说灯“亮”或者“灭”，只能返回两种状态的量，这就是数字量。而如果有人说，这个灯好暗，你可以调亮一点吗？这个时候，我们所描述的就是一个区间的变化量，这就是模拟量。

超声波传感器：利用超声波来检测物体是否存在、物体的移动情况以及到物体的距离。

人机交互

【导读】人机交互是指人与计算机之间使用某种对话语言，以一定的交互方式，为完成确定任务的人与计算机之间的信息交换过程。

人机交互（human computer interaction，HCI）的实现主要依靠可输入 / 输出的外部设备和相应的软件系统来完成，即用户通过人机交互界面与系统交流，并进行操作。

可供人机交互使用的设备主要有键盘、显示器、鼠标、各种模式的识别设备等。相应的软件系统用于管理和驱动这些设备，实现对人的指令信息的接收、翻译、处理和执行，并将最终执行结果通过输出设备呈现给人类。

人机交互

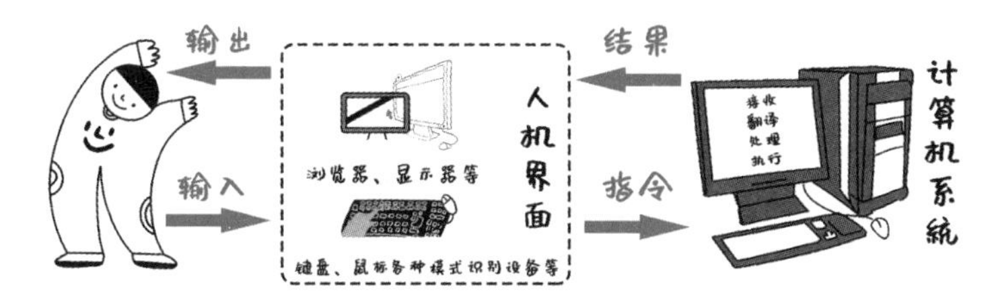

日常生活和工作过程中，人机交互的应用场景比比皆是。例如，领导要你今天提交一份关于机器学习的报告，作为这个领域的小白，你第一时间打开计算机，鼠标点击浏览器，键盘输入“机器学习”进行资料查找，而计算机则根据你输入的关键词，显示“机器学习”相关内容，你根据从网上查找到的相关资料，顺利提交报告。

这个查找资料的过程，就是人机交互的应用体现。其中，鼠标、键盘属于输入设备，浏览器属于软件系统，它们共同构建了人与计算机进行交互（输入与输出）的界面，我们一般称之为人机界面，它兼具了输入信息和输出信息的任务。

人机界面的演进一定程度上促进了人机交互的发展。在信息时代初期，它是机械按键和旋钮，如 MP3 播放键；在大型计算机时期，它是输入 / 输出的字符串；在个人电脑时代，它是鼠标和键盘；在

移动智能手机时代，它是触控屏和屏上的图形界面；在将来，它或许是人的肢体动作感应和自然语音。

总而言之，人机交互是人和计算机或含计算单元的机器的交互。

【扩展概念】

H2H（human to human）：人与人之间的信息通信。

M2M（machine to machine）：机器与机器之间的信息通信，即数据从一台终端传送到另一台终端。M2M技术的目标是使所有机器设备都具备连网和通信能力，为各行各业提供集数据的采集、传输、分析及业务管理为一体的综合解决方案，使业务流程、工业流程更加趋于自动化。目前，M2M存在三种方式：机器对机器、机器对移动电话（如用户远程监视）、移动电话对机器（如用户远程控制）。主要应用领域包括交通、电力、农业、城市管理、安全、环保、企业和家居等。

下一代操作系统

【导读】计算机操作系统在不断演进，从单机时代的磁盘操作系统到图形界面操作系统，从网络时代的服务器操作系统到移动互联网时代的智能手机操作系统，再到今天的云计算操作系统。那么，下一代又会出现什么样的操作系统呢？

信息技术从早期的单机时代，历经互联网、移动互联网和云计算时代，即将进入人工智能（AI）+ 物联网（IoT）时代，业内简称为 **AIoT（人工智能物联网）时代**。计算机操作系统（operating system，OS）用于管理计算机硬件和软件资源，并提供人机交互界面，是信息技术中的关键技术之一。

伴随信息时代的变迁，计算机操作系统也在不断演进。从单机时代的磁盘操作系统到图形界面操作系统（微软的 Windows 和苹果的 Mac OS），到网络时代的服务器操作系统（Windows Server、UNIX、Linux 和 NetWare），到移动互联网时代的智能手机操作系统（苹果的 iOS 和安卓的 Android），再到今天的云计算操作系统。

那么 AIoT 时代又会出现什么样的操作系统呢？——业界统称为**下一代操作系统**。目前，各大巨头纷纷重金投入，致力于引领下一代操作系统的标准。

操作系统的发展历程

20 世纪 80 年代中期，个人计算机问世。其时的计算机操作系统称为**磁盘操作系统**（disk operating system，DOS），对计算机的操作需要熟知 DOS 的指令，只有借助键盘的按键输入指令代码，才能让计算机工作。显然，如果不是计算机专业人员是无法触及计算机的。

不友好的人机界面严重阻碍了计算机的普及应用。为此，计算机巨头苹果公司率先发明图形用户界面（graphic user interface，GUI）操作系统 Mac OS。紧随其后，微软公司也推出**视窗操作系统** Windows。人们借助鼠标单击图形界面就可以操作计算机，这极大地降低了计算机的使用门槛。图形界面操作系统的发明，加速了个人计算机的普及应用。

20 世纪 90 年代，网络技术兴起，个人计算机进入了联网时代。基于服务器的**网络操作系统**应运而生。知名产品有 Windows Server、UNIX、Linux 和 NetWare。

2010 年，移动互联网开始盛行。苹果公司的移动操作系统 iOS 和谷歌公司开源的安卓系统（Android）应运而生。**移动操作系统**的出现，让手机和平板电脑等移动终端有了“魂”，从而极大地促进了移动支付、移动办公、移动社交、手机银行等各类移动 APP 的发展应用，手机已经成为人们工作和生活不可或缺的工具。

当今，云计算已成为数字新基建的关键设施之一，云计算操作系统也已应用于实践。如亚马逊、微软、谷歌和阿里等行业巨头，都拥有自己的云计算操作系统。**云计算操作系统**（简称“云 OS”），以云计算、云存储技术作为支撑，构架于服务器、存储、网络等基础硬件资源和单机操作系统、中间件、数据库等基础软件之上，是云计算后台数据中心的整体管理运营系统。

下一代操作系统

2019 年，5G 开始商用。5G 最核心的技术优势是大连接、低时延和高吞吐量。

因此，5G 将加速推进物联网的发展，人类将进入万物互联时代，即人工智能（AI）+ 物联网（IoT）时代（简称 AIoT 时代）。

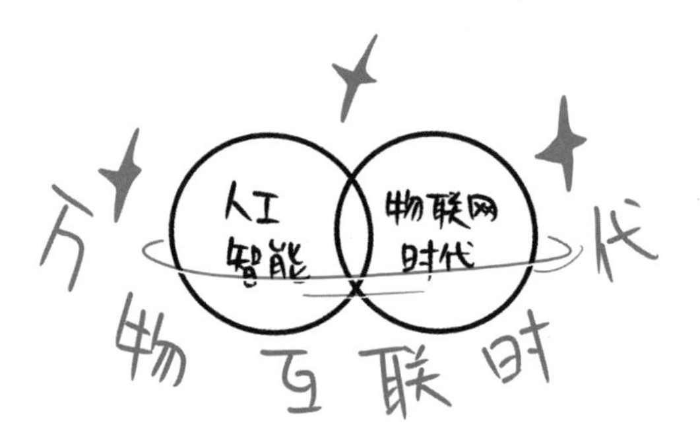

随着物联网的发展，越来越多的智能终端将出现在网上。此时，计算将无处不在，从“端”到“边”到“云”。尽管云计算仍然十分重要，但“端”和“边”的计算也将占据重要地位。不同设备、不同用途、不同场景将使得整个物联网系统的计算极其复杂。同时，数据量和基于数据智能应用需求的爆炸式增长将加速人工智能产业化快速落地。计算技术将发生革命性的变化，这将给现有的各类操作系统提出全新的要求。

全新的操作系统不仅要对各类智能硬件、软件系统和应用服务进行连接管理，而且还要能够系统化、结构化地收集、管理和处理数据，并通过人工智能进行智能计算，面向各类应用开发、各种终端通信提供管理与服务。由于这种全新的操作系统极其复杂，并将随需而变，目前还在初生期，所以业界就统称为下一代操作系统，即面向 AIoT 的操作系统。

当前，无论是消费电子、通信等巨头，还是互联网和科技巨头，都在加速布局下一代操作系统，如谷歌的 FuchsiaOS、苹果的 HomeKit、阿里巴巴的 AliOS、腾讯的 TencentOS、百度的 DuerOS 等。

值得关注的是华为的鸿蒙操作系统（HarmonyOS）和欧拉操作系统（openEuler），二者都是开源的。其中，鸿蒙操作系统的主要应用场景是智能终端、物联网终端和工业终端，而欧拉操作系统的定位是数字基础设施操作系统，其主要应用场景是面向服务器、边缘计算、云和嵌入式系统。据报道，两套操作系统之间已经实现了内核技术共享，使安装两个操作系统的设备可以连接起来。

2020 年 9 月和 2021 年 11 月，华为先后将鸿蒙和欧拉捐赠给开放原子开源基金会（该基金会于 2020 年 6 月成立，国内众多互联网巨头参与，是致力于推动全球开源产业发展的非营利机构）。

这标志着我国信息产业开始有了自己的“魂”。

【扩展概念】

缺芯少魂：1999 年，时任中国科技部部长徐冠华曾说，“中国信息产业缺芯少魂”。其中的“芯”指的是芯片，而“魂”则是指操作系统。近年来，美国对华为的封杀中，第一个禁的是芯片，第二个禁的就是操作系统。

AIoT: AIoT（人工智能物联网）=AI（人工智能）+IoT（物联网）。AIoT 融合 AI 技术和 IoT 技术，通过物联网产生、收集的海量数据存储于云端、边缘端，再通过大数据分析以及更高形式的人工智能，实现万物数据化、万物智联化。

开源软件（Open Source Software，OSS）：开源软件具备可以免费使用和公布源代码两大主要特征，可以快速占领市场，形成生态，给软件带来强大的生命力。

智联网

【**导读**】顾名思义，智联网就是“智”+“联网”，即各种嵌入了AI智能设备的连接网络。正是有了智联网，才从万物互联升级到了万物智联。

什么是智联网

智联网（internet of intelligences）是由各种智能体通过互联网形成的一个巨大网络，是人工智能 + 物联网 + 互联网三位一体的。智联网末端由超大数量、可独立与外界交互的自动 / 智能感知体为基本单元（节点）构成，其云端是能够自我学习并动态持续进化的知识系统。

智联网的出现，使得万物从互联升级到了智联。万物智联不需要人为干预，物与物之间可自行有智慧地进行交流、共享。这里“物”交流的是知识，知识是指在特定情景中能够满足一定目标的有价值的信息。各种智能设备通过网络连接起来交流与学习，云端平台是一个知识资源池，新加入的智能终端通过资源池的知识系统，能快速地学习和迭代进化，从“小萌新”迅速成长为“智慧青年”。

这里要与物联网区分清楚的是，智联网是智慧体连接交换知识，物联网是物与物连接传输数据。智联网共享知识的目的是集小智慧为大智慧，群策群力。

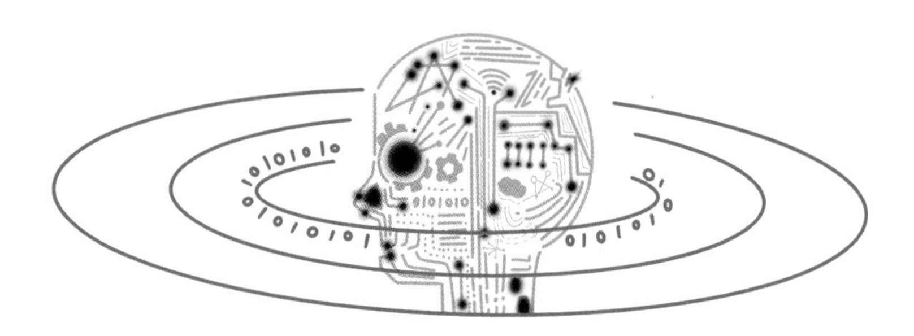

智联网以互联网、物联网技术为前提，在此之上以知识自动化系统为核心系统，目标是建立知识智能互联的系统。达成智能体群体之间的协同知识自动化和协同认知智能。知识自动化的主要技术是大数据、人工智能、机器学习等，核心是信息处理的自动化，智能终端收集数据进行处理后成为“信息”，信息计算提炼后成为“知识”。

智联网以知识计算为核心技术，以获取知识、表达知识、交换知识、关联知识为关键任务，进而建立包含人、机、物在内的智能实体之间在语义层次的联结，实现各智能体所拥有的知识之间的互联互通。智联网的最终目的是支撑和完成需要大规模社会化协作的、特别是在复杂系统中需要的知识功能和知识服务。因此智联网的实质是一种全新的、直接面向智能的复杂协同知识自动化系统。

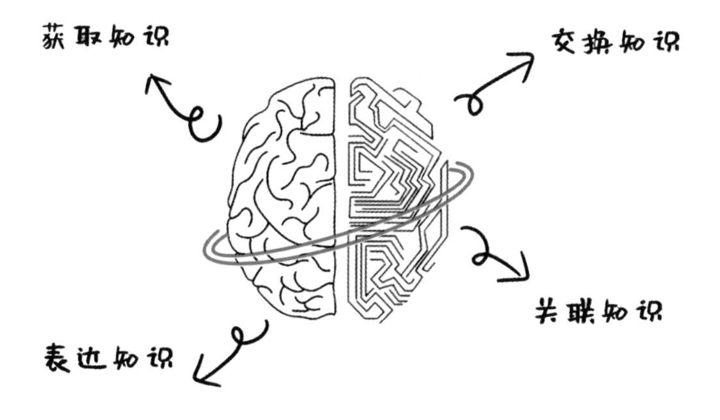

什么是协同认知智能

以人体大脑以及神经系统作为比喻，互联网完成的是信息的互联互通，犹如遍布人体的神经传导和连接；物联网完成的是万物互联的信息采集和驱动控制，犹如负责反射的脊髓神经系统，负责处理传感信息的传感系统，负责协调控制人体的小脑、脑干、中脑等系统，其功能是根据环境输入，协调和决定控制输出，属于反应智能（动物智能）。

而智联网追求的是认知智能，即集描述智能、预测智能、引导智能于一体，实现系统在知识层面的思考，自动完成系统的高级知识功能，如长短期规划、重大决策、策略制定、基于环境的动态适应、复杂系统状态分析、复杂系统管控等。智联网、物联网、互联网需要将高等（认知）、中等（反应）、低等（反射）智能通过某种机制统摄到一起，类似人体就是三种智能的统一体一样，形成感知、认知、思维、行动一体化的大智能系统。

智联网智能的最大特征，是实现海量智能体在知识层面的直接连通，即**协同认识智能**。互联网传输的是数据与信息，实现的是信息的协同；物联网传输的是传感和管控的数据，实现的是感知和控制的协同；而智联网的智能互联，交换的是知识本身，经过充分的交互，在知识的交换中完成复杂知识系统的建立、配置和优化，同时海量的智能实体组成由知识联结的复杂系统，依据一定的运行规则和机制，如同人类社会一样，形成社会化的自组织、自运行、自优化、自适应、自协作的网络组织。

我们期待基于智联网所实现的协同智能能够创造出新的人工智能科技和应用范式转移，使人类社会的智能水平能够跃升到全新高度。同时，我们更期待在这样一个由智能体组成的复杂系统中，全新的智能现象能够从复杂性中涌现并带来革命性突破。

下面，以小美爸爸新买的智能汽车为例，直观地感受下什么是智联网。

早上上车时，智联网获取了小美爸爸的衣服颜色，通过知识库系统的学习判断爸爸的心情不错，给他放了一首轻松愉快的音乐。小美爸爸要去 CBD 中心，但是担心堵车和停车问题，智能汽车从共享资源池中获得最佳路径，预测并避开了堵车的路段，实时连接了目的地附近的停车场信息，并给出了最优的停车建议。比如，让爸爸停车后走最少的路就能到达目的地。从停车场出来后，无感支付系统自动结算了停车费用。

在道路上，有各种智能摄像头、智慧道路、智能路灯以及其他智联车辆的共享信息等。通过知识挖掘，小美爸爸能够获得路况知识。但是并不只有路况，整个智联网系统中的知识会产生各种相关内容，如路政可以知道道路是否需要维修，红绿灯可以根据各种汇聚的路况进行智能调整。小美爸爸车上搭载的先进车载传感器、控制器、执行器等装置，融合 5G 技术，可以实现车路协同，车与人、车、路、云端等的知识交换和共享，具备复杂环境感知、智能决策、协同控制等功能，进而可实现无人驾驶，产生最终能替代人进行操作的新一代汽车。

以智联网为核心的人工智能行业是新基建的七大领域之一，国家在产业规划、政策方面都给予了大力支持。人工智能是新一轮科技竞赛的制高点，对经济增长和国家安全至关重要。在这一场的全球竞争中，中国的优势在于百度、华为、阿里等平台型公司积累了扎实的技术基础、丰富的应用场景和海量数据，在新基建大战略下，智联网将为国家发展打造竞争新优势，注入增长新动能，有望成为人工智能新基建的领军力量。当然，在基础科研、基础算法、核心心片、高端人才等方面，我国仍存在较大的短板。

【扩展概念】

第五次工业革命：智联网的建成将标志着新智能时代的全面到来，以及第五次工业革命的全面展开。回顾人类社会的工业化进程，第一次工业革命实现了全社会的机械化协同，第二次工业革命实现了全社会的电气化协同，第三、四次工业革命实现了全社会的信息化和自动化协同。而智联网的实质，即是协同知识自动化系统，智联网的建设最终将完成的是全社会的智能化协同。知识化和智能化协同，就是第五次工业革命追求的终极目标。达到此目标，就意味着新智能时代的全面到来。

AR/VR

【导读】AR和VR，仅一个字母之差，却大不相同。AR是增强现实，是把虚拟的信息带入现实世界中，看到的场景和人物一部分真、一部分假；VR是虚拟现实，看到的场景和人物全是假的，如同进入一个虚拟的世界。

AR（augmented reality），意为增强现实，是对真实物理世界中环境的实时、直接或间接观察，其中的元素通过计算机生成的感官输入（如声音、视频、图形或GPS数据）得到增强（或补充）。AR运用多媒体、三维建模、实时跟踪及注册、智能交互、传感等多种技术手段，将计算机生成的文字、图像、三维模型、音乐、视频等虚拟信息模拟仿真后，应用到真实世界中，实现对真实世界的“增强”。AR最典型的应用就是拍照、视频软件中在脸部添加美颜或动画效果。

VR（virtual reality），意为虚拟现实，是采用以计算机技术为核心的现代高科技手段生成一种虚拟环境，用户借助特殊的输

入 / 输出设备，与虚拟世界中的物体进行自然地交互，从而通过视觉、听觉和触觉等获得与真实世界相同的感受，也称为计算机模拟现实。VR 技术创建出与现实场景极其相似的三维立体环境，融合多种信息来源，使用户能够更加沉浸到环境中去，其特点在于交互性强、全景浸入，以及有更真实的体验快感，比较典型的应用是 VR 类游戏。

AR 和 VR 有什么区别

AR 和 VR，虽然仅有一字之差，但它们并不是双胞胎，而是更类似于姐妹。

从设备来看，AR 需要清晰的头戴设备，以看清真实世界以及重叠在上面的信息和图像；而 VR 设备因为要完成虚拟世界里的沉浸体验，必须将物理世界完全拒之门外，需要使用不透明的头戴设备。

从技术来看，AR 由于需要将现实与虚拟场景结合，摄像头是必需品；VR 是纯虚拟场景，所以 VR 装备更多用于用户与虚拟场景的互动交互，如位置跟踪器、数据手套、动捕系统、数据头盔等。

从场景来看，AR 的场景展现也不同于 VR 建造的全场景，AR 场景展现是基于现实并与现实相互交错的，VR 则是纯虚拟场景。

从用户体验来看，AR 使用户可以体验现实世界，该现实世界已经以某种方式进行了数字增强或图像增强；VR 则是将用户从现实世界中带走，给予完全模拟的场景体验。

	从设备来看	从技术来看	从场景来看	从用户体验来看
AR	AR 需要清晰的头戴设备，以看清真实世界以及重叠在上面的信息和图像。	AR 由于需要将现实与虚拟场景结合，摄像头是必需品。	AR 场景展现是基于现实并与现实相互交错的。	AR 使用户可以体验现实世界，该现实世界已经以某种方式进行了数字增强或图像增强。
VR	VR 设备因为要完成虚拟世界里的沉浸体验，必须将物理世界完全拒之门外，需要使用不透明的头戴设备。	VR 装备更多用于用户与虚拟场景的互动交互，如位置跟踪器、数据手套、动捕系统、数据头盔等。	VR 是纯虚拟场景。	VR 则是将用户从现实世界中带走，给予完全模拟的场景体验。

借用网上一个很形象的比喻，AR 和 VR 两者的区别就是：VR 是“做白日梦”，AR 是“活见鬼”；一个是在梦境中，一个是在现实中看到“鬼”。

AR 和 VR 的应用场景

了解了 AR 和 VR 之间的不同，那么它们分别又应用在哪些方面呢？

AR 应用程序最适合连接用户并在现实世界中使用。3D 模型是

AR 技术最基本的展现形式，分为静态或动态，如动漫人物、建筑、展品、家具等。在零售领域，购买衣服、鞋子、家具时，都可以提前“试穿”或提前测试家具摆在家中的效果；在工业领域，不仅可以将建筑可视化，当工人遇到困难需要具体复杂的指导时，专家可以通过 AR 技术进行远程协助；在医疗领域，AR 可以为外科医生实施手术提供 3D 数字图像和关键信息，使外科医生无须远离手术区域即可获取手术过程中所需的重要信息；在游戏领域，AR 技术也带来了巨大的革新，前两年火爆全球的《宝可梦 GO》就是 AR 技术的典型应用。

VR 应用程序最适合进行模拟或完全沉浸式体验。除了常见的 VR 游戏、VR 电影外，在新闻领域，VR 技术为用户营造了一种更加真实的新闻现场，让每个观众都“亲临”事件的发生地，引起他们的共情；在教育领域，VR 技术通过将难懂的概念可视化，让学生更容易理解，提高教学质量（如在安全教育时借助 VR 设备还原真实场景，能更有效地科普自救逃生知识）；VR 虚拟现实还推进了旅游业的发展，让踏足外太空、探秘原始森林这种现实中很难到达的场景成为现实；在展厅展馆、医学、娱乐等领域，VR 也展示了独特的魅力和竞争优势。

总而言之，AR 技术旨在增强我们所处世界的内容，VR 技术则是将我们的注意力从现实中转移到一个虚拟的空间。但 AR 与 VR 技术都是一种全新的、直观的沉浸式体验，二者可以相互补充，共同丰富我们的现实世界。此外，沉浸式体验作为元宇宙的构成之一，AR 与 VR 技术亦是元宇宙发展的关键技术，AR 可以将数字信息覆盖并叠加到物理环境中，VR 则能让我们感受栩栩如生的数字世界。随着 5G、云计算、VR/AR 等技术的快速发展和日渐成熟，打造元宇宙将成为可能。

【扩展概念】

元宇宙：“metaverse”一词，起源于美国科幻大师尼尔·斯蒂芬森在 1992 年出版的科幻小说《雪崩》，其字面意思是“一个超越宇宙的世界”。2021 年，元宇宙成为科技领域最火爆的概念之一，它也是一个在不断发展演变的概念。北京大学陈刚教授、董浩宇博士认为，“元宇宙是利用科技手段进行链接与创造，与现实世界可以映射与交互的虚拟世界，是具备新型社会体系的数字生活空间。”清华大学沈阳教授认为，“元宇宙是整合多种新技术而产生的新型、虚实相融的互联网应用和社会形态，它基于扩展现实技术提供沉浸式体验，基于数字孪生技术生成现实世界的镜像，通过区块链技术搭建经济体系，将虚拟世界与现实世界在经济系统、社交系统、身份系统上密切融合，并且允许每个用户进行内容生产和编辑。”元宇宙的基本特征包括沉浸式体验、虚拟化分身、开放式创造、强社交属性和稳定化系统。

数字孪生

【导读】数字孪生（digital twin）是对物理世界的虚拟拷贝，即将物理世界的实体模型、实体之间的运行流程和运行状态等信息，以数字化方式映射到数字虚拟世界，形成物理世界在数字虚拟世界的一个孪生体（也可称为镜像）。通过数字虚拟世界，可以实时监测、掌控、优化物理世界的状态和运行。

这天，小美感冒了，没去上学。爸爸一边照顾她，一边打开电脑，噼噼啪啪操作起来。

小美说："爸爸，你竟然偷懒玩游戏。"

爸爸哈哈大笑起来，说："我现在就在上班啊。电脑里有我工厂项目的一切信息，我正在监管哪里温度过高，哪里存在风险。虽然我不在现场，但工厂的一切我都了如指掌，也受我监管。"

小美好奇地问："这是怎么实现的？"

"咱们家里是实实在在的物理世界，工厂那边也是物理世界。我在电脑里看到的工厂，是对物理世界的一个虚拟拷贝，也可以说是对应真实工厂的一个虚拟还原。这就好比你照镜子，镜子里是虚拟的你，镜子外是真实的你，你通过镜中的虚拟世界，可以调整真实世界中自己的穿着打扮。这就是数字孪生技术。”

什么是数字孪生

数字孪生是对物理世界的虚拟拷贝，即将物理世界的实体模型、实体之间的运行流程和运行状态等信息，以数字化方式映射到数字虚拟世界，形成物理世界在数字虚拟世界的一个数字模型，即孪生体（也可称为镜像）。数字孪生是一套集成了云计算、大数据、3D建模、工业互联网、物联网及人工智能等 ICT 先进技术应用的综合信息系统，根据实时收集的物理世界的运行数据，构建物理世界运行的数字模型，通过对实时数据的监测和智能分析，以监测、掌控和优化物理世界的运行。

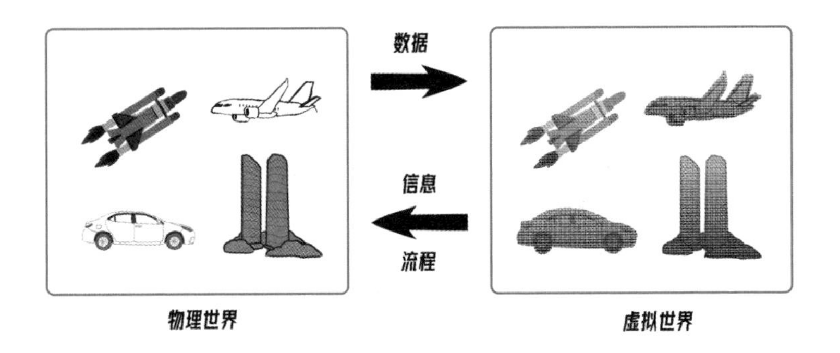

数字孪生的提出

1992 年，著名的计算机和人工智能思想家、耶鲁大学教授 David Gelernter 出版了《镜像世界》（*Mirror Worlds*）一书，书中描述了一个软件定义的虚拟现实世界，尽管没有提到“数字孪生”，但其基本内涵和数字孪生一致。

2002年12月3日，密歇根大学的Michael Grieves教授在PLM中心启动会上，首次明确提出“数字孪生”这一概念，他称之为“PLM（产品生命周期管理）的一个理想化概念”。

2012年，在夏威夷举办的第53届美洲航空航天协会（AIAA）学术会议上，美国国家航空航天局（NASA）的Glaessgen和美国空军的Stargel发表了一篇文章《未来美国宇航局和美国空军车辆的数字孪生范式》（*The Digital Twin Paradigm for Future NASA and U.S. Air Force Vehicles*），深入、完整地论述了未来航空航天器数字孪生的理想模型，“数字孪生”开始正式立名。

真正让数字孪生扬名远播的，还是源于德国工业4.0（Industrie 4.0）的提出。2017年年底，德国西门子工业软件针对工业4.0应用，正式发布了完整的数字孪生体应用模型，包括产品数字孪生、生产数字孪生和运营数字孪生。2017年，Gartner将数字孪生列为2017年十大战略技术趋势之一——“数字孪生将在3～5年内成为最普遍的技术之一，成千上万的事物将由数字孪生来代表，这是一个物理事物或系统的动态软件模型”。并在2018年，再次将数字孪生列为最热门的战略技术趋势之一。

数字孪生有什么用

本质上，数字孪生为物理世界中的实体对象在数字虚拟世界中构建完全一致的数字模型（即孪生体）。该模型具有如下3个特征。

虚实同步：孪生体可全面、精准、动态地反映物理对象的状态变化和运行机理，包括异常诊断和预警。

双向映射：物理世界中的实体对象和数字虚拟世界中的孪生体通过数据连接和信息反馈可实现双向映射。

闭环优化：通过数据监测和智能分析，可以洞察物理实体的运行趋势并识别运行风险，形成优化物理实体运行的指令或策略，实现对物理实体决策优化功能的闭环。

由于数字孪生完全模拟物理实体对象，并通过数字和可视化信息提供物理实体可能出现的问题以及可能发生的性能问题，因此，数字孪生技术可以帮助产品设计师进行产品性能虚拟测试和风险评估，以减少产品生产缺陷；可以帮助维护工程师通过流程故障识别，以加强预测性维护，从而提高生产效率；可以帮助生产管理者进行远程监控，以加强生产管理。

近年来，得益于新一代信息技术的发展，数字孪生正广泛应用于制造业、医疗保健、汽车工业、智慧城市和其他更多领域。数字孪生工厂、数字孪生园区、数字孪生城市……已成为智慧工厂、智慧园区、智慧城市建设过程中的功能标配。

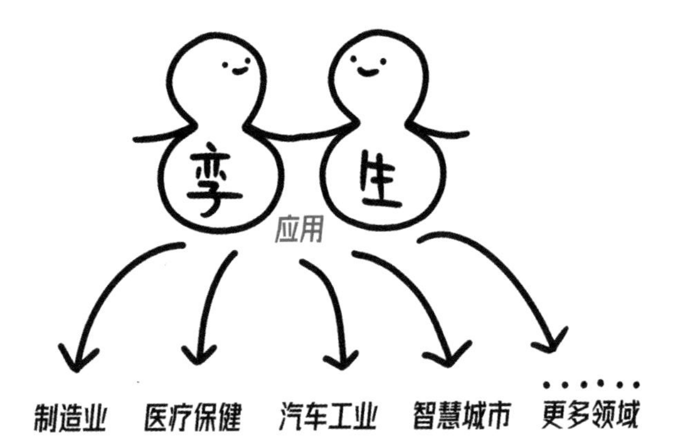

【扩展概念】

《中国制造2025》（国发〔2015〕28号）：是经国务院总理李克强签批，由国务院于2015年5月印发的部署全面推进实施制造强国战略的国家文件，是中国实施制造强国战略第一个十年的行动纲领。

信息物理系统（cyber-physical system，CPS）：是一个综合计算、网络和物理环境的多维复杂系统，通过3C（computation、communication、control）技术的有机融合与深度协作，实现大型工程系统的实时感知、动态控制和信息服务。CPS实现计算、通信与物理系统的一体化设计，通过人机交互接口实现和物理进程的交互，使用网络化空间，以远程、可靠、实时、安全、协作的方式操控一个物理实体。CPS已经成为中国制造业迈向智能制造的一个重要技术入口，《中国制造2025》正处在全面部署、加快实施、深入推进的阶段，迫切需要研究CPS的背景起源、概念含义、构成要素、应用场景、发展趋势，以凝聚共识、统一认识，更好地服务于制造强国建设。

第 5 章　数字化转型

本章导读

我国推动的“新基建”，主要包括 5G 网络、人工智能、工业互联网、物联网、数据中心等领域，本质上都是新一代信息基础设施，也就是数字新基建。与传统“铁公基”相比，数字新基建的内涵更加丰富，涵盖范围更广，更能体现数字经济特征。因此，数字新基建带来的发展机遇，不在于基建本身，而源自数字化、智能化的升级与经济社会转型需求的叠加，是“时”与“势”的结合。

其中，5G 和云计算技术是物联网、工业互联网、移动互联网、人工智能等新一代信息技术的重要支撑技术；物联网和人工智能可广泛应用于智慧城市、智能农业、智能交通、智能安防、智能医疗等领域；工业互联网则可将设备、生产线、工厂、产品、供应商、客户紧密地连接在一起，形成更高效的生产体系；数字新基建已成为数字经济的发展基石、转型升级的重要支撑。

网络强国

【导读】网络强国（network powerful nation），指的是技术强、内容强、基础强、人才强、国际话语权强。中国要向着普及网络基础设备、促进数字经济发展、确保网络安全、增强创新能力的方向奋斗，最终达到具备自主研发能力、网络产业发达、网络安全坚不可摧的目标。

党的十九大报告中提出要建设网络强国，这是中国成为网络大国后的下一个关键发展阶段。实施网络强国战略是顺应现代化发展的必然选择，是中国经济实现进一步增长的新引擎，是实现国家安全的核心基石。网络强国战略将伴随着中国经济社会的新一轮发展转型，将助推数字中国战略的有效落地。

网络强国战略的实施，需从网络基础设施建设和标准制定、推动数字经济发展、网络安全保障和网络治理理念创新等多个维度展开。

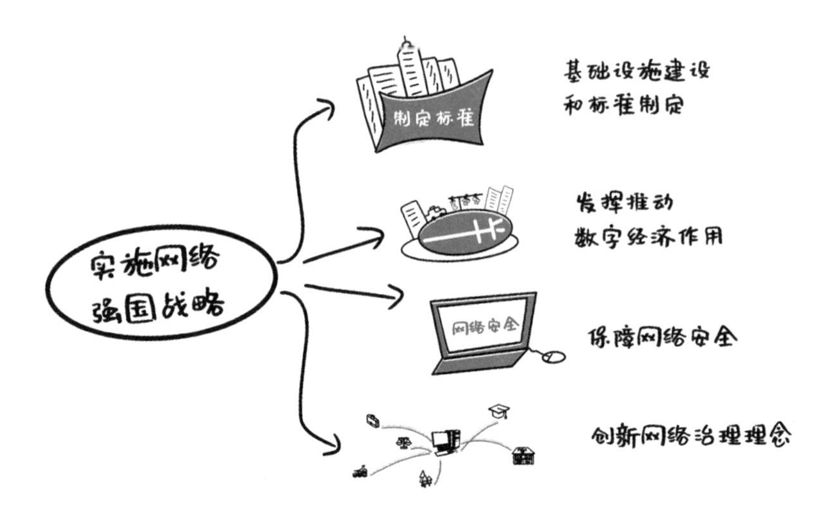

网络强国，需做好基础设施建设和标准制定

网络强国，需要着力破解基础技术领域，解决“卡脖子”问题，加大对自主芯片、关键网络设备、高端服务器等关键软硬件的投入和创新，尽快补齐短板，降低对外部的依赖。

从网络大国到网络强国，网络基础设施的建设和铺开仅仅是基础，关键是在核心技术上需要把握住标准和话语权，方能在网络强国之路上不受制于他方，为我国的网络强国之路保驾护航。

网络强国，需发挥推动数字经济发展作用

网络强国，可助推数字经济的快速发展。国内网络的全覆盖和由此带来的网络经济发展，改变了国人的衣食住行娱方式，并迈出国门影响着全球客户。更进一步的，未来在人工智能、5G 商用等数字经济新领域，强大的网络科技是中国建设新一代国家级人工智能开放创新平台、各企业发展互联网新风口的核心驱动。

网络强国，需保障网络安全

习近平总书记指出：“没有网络安全就没有国家安全。”网络谣言、网络色情、伪基站、暴恐音视频、网络诈骗等乱象乃至违法行为，在一定程度上污染了网络环境，影响个人、家庭乃至社会的网络安全和网络生活质量。而在国家和政府层面，对关键部门和关键信息的保护，更是上升到国家安全层级的重大事项。

因此，从人民的个人生活到政府的公共行为，都需要保障网络安全。服务器的部署、网络安全防御能力的提升都将为关键数据和信息安全保驾护航。

网络强国，需创新网络治理理念

《习近平关于网络强国论述摘编》一书中明确了网络强国建设的原则要求，强调要坚持创新发展、依法治理、保障安全、兴利除弊、造福人民的原则，坚持创新驱动发展，坚持依法治网，坚持正确网络安全观，坚持防范风险和促进健康发展并重，坚持以人民为中心的发展思想。另外明确了互联网发展治理的国际主张，强调要坚持“四项原则、五点主张”，携手建设和平、安全、开放、合作的网络空间。

以此为理念，中国积极参与世界互联网的治理活动，与其他国家一起，尊重网络主权，共同“构建网络空间命运共同体”，并不断推进“一带一路”信息化建设，实施信息化国际枢纽工程和网信援外计划，将中国网络强国的理念、经验和技术传播出去。

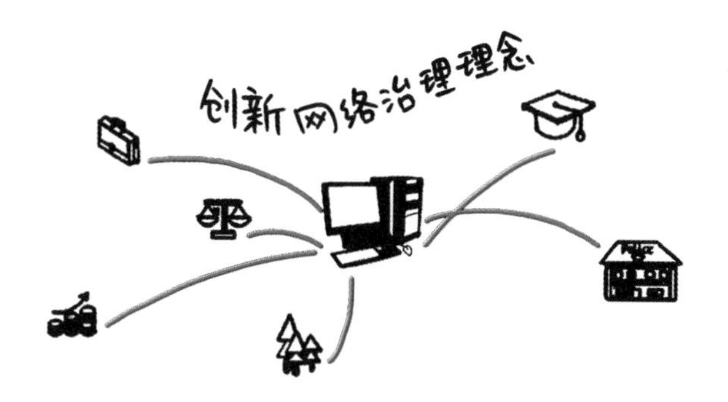

在建设网络强国的路上，中国有很多难关要攻克：如何在核心技术领域进行创新，如何建立有效的网络安全防范体系，如何将强大网络的成果惠及更多民众，乃至社会和国家的发展如何在国际竞争中获得领先……对于网络强国的建设来说，中国任重而道远。

数字中国

【导读】数字中国，顾名思义，是中国国家的信息化，是中国经济、政治、文化、社会、生态等各领域的信息化建设。我国“十四五”规划和2035年远景目标纲要提出“加快数字化发展 建设数字中国”，建设数字中国是新时代国家信息化发展的总体战略，是驱动经济发展新旧动能接续转换、引领经济高质量发展的新引擎，是满足人民日益增长的美好生活需要的新举措。

接下来，将围绕小美家造房子的故事，告诉你如何建设数字中国。

小美家的生活条件越来越好，决定改善一下居住条件。经过家庭会议讨论决议，定调了要造一幢三层带花园洋房的规划。要建花园洋房，需要打好地基，浇筑承重墙用于支撑整个房子的结构，并需要建筑设计、建设、装潢等产业和各路人才支撑。

可以发现，如果用建造花园洋房来比喻建设数字中国，那么“打好地基”就代表着数字新基建，“浇筑承重墙”就代表着数字经济、数字社会、数字政务和数字民生这四个建设数字中国的核心板块，“产业和各路人才支撑”就意味着建设数字中国需要的人才体系、产业链和配套服务生态。小美家是千万个中国家庭的缩影，每个家庭所参与的中国数字化建设就组成了整个数字中国的建设。

建设数字中国，数字经济、数字社会、数字政务和数字民生等是核心内容，宽带中国、“互联网 +”、大数据、云计算、人工智能、物联网、数字存储、网络安全等是建设数字中国的新基建和技术基础。建设数字中国，也离不开产业生态体系的发展，可发挥我国制度优势，完善政策环境，促进产业发展，培育多层次、多类型的大数据人才队伍，建立体系全面的产业配套。

建设数字中国，离不开数字新基建

发展数字中国，离不开5G、宽带的铺设与提速等数字化基础设施的建设，和大数据、云计算、人工智能、物联网、网络安全等数字和网络技术的发展。

全面推进“十四五”时期数字中国的建设，需要加快信息基础设施的优化升级。国家互联网信息办公室发布的《数字中国发展报告（2020年）》中提到，我国已建成全球最大的5G网络，独立组网（SA）率先实现规模商用；已建成全球最大的窄带物联网网络，移动物联网连接数达到11.5亿；以云和数据中心为核心的算法基础设施建设迅速……

依托高效的国家体制推动和庞大的国内市场需求，数字中国的新基建推动迅猛。在接下来的“十四五”期间，中国将“围绕强化数字转型、智能升级、融合创新支撑，布局建设信息基础设施、融合基础设施、创新基础设施等新型基础设施。建设高速泛在、天地一体、集成互联、安全高效的信息基础设施，增强数据感知、传输、存储和运算能力。”

数字中国的主要建设内容

数字中国的建设，离不开经济、社会、民生、政务、安全等领域的建设，数字经济、数字社会、数字政务和数字民生这四个方面是建设数字中国的核心板块。

数字经济：随着数字科技的发展，数字经济成为创新最活跃、增长最快速、影响最广泛的经济领域。数字经济充分释放了数据要素的活力，实现全要素生产率的提升，从而成为中国经济实现高质量发展的新引擎，实现技术进步、经济转型和持续发展。

数字社会："十四五"规划和 2035 年远景目标纲要提出要"适应数字技术全面融入社会交往和日常生活新趋势，促进公共服务和社会运行方式创新，构筑全民畅享的数字生活"，描绘了未来我国数字社会的建设内容。

数字政务：建设数字中国，离不开数字技术在治理领域的运用。各级政府需要坚持用数据说话、用数据决策、用数据管理，构建现代化的治理体系，进而提高政府治理效能，实现政府决策科学化、社会治理精准化、公共服务高效化，提升国家治理现代化水平。

各地在实施的“一网统管”，就是数字治理的一个典型案例。通过将经济治理、社会治理和城市治理进行整合，管理平台和数据进一步集中，实现集中统筹和有机衔接，成为城市治理的“最强大脑”，帮助建设平安城市、平安中国。

数字民生：习近平总书记在十九大报告中指出：“中国特色社会主义进入新时代，我国社会主要矛盾已经转化为人民日益增长的美好生活需要和不平衡不充分的发展之间的矛盾。”建设数字中国，需要以人民为中心，构建和谐社会。

数字民生，将数字化技术运用于教育、医疗、交通、就业、社保等民生领域，提升人民获得民生类服务的便捷度和质量，满足人民日益增长的美好生活需要。各地实施的“一网通办”平台，就是数字政务在民生领域的体现，政务服务从“群众跑腿”向“数据跑路”转变。人民群众进一次网就可以办全部事，解决“办不完的手续、盖不完的章、跑不完的路”这些关键小事，大大提升了人民群众办事的便捷度和获得感。

建设数字中国，需要完善相关产业生态体系

建设数字中国需要人才体系、产业链和配套服务生态。这些和数字基建一起，构成了建设数字中国过程中不可或缺的基石。

数字中国是我国国家信息化发展的重要战略，将有力推进核心技术、产业生态、数字经济、数字社会、数字政府等建设。建设数

字中国，需要数字技术的发展和相关基础设施作为基石，需要建立健全产业生态体系。数字中国的建设将帮助我国打造数字经济新优势、加快数字社会建设步伐、提高数字政府建设水平、营造良好数字生态，成为我国经济高质量发展的新引擎，人民追求美好生活的新途径。

智慧城市

【导读】智慧城市，就是使用物联网、云计算、大数据等新一代信息集成技术，改善城市状况，使城市生活更加智慧、便捷，更适合居住。

智慧城市（smart city）就是运用信息和通信技术手段感知、分析、整合城市运行系统中的各项关键信息，从而为城市主体——政府、企业和个人的各种需求提供智能响应服务。其中，“智慧”指的是聪明的策略；“城市”指城市要素，包括城市基础设施、居民、企业、城市管理者，以及基于主体产生的社会活动需求应运而生的业务场景，如政务服务、公共安全、环保等。

先通过小美旅行的案例了解一下智慧城市下的顺畅出行。

暑假，小美一家去 A 市旅行，这趟“以人为本”的顺畅出行让大家印象深刻。

爸爸在火车上就通过第三方应用程序（APP）预约好了出租车，到站后出租车已经静静地等在那里了。在去酒店的路上，细心的小美发现每个路口的红绿灯时间都不同，这和她生活的 B 市不太一样，好奇心爆棚的小美主动问起了司机叔叔，司机叔叔告诉她，每个红绿灯都会根据路况调整时长，以保证交通顺畅。

第一天，他们逛的是市内的景点。妈妈通过导航 APP 查询公交车路线，并能实时看到想乘坐的公交车开到哪里了。大家算好时间出门，不用在炎炎夏日里苦苦等车。

接下来几天，他们要去一个很远的景点，需要租车，不过依然很方便。爸爸在 APP 上约车，并根据预定的时间去取车，导航 APP 迅速为大家规划出了一条最近、最快的路线。在路上，大家正在等红灯，忽然，眼看还有20秒的计时器瞬间变成了绿灯，不远处的红灯也变成了绿灯，小美还在惊讶中时，一辆救护车飞速开过。爸爸说："这些交通灯都在为病人抢时间。"快到景点时，停车APP向爸爸推送了最近的停车场，停车场还有标识告知，可以通过二维码先离场后付费。小美感叹地说："妈妈，我们没有一点时间耽误在路上，我有更多的时间可以游玩啦。"

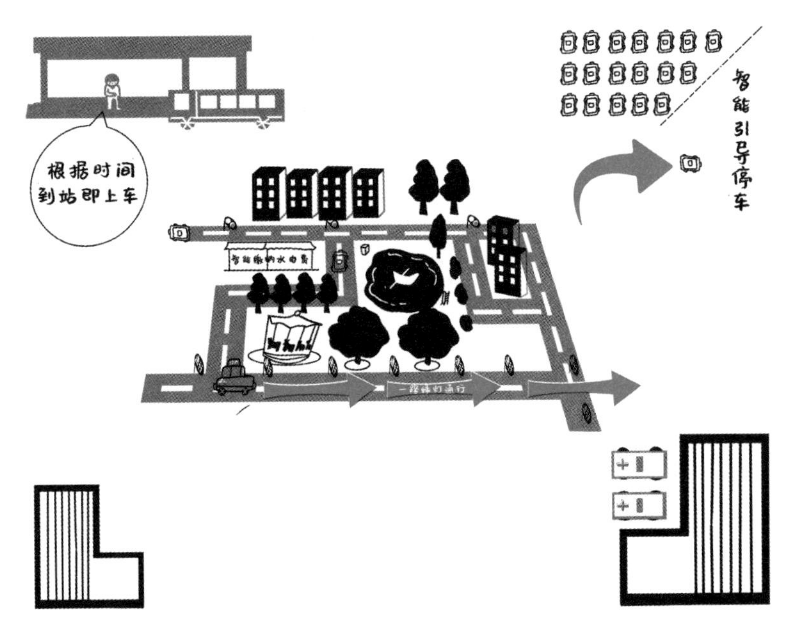

小美一家的便利出行，是我们日常智慧出行的一个缩影，其本质是整合了信息技术手段获取到信息，从而获得的智能服务。除了这些，我们在智慧城市里的工作、生活都会非常便利，开车不用再携带驾照，可以用网络驾照替代；看病不用去排队挂号，也不用担心忘带检查报告，可以网上挂号，并实现多院病历共享；完全不用

担心家中忽然停电停水，因为智能电表水表会在余额不足前及时提醒你，而且水电气缴费都不用再去银行，在家就可以通过网络缴纳。

除了个人，企业也会在智慧城市中得到日新月异的发展。例如，服装企业可以通过信息技术广泛收集消费者的偏好，并在网络上完成服装从设计到打版，从试销到上市销售的全部流程；房地产企业可以通过信息技术与消费者加强互动，为消费者提供足不出户的虚拟现实（VR）看房体验。

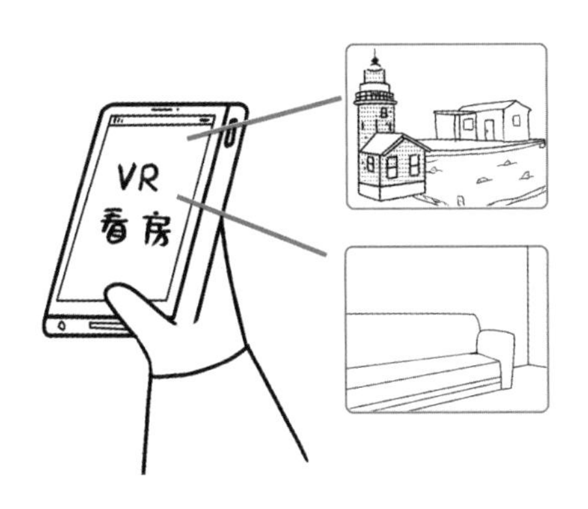

我们的城市管理者是城市智慧化强有力的推动力量，通过智能软件和硬件的广泛应用，会获取更多的城市运行系统数据，并随着对数据更加深入地整合与分析，制定更高效的管理策略，推动城市和谐与可持续发展。

【扩展概念】

智慧地球：智慧地球 = 互联网 + 物联网，是 IBM 公司首席执行官彭明盛在 2008 年首次提出的概念。他认为，智能技术正应用到生活的各个方面，如智慧医疗、智慧交通、智慧电力、智慧食品、智慧货币、智慧零售业、智慧基础设施甚至智慧城市，这使地球变得越来越智能化。智慧地球分成三个要素，即物联化（instrumentation）、互联化（interconnectedness）和智能化（intelligence），简称“3I”，是指把新一代的 IT 技术、互联网技术充分运用到各行各业，把感应器嵌入、装备到全球的医院、电网、铁路、桥梁、隧道、公路、建筑、供水系统、大坝、油气管道，通过互联网形成物联网；而后通过超级计算机和云计算，使得人类以更加精细、动态的方式工作和生活，从而在世界范围内提升“智慧水平”。

城市大脑

【导读】与人脑类似，城市大脑会通过自己的“视觉神经系统”（如视频采集系统）、“听觉神经系统”（如音频采集系统）、“运动神经系统”（如工业互联网）等神经网络来处理和调度大量城市信息，实现智慧城市中的管理和决策功能。

城市大脑（city brain）是一座城市的大脑，是智慧城市的有机组成部分。基于智慧城市中信息技术所获得的数据资源，为城市生活打造了一个数字化界面，市民可以通过城市大脑的运行，感受生活、工作中方方面面的便利。

下面跟着小美，一起来思考我们的城市大脑是如何发挥作用的。

放学路上，小美向妈妈提出了一个又一个问题。

面对小美的一连串问题，妈妈耐心地说："交通灯可不知道什么时候该变化，这一切的便利都是因为我们的城市有'大脑'！这个聪明的'大脑'知道交通的事，知道看病的事，知道警察办案的事，而且它还会学习，会知道更多的事情。这个'大脑'把获取的各种信息分类、整合、分析，这样就可以帮助它在不同的情况下做出不同的决定。"

城市大脑是如何发挥作用的

城市大脑像人脑一样，也有着中枢神经系统、感觉神经系统、运动神经系统、神经末梢和神经纤维。它们各司其职，又协同工作，共同发挥着"大脑"的作用。

城市大脑的“中枢神经系统”：中枢神经是人脑的核心，城市大脑中的云计算就是类似人脑中枢神经一样的存在，它通过服务器、操作系统、社交网络、大数据以及基于大数据的人工智能算法，控制城市大脑的各个神经系统。

城市大脑的“感觉神经系统”：我们的人脑有视觉神经系统、听觉神经系统等，并通过这些系统完成看、听等感觉功能，城市大脑也有这些系统。物联网就是类似人脑感觉神经系统一样的存在，它通过分布在各个场景（如交通、政务、医疗等领域）中的传感器（如视频监控、遥感探测、声音采集、超声波探测、气敏等）获取信息，并通过类似人脑反射弧的传输方式，将数据传输给“大脑”，并在“大脑”的支配下采取相应的行动。

城市大脑的“运动神经系统”：人脑通过运动神经系统指挥人体实现运动功能，随着工业与时俱进地不断发展，智能办公设备、智能驾驶、无人机也在“中枢神经系统”的支配下，帮助城市大脑实现“运动”功能。

城市大脑的“神经末梢”：人工智能技术和包含了人工智能技术的芯片、分布在城市各角落的传感器与智能设备就类似于人脑的神经末梢。随着人工智能技术的不断发展，城市大脑的“神经末梢”也在逐步变得更加智能和强壮。

城市大脑的“神经纤维”：5G、光纤、卫星等通信技术就像城市大脑的“神经纤维”，它们保障了城市主体（政府、企业和个人）

便捷、不受地域限制地连接到城市大脑中。还在不断进行技术升级的“神经纤维”和我国的基础设施建设，为城市大脑的运转提供了重要保障。

而且，与人脑更加相似的是，随着各神经系统自身的不断学习，以及相互间的协同发展，每个系统都在不断地发育和成长着。这些就使得城市大脑也如人脑一样，在学习中不断进步，变得越来越“聪明”。

城市大脑为城市的运行管理赋能

城市大脑功能很多，但我们的城市真的需要“大脑”吗？今天看来，答案是非常肯定的。

据联合国经济和社会事务部发布的数据，到 2050 年，增长量多达 23 亿的世界人口将全部被城市吸收，城市在 2050 年容纳的人口数量相当于 1950 年的全球总人口数。

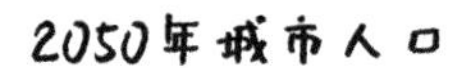

你可以想象吗？在我们有限的城市土地上，生活的人口总量将呈几何量级增长。人口增加了，各种矛盾也将愈演愈烈，交通拥堵、

环境恶化、资源短缺、基础设施不足等一系列城市病也将更加凸显出来。如果我们还是墨守成规，只依靠现有的资源和技术，那必然无法适应城市化进程的快速发展。这就需要我们在技术创新方面做出更加有突破性的尝试——城市大脑作为城市的“脑核”，将帮助我们解决一个又一个已知甚至未知的难题，为城市的运行管理赋能。

城市大脑基于动态数据的智能分析，能最大限度地调节城市有限资源的供给能力以适配动态需求，从而在最大程度上平衡城市资源供给与需求之间的矛盾。拿交通拥堵举例，为了缓解交通拥堵，人们首当其冲想到的是汽车保有量这个指标，而且笃定可以通过限购、摇号等控制汽车保有量的方法来缓解交通拥堵难题。但通过城市大脑，我们获取了另一个重要指标——汽车在途量。例如，杭州机动车保有量约为 300 万辆，但高峰期的在途量只有 30 万辆，两个数字对比之下不难看出，集中精力、精准施策地解决 30 万辆车所需要的资源问题是更好的解决之道。

城市大脑不仅可以帮助我们聚焦问题的症结，还可以通过其系统化、信息化、智能化的优势，帮助我们提升城市主体间交互与协同的效率，拓展城市工作生活中的应用场景，加快治理体系建设，实现政府（或职能部门）人员只需坐在数字驾驶舱中就能感知城市动态、把握管理全局；企业可以更加高效地投入生产，创造价值；个人可以更加便利地在城市中工作生活。

下面就让我们一起来看看，当自然灾害来袭时，城市大脑是如何保障一座城市安全运行的。

随着科技的不断发展，气象预测工具和手段也越来越多，精准度也在不断加强，但这些气温、降雨、灾害性天气的“先知”，只是为我们提供了一条非常有价值的“线索”。获得这些线索后，城市大脑的“中枢神经系统”会迅速对可能造成影响的场景进行检索，大到水电气暖供应、城市交通、快递服务、旅游观光，小到涵洞积水点位、易漏雨点位，都会提前发出预警信息，通知相应的部门做好准备，并通过城市大脑的各项神经网络启动实时监控，如发生险情可以迅速处置。

比如，上海市的城市大脑已经可以根据对台风走向的预测，判断台风所经路线不同区域的降雨情况，并根据降雨量进行分级处置。降雨量大的区域，相关部门会提前做好用水用电用气保障、道路交通疏导、旅游景点关闭、易积水点位疏通、学生提前放学或停课等准备工作，并部署专人做好应急响应，做到精准预防和处置。

【扩展概念】

谷歌大脑：Google X 实验室的科学家们，通过将 1.6 万台电脑的处理器相连接，建造出了这个可以模拟人脑并自主学习，且不需要人类协助的中枢神经系统。该神经网络可以自己决定关注数据的哪部分特征、注意哪些模式，而不需要人类决策。谷歌大脑的成就之一，是在不知道什么是猫的情况下，通过推演发现了猫本身的概念，自己理解了“猫是什么”。能够通过分析数十张视频截图，从这些截图中准确识别出一只猫。可谓是机器学习的一个里程碑性事件。

百度大脑：是百度 AI 核心技术引擎，包括视觉、语音、自然语言处理、知识图谱、深度学习等 AI 核心技术和 AI 开放平台。对内支持百度所有业务，对外已开放了 150 多项领先的 AI 能力，助力合作伙伴和开发者，加速 AI 技术落地应用，赋能各行各业转型升级。2021 年，百度大脑升级至 7.0，具备“融合创新”和“降低门槛”两大显著特点。

数字底座

【**导读**】城市的数字化转型纷繁复杂，而支撑智慧城市的运行需要一系列基础设施和数字化、智能化技术，这些技术的组合称为数字底座。

随着智慧化建设在城市市政基础设施、交通、就医、社区服务等领域逐步普及，越来越多的百姓从中受益。而说到智慧城市建设，就离不开“数字底座”这个概念。

什么是数字底座

现代数字城市底座（简称数字底座）主要指通过云计算、大数据、物联网、信息通信、人工智能等一系列技术组合来支撑城市数字化。城市数字化转型要求数据能够汇聚，基于数据产生智能，最终实现持续的数字化运营，具体包括“无处不在的连接”“数字平台”“无所不及的智能”三个方面。

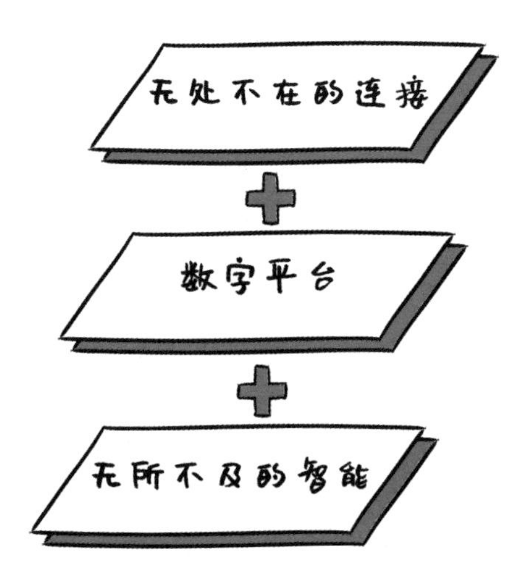

“无处不在的连接”主要指信息通信技术的基础设施层。没有连接的信息是孤岛，构建智慧城市需要使用信息通信技术为数据建立通路。当前关键技术是 5G 和最新一代的 Wi-Fi 6，其中，5G 能够为全市范围的人和物提供无缝连接的移动宽带覆盖，Wi-Fi 6 是解决城市公共场所无线热点覆盖的有力工具，这些对于建立智慧城市中“无处不在的连接”都具有重要作用。

“数字平台”既是数字底座的核心，也是提供数据汇聚、数据智能、实现数据化运营的载体。数字平台以云为基础，通过整合各种信息通信技术，打通各类数据。向上支持应用的快速开发和灵活部署，推进业务的敏捷创新；向下通过“无处不在的连接”，进行“云—管—端”协同优化，从而实现物理世界与数字世界的打通。

“无所不及的智能”主要指基于数字平台的一系列应用场景和基于应用的人工智能。“无处不在的连接 + 数字平台”为人工智能应用开发提供了必要的数据和算力，使得 AI 数据建模、模型训练和应用开发更加简单、敏捷、高效，同时意味着智能无所不及，覆盖“端（终端）—边（边缘计算）—云（云计算）”的任何场景。

数字底座有助于将物理世界数字化

在各行各业走向数字化、智能化的变革时代，每一个组织都能够深刻感受到技术进步和商业创新带来的巨大冲击。当前，绝大部分的数字化还停留在常规数据的价值挖掘上，真正的数字化需要将物理世界数字化，再将各类数据进行融合，才能产生更大的业务价值。如何把物理世界数字化，这是智慧城市建设面临的挑战。

智慧城市的运行离不开信息的采集、传输、处理，而数字底座就是这一切的内核。通过 5G、云计算、物联网、大数据、人工智能等数字技术的综合运用，实现数据感知、数据传输、信息分析与处理、城市应用的完整闭环，数字底座作为城市管理场景应用的支撑，向下采集、汇集数据，向上提供数据分析、应用。

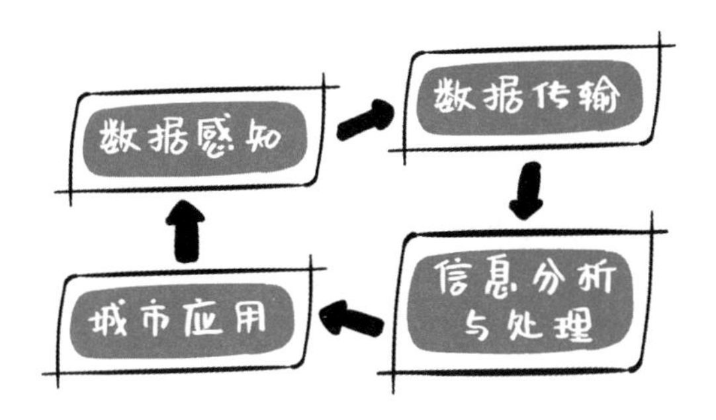

当城市、产业、企业的数据汇聚在一起，实现跨界碰撞，可以使得城市治理更智能。通过建设城市的“智慧大脑”，可为城市发展的科学决策提供先进手段，从而支撑政务、交通、警务等各领域实现数字化，最终实现“善政、惠民、兴业”的智慧城市。

数字化转型

【**导读**】随着中国经济数字化转型按下“快进键”，数字化转型已成为激活新技术、新产业、新业态、新模式等“四新”经济的重要抓手。

数字化转型（digital transformation）是指将数字技术、信息通信技术（云计算、大数据、物联网、人工智能、区块链等）引入企业运转的各个方面，以满足不断变化的市场和业务需求的过程，涵盖了创新业务模式、提供新产品或新服务、重塑内部（业务）流程等内容。企业的数字化转型不仅可以重新定义企业与市场、自身员工以及合作伙伴的关系，还可以打通不同行业间的数据壁垒，提高行业运行效率，构建全新的数字经济体系。

让我们一起跟着小美的二伯，看看他所在的公司如何迈开数字化转型的步伐吧。

小美的二伯供职于一家历史悠久、举世闻名的大型咨询公司。作为业内稳居中游的企业，每年年初都会接到大量固定的业务需求。但今年有些特殊，距离年初已经过去了三个月，公司接到的需求却远不及往年。

多方打听后才知道，有客户觉得二伯公司可以承接的项目较为传统，难以实现多源数据分析及应用的需求，“跟不上数字时代的潮流”。正当二伯和同事们喊喊喳喳担心着公司发展和自己所属部门的安危时，他们收到了公司内部的邮件通知，公司准备进行数字化转型啦!

最显著的变化便是引入了大数据分析云平台。为了让大家更深切地感受到数字化转型的魅力，公司内部召集大家开了一场干货满满的预热会议，随后便将大数据分析云平台投入了使用。

小美二伯惊喜地发现，这一先进的大数据分析云平台根据不同的业务类型预置了大量分析模型，供不同需求的业务部门按需匹配后即时使用，从根本上解决了“一接到项目需求就从头开始新建分析模型”的问题，极大地节约了项目落地启动的成本。

除了在项目启动阶段节省成本外，大数据分析云平台还可以在项目实施阶段积累大量的业务数据并大大提升数据抽取与分析的效率，提高数据的时效性，便于业务部门根据手头的数据与市场趋势闻风而动。

有了数据做“抓手”，项目组能及时为来自生鲜公司的客户提供商品鲜度预警管控服务，保证客户门店和库存商品的新鲜度，并根据客户销售数据及时提供合理的促销政策，推动临期商品流动，减少商品过期带来的损失。

更神奇的是，平台的引入也充分优化了公司的内部流程。原本公司的数据源极其繁多，涉及 3 个系统、7 个账套，通过这一平台的主数据管理功能，可直接统一一套主数据，使得 7 套数据无缝对接，从而帮助公司财务人员完成跨系统、多账套的整合分析。

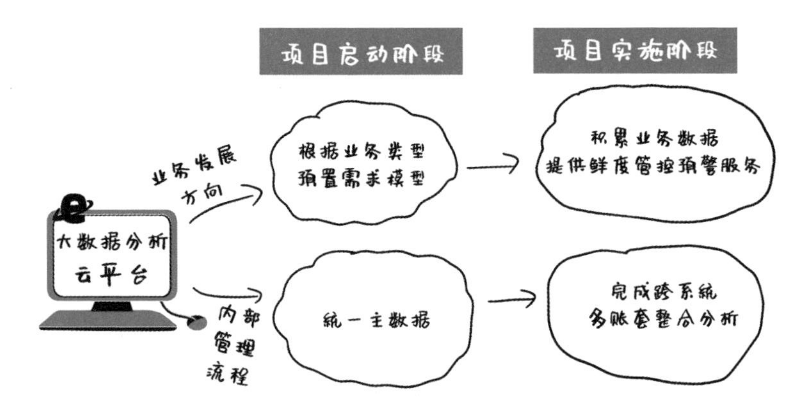

从头到脚改头换面以后，二伯公司立刻迎来了对自家创新数字化业务感兴趣的考察团队。团队深入考察三天后，立刻决定将今年的大单签给他们。二伯公司成功的数字化转型也为其带来了亮眼的效益，不仅一跃成为业内上游的咨询公司，业绩也整整翻了两番。

在上述例子中，小美二伯的公司引入了先进的大数据分析云平台，是对数字化转型的积极探索，其中既涵盖将数字化技术与业务发展方向相结合的尝试，也包括引入数字化技术优化内部管理流程的探索。各行各业企业内外部同时开展的数字化转型将通过实现企业的运营数据化、业务智能化、管理智慧化，催生一批新业态、新模式、新动能，实现以创新驱动的产业高质量化和跨领域的同步化发展。

总而言之，实施数字化转型意味着公司以客户需求为直接驱动力，在内部流程、业务战略、商业模式等多个方面直接或间接地引入数字化技术的转型探索。数字化转型顺应新一轮科技革命和产业变革趋势，未来，各行各业也将不断深化应用云计算、大数据、人工智能等新一代信息技术，激发数据要素创新驱动潜能，加速业务优化升级和创新转型，改造提升传统动能，培育发展新动能，实现转型升级和创新发展。

数智化

【导读】随着中国经济的数字化转型，“信息化”“数字化”“智能化”“数智化”等概念铺天盖地，俯拾皆是。它们之间到底有什么区别呢？

信息化：数据的形成

“信息化”的概念起源于20世纪60年代的日本，是日本学者梅棹忠夫提出来的，而后被译成英文传播到西方。这一时期，正值计算机技术从微型计算机向个人计算机演进。20世纪70年代后期，个人计算机开始逐步进入桌面应用，办公自动化随之兴起。20世纪80年代中期，基于Intranet的企业内联网络办公自动化渐入应用，再到20世纪90年代初期，基于TCP/IP互联协议的万维网出现，信息化从抽象概念开始走向具体应用。

鉴于信息化对经济增长的显著贡献，西方社会开始普遍使用“信息社会”和“信息经济”概念。信息技术（information

technology，IT）成为新经济的重要发展引擎，人类社会第三次产业革命也由此拉开序幕，信息时代与信息社会悄然而至。

信息化，普遍的认知就是由计算机硬件、软件、网络及操作系统等组成的信息化系统，为人们的生活、工作提供信息处理、信息交流和自动化应用。对照当今所谓的“两个世界”（即“数字虚拟世界”和人与自然构成的“物理世界”），可以发现，信息化是对物理世界中的事物与事件进行抽象建模，即建立一定的规程与流程，通过开发相应的应用软件，配置相应的网络环境与硬件设备，让信息化系统为人们的生活和工作提供一种自动或半自动化的外包服务。由此，信息化是物理世界引入的一个新的工具和物种，以提升人们的工作和生活效率。

在信息化应用过程中，信息化系统记录了大量的关乎物理世界运行的数据。人们通过信息化系统可以对这些数据进行一定程度的归纳、总结和分析，以不断提升工作和生活效率、不断优化工作方法和生活方式。信息化，开始让物理世界中的事物与事件以计算机可以处理的数据形式记录下来。由此，数据开始形成。

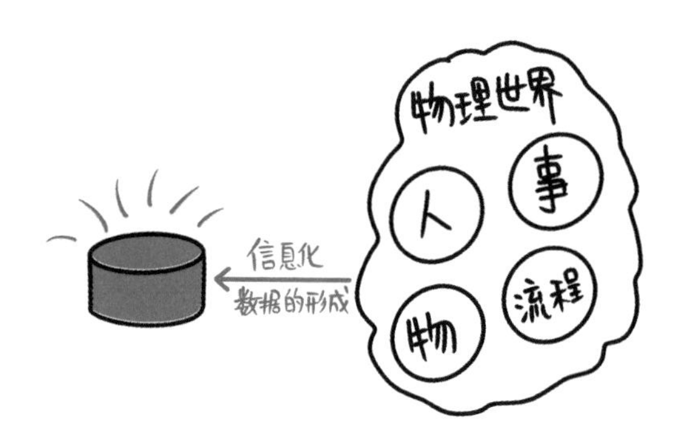

数字化：数据的发展

随着半导体芯片技术的发展，计算机技术以“摩尔定律”的速度飞速发展。马克·维瑟（Mark Weiser）于1991年提出了普适计算（ubiquitous computing）——未来“计算无处不在”。今天，借助移动互联网和智能终端，人们能够在任何时间、任何地点，以任何方式进行信息的获取与处理；借助智能芯片、5G通信和物联网，一切物体的状态、运行、变化等信息都可以被计算、传输、存储；借助“埋点”技术，人们的上网行为可以被记录、分析；此外，还有移动支付、数字货币等，不一而足。计算无处不在，人类社会已成为一个可计算的社会。

让物理世界更多的事物与事件被计算的过程，是信息化进一步渗透应用到这些事物与事件的过程，也是这些事物与事件被数字化的过程。可见，信息化是过程，数字化是信息化的结果。伴随这一过程，物理世界越来越多的事物与事件的状态、变化和发展都可用数据记录和表征。亦即，记录和表征物理世界的数据将呈爆炸式增长，渐渐地，一个与物理世界形成镜像的数字虚拟世界就此形成。因此，**数字化**可以理解为是将物理世界映射到汇聚大量数据的虚拟世界的过程。

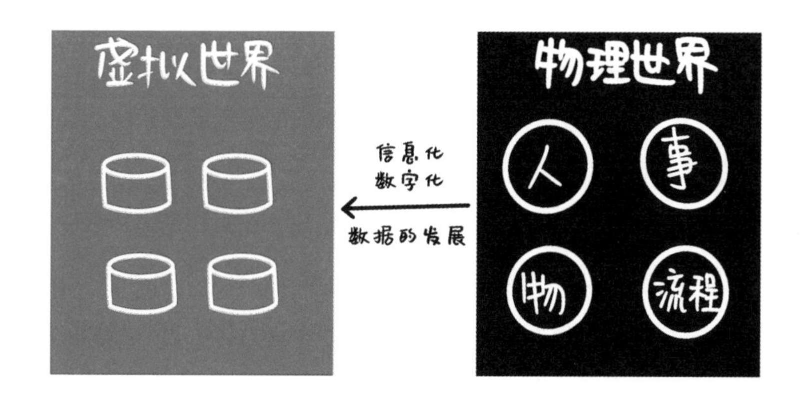

智能化：数据的应用

2011 年 5 月，美国咨询公司麦肯锡（McKinsey）发表著名的题为 *Big Data: The Next Frontier for Innovation, Competition and Productivity*（大数据：下一个创新，竞争和生产力前沿技术）的研究报告，报告指出：大数据，如同实物资本和人力资本一样，将成为现代经济活动、创新和增长的重要要素。数字化形成了汇聚大量数据的数字虚拟世界。这些数据种类繁多、结构各异、时刻变化着，这就是所谓的大数据。

如何发挥这些大数据的价值作用，这是智能化要解决的核心问题。如果我们把大数据时代（data technology，DT）到来之前的信息化称作“传统信息化”（即 IT 时代的信息化应用），则今天基于大数据技术的信息化可称作“**智能化**”（即 DT 时代的信息化应用）。与传统信息化通过人力外包实现办公自动化、流程自动化不同，智能化更强调以场景问题解决为导向，基于大数据智能分析，为问题解决和决策支持提供智慧应用；传统信息化是对物理世界中的事物或事件进行抽象与概括的数字化记录，而智能化则是基于信息化、数字化所产生的大数据挖掘和分析，提供面向场景问题解决与决策支持的智能服务引擎。

借助智能化，人们可以利用数字虚拟技术仿真和调优物理世界中事物或事件的运行逻辑，从而为场景问题解决提供智慧决策支持。信息化、数字化与智能化构成了数据从物理世界产生、汇聚到虚拟世界、再智能应用到物理世界的闭环——数字孪生技术也应运而生。

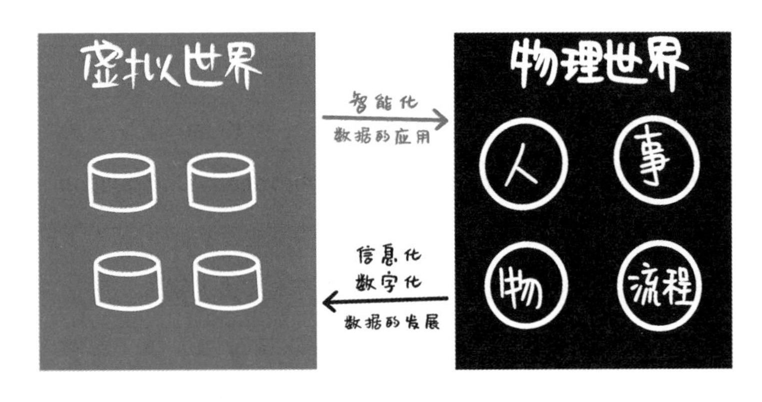

虚拟世界所汇聚的大量（原始）数据本身是没有用的，要经过一定的处理后才能派上用场。这些数据来自多源，种类繁多，错综复杂，既有结构化数据，也有非结构化数据，还有半结构化数据。

这些数据携带着很多信息，但需要经过一定的梳理和清洗，才能形成有用的信息，这些信息里面包含着多种规律，需要借助智能算法挖掘才能提炼成知识，然后需要把这些知识应用于问题解决和决策支持等实践，这便产生了智慧。

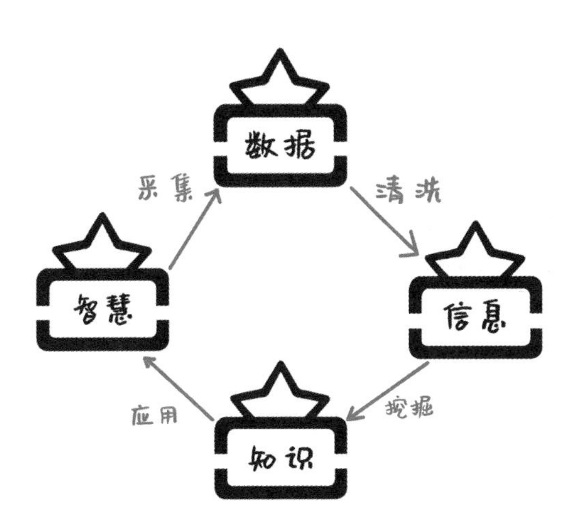

智能化就是从数据中形成信息、从信息中提炼知识、再将知识应用于实践的一系列过程。实际过程中，需要结合业务领域知识，通过“经验模型化，模型算法化，算法软件化”三步曲，即根据业务领域知识建立业务模型（经验模型化），然后根据数据变化趋势设计智能算法（模型算法化），并通过数据训练、数据验证和数据测试，得到最优模型，最后将算法模型进行代码编程封装成软件模块（算法软件化），为智慧应用敏捷开发提供智能服务引擎。

数智化：数字化 + 智能化

数智化，简单理解就是数字化和智能化两个过程或两个层面的有机融合。如前所述，数字化汇聚了大量数据，形成了物理世界到虚拟世界的映射，智能化基于大量数据的智能分析，提供面向问题解决和决策支持的智慧应用服务。在麦肯锡看来，所谓“大数据”就是对超大数据的采集、存储与分析的新技术，不过，这些新技术的内涵已经远远超出传统的技术范畴。因此，实际过程中，数智化是一项融合了信息化、数字化、智能化的巨大工程。

从技术层面来看，数智化需要充分利用新一代信息技术（包括云计算、大数据、人工智能、5G、区块链等）来实现，这些新技术构成了数智化建设的数字新基建；从业务层面来看，需要优化再造业务流程，重构业务运行管理体系，健全协同处置机制，建立数据标准规范，定义数据资产目录，整合数据资源体系，加强数据资产管理；从安全层面来看，需要建立相应的数据安全管理和个人信息保护制度，要加强“端边云网安”（智能终端、边缘计算、云计算、网络、安全保障）全程全网的数据运行和使用动态监控；从智能层面来看，要加强针对行业细颗粒问题场景的垂直应用算法开发与公共服务算法中心的建设，充分挖掘数据智能，为智慧应用提供敏捷服务。

【扩展概念】

普适计算： 在普适计算的模式下，人们能够在任何时间、任何地点，以任何方式进行信息的获取与处理。可以理解为，在万物互联时代，每个物体都可以嵌入芯片，让人机交互更自然。普适计算的三个特点是可感知、可计算、可存储传输。

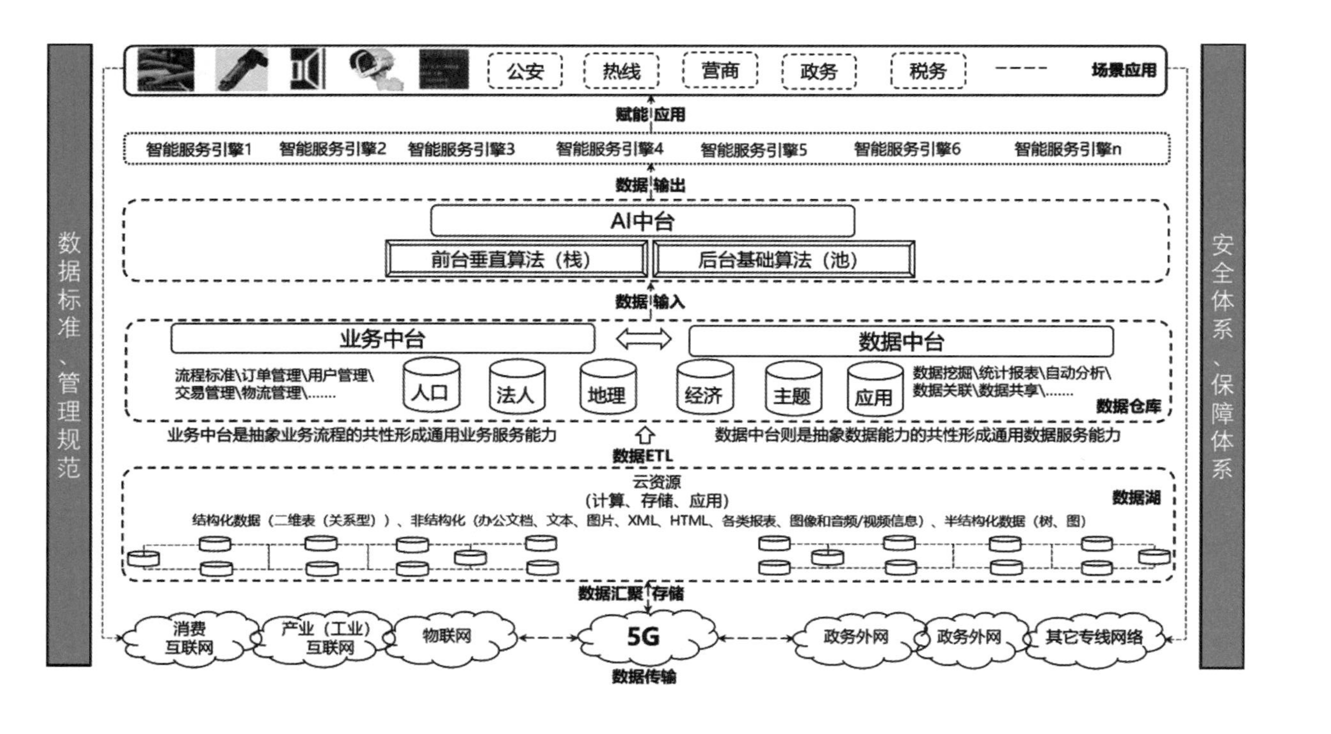
数据标准、管理规范
场景应用
公安
热线
营商
政务
税务

赋能 应用
智能服务引擎1
智能服务引擎2
智能服务引擎3
智能服务引擎4
智能服务引擎5
智能服务引擎6
智能服务引擎n
数据 输出
AI中台
前台垂直算法（栈）
后台基础算法（池）
数据 输入
业务中台
数据中台
流程标准\订单管理\用户管理\交易管理\物流管理\......
人口
法人
地理
经济
主题
应用
数据挖掘\统计报表\自动分析\数据关联\数据共享\......
数据仓库
业务中台是抽象业务流程的共性形成通用业务服务能力
数据ETL
数据中台则是抽象数据能力的共性形成通用数据服务能力
云资源
（计算、存储、应用）
数据湖
结构化数据（二维表（关系型））、非结构化（办公文档、文本、图片、XML、HTML、各类报表、图像和音频/视频信息）、半结构化数据（树、图）
数据汇聚 存储
消费互联网
产业（工业）互联网
物联网
5G
政务外网
政务外网
其它专线网络
数据传输
安全体系、保障体系

数字政府

【导读】随着人工智能、区块链、物联网等新兴技术的崛起，社会的生产方式、消费方式、运转方式和治理方式面临着全面升级，数字政府应运而生。

在**数字政府**（digital government）诞生以前，传统的政府办事会运用一本本厚厚的手写台账，作为统计管理的基础底册。无论是民政部门的户口信息、企业的注册信息，还是教育部门对各级学生的管理信息等，都依赖于纸质的台账记录（作为管理依据以及办事流程记录依据），信息传递非常慢。

数字政府 1.0

大约从 20 世纪 80 年代开始，我国进入了数字政府的发展初期。这一时期与 IT 技术的演进和网络的普及基本同步，大体实现了办公电子化，因此该时期也称为电子政务阶段。当时国家开展了“三金”

（金关、金卡、金桥）工程建设（1993 年）、政府上网工程（1999 年）等项目，旨在通过线上化和网络化，提高政府的办公效率。

以办理营业执照为例，1991 年，手写营业执照退出历史舞台，出现机打营业执照，营业执照也拥有了电脑系统自动编制的“身份证号”——注册号。这就使得政府部门能够对各类型经营主体、各地企业注册数量情况快速地进行信息汇集和统计分析，合理地进行管理人力的配备和决策。企业主如果不慎遗失相关执照，也能快速方便地在电子化的系统中查询相关记录，从而快速补办，恢复正常经营。

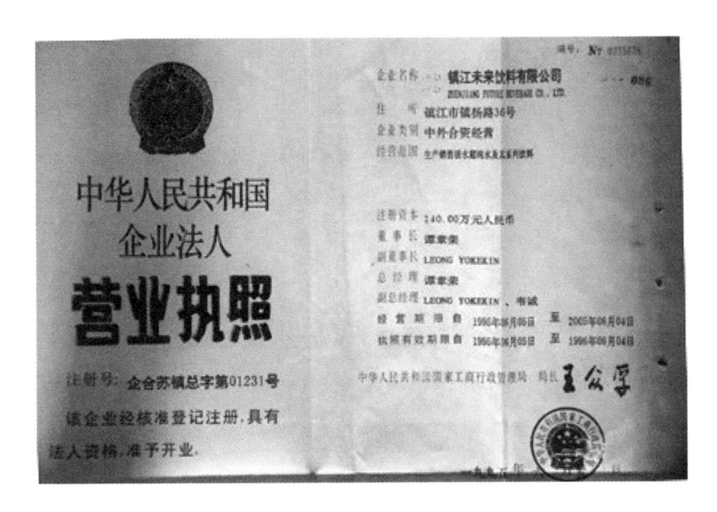

机打营业执照 图源：润州发布

21 世纪初，我国将信息化提升到战略高度，电子政务也进入全面启动阶段。《国家信息化领导小组关于我国电子政务建设指导意见》（2002 年）、《国家电子政务总体框架》（2006 年）、《“十二五”国家政务信息化工程建设规划》（2012 年）、《国务院办公厅关于促进电子政务协调发展的指导意见》（2014年）等政策相继出台。在应用场景方面，重点建设了人口基础信息库、法人单位基础信息库、自然资源和空间地理基础信息库以及宏观经济数据库；建设和完善了政府办公业务资源系统，如金关、金税、金融监管（含金卡）、宏观经济管理、金财、金盾、金审、社会保障、金农、金质、金水等重点业务系统。

然而，虽然各类政府数据的电子化、信息化逐步完善，但是各个政务部门的信息与数据很多时候仅限内部使用，“数据孤岛”现象较为常见。信息无法互通互联，老百姓、企业主去政府办事，仍然存在多头跑路的情况。

数字政府 2.0

先来看一个例子，体会一下数字政府1.0时代和数字政府2.0时代老百姓办事形式的不同。

二十年前，小美的邻居鲍爷爷家开过一个小吃店。当时光是办理营业执照就花了不少工夫。为了把经营证件办齐，需要跑好几个月的政府机关，先是工商局、税务局，然后店面装修跑消防局，还要办食品安全许可证和环保部门的排污许可证等。相关政府部门各有各的要求，各有各的手续，每次都要提供一大堆内容相差无几，但形式、格式各异的证明材料，办事流程非常低效。

最近，鲍爷爷想再开一家火锅店。他打开电脑，在政府网站上搜索“开办餐饮企业”，一下子弹出了非常详细而完整的办理流程，很多环节都可以在线提交资料，并且公示了各项事宜办结所需的时间。按照指南的操作要求，鲍爷爷一步步准备材料，进行上传。过了两天，鲍爷爷根据网上说的地址来到政府办事大厅，这里集中开设了很多政府机关单位的办事窗口，先到工商窗口，接着到税务窗口、食药监管局窗口……一轮走下来，也就花了 2 小时，需要的手续基本都办完了。工作人员答复他，一周之后，他的开办资质证件就可以直接寄到家里。

鲍爷爷高兴极了，真没想到，现在的政府办事效率那么高，只需跑一趟，就可以把之前几个月才能办结的事情都办好。这就是数字政府“多头联动、一口受理、一次办结”给老百姓带来的实惠。

随着政务电子化、信息化的阶段性完成，数字政府也需要从过去 IT 时代的信息化，向 DT 时代的数字化升级。这一时期数字政府

的最大特点便是数据资源化，以及围绕数据的多维度创新。当前，中国政府各部门政务信息化已经达到相对较高的水平，网络化进程不断加快，政府及城市数据正加速汇聚与融合，并在积极探索基于数据的创新应用。数字政府建设正迈入一个以数据化和数据创新为标志的崭新时代，我们称其为“数字政府 2.0”时代。

数字政府 2.0 通常是指建立在互联网上、以数据为主体的虚拟政府，以实现公共信息和数据高度共享、政府部门间无缝合作的“整体政府”为目标，是以推动国家治理创新、公民服务个性化以及助力数字经济发展为主要内容的政府发展新形态。数字政府 2.0 以网络化、平台化、数据化、智能化、生态化为主要特征。

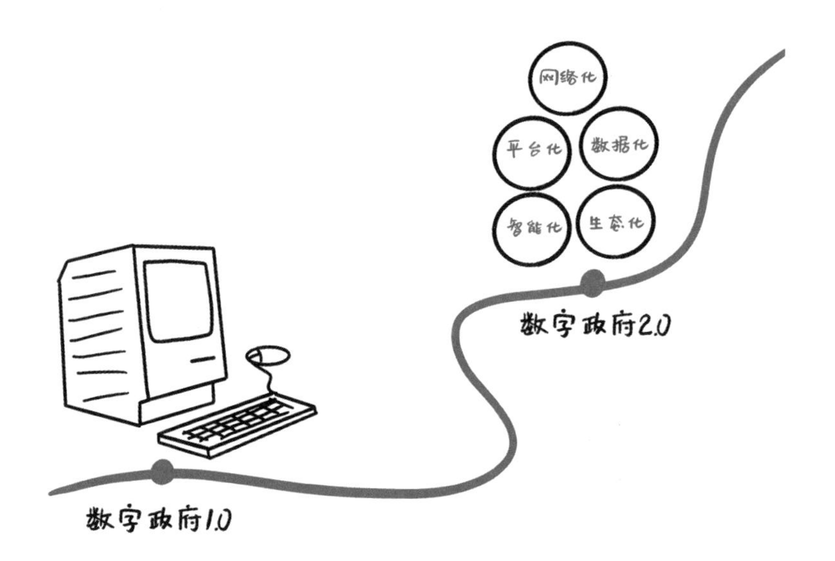

网络化：从线上化到双在线

2015 年 7 月，《国务院关于积极推进“互联网 +”行动的指导意见》印发，以推动电子政务在公共服务领域加大“互联网 +”建设力度。以往“守土有责”的政务服务模式将与互联网思维深度融合，转为以民众服务为导向，政府与民众“双在线”，服务供给随需求变化而变化，由职能框架下的稳态服务转为需求框架下的敏捷服务，政务服务边界得到拓展，从而更好地惠及民生。

平台化：从分散的小平台到统一的大平台

数字政府 1.0 时代，民众办理业务常常因为各行政单位的数据互不连通而多头跑腿、重复验证。这种分散小平台由于普遍存在功能单一、覆盖范围小、集约化水平低、数据闭塞等问题，导致行政效率难以整体提升。2.0 时代，整体大政务平台建设的推进，将实现数据间的互联互通，打造开放的数据共享平台，实现诸如“一号申请、一码通办、一网通办”等政务服务模式，提高政务处理的工作效率和便民服务能力。

数据化：数据资源的整合利用

在网络化、信息化时期，政府积累了大量的数据资源。在数字政府 2.0 时代，数字资源将被作为新的生产要素挖掘运用，资源化后的政府数据可创新的维度众多，从数据决策到数据治理，从流程再造到组织再造，其价值不可估量，甚至影响着整个国家的创新力和竞争力。

智能化：以数据为核心的应用创新

智能化既是技术演进的目标，也是其表现形式和手段。人工智能的概念早在20世纪50年代便被提出，直至近些年，随着算力、算法、算量（数据）三要素的汇聚与碰撞，基于数据的智能化创新才让人们看到了人工智能的应用可能性。我国在政务服务、交通、安防等领域已有很多智能技术和产品的应用，如在线客服、生物身份识别、交通事件智能识别、智能自助终端等。在数字政府2.0时代，以数据为核心的智能应用创新将会更加多元多样。

生态化：从相对封闭的自循环到开放的创新大生态

数字政府1.0时代，政府的运行模式属于自顾一亩三分地的小循环体系。2.0时代，服务型政府的建设要求不断深化，城市治理面临更多挑战，在这样的背景下，用开放、生态的方式建设数字政府，是突破政务服务和城市承载能力的有效手段之一。其间需要以更开放的平台和更多元的方式整合全社会的创新和服务力量，培育数字政府创新生态体系。

总之，数字政府作为现有信息化条件下架构形成的一种新型政府运行模型，顺应了数字中国及我国体制性改革的要求，实现政府部门跨部门、跨层级、跨系统、跨地域的横纵贯通，以及业务高效协同、数据资源流转通畅、决策支撑科学智慧、社会治理精准有效、公共服务便捷高效、安全保障可管可控的目标，是数字中国体系的有机组成部分，是推动数字中国建设、促进社会经济高质量发展、再创营商环境新优势的重要抓手和核心引擎，是创新社会治理、推动数字经济发展的必由之路。

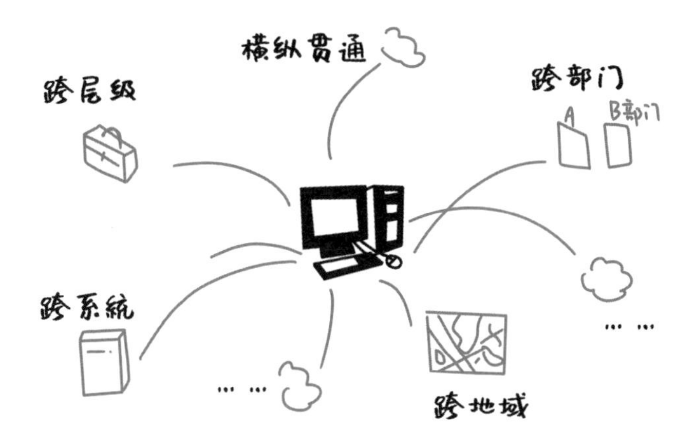

到了数字政府 2.0 阶段，政府办事的效率就大大提升了。

数字经济

【**导读**】数字经济，通俗地说，就是数字技术被广泛、深度地运用于经济的方方面面后所带来的结构优化、效率提升等经济升级结果。

在**数字经济**（digital economy）中，数字化的知识和信息成为关键的生产要素，现代信息网络成为重要载体，信息通信技术的有效使用成为核心驱动。据工业和信息化部数据，我国数字经济规模从“十三五”初的 11 万亿元，增长到 2020 年的 39.2 万亿元，占国内生产总值（GDP）的比重达 38.6%。数据深入到社会生产和经济发展的各个角落，成为推动产业升级和经济增长的新动力。

数字产业化、产业数字化、数字化治理和数据资源价值化构成了数字经济发展的主要内容（简称“四化”）。根据中国信息通信研究院发布的《中国数字经济发展白皮书（2020 年）》，数字产业化增加值达到 7.1 万亿元，同比增长 11.1%；产业数字化增加值约为 28.8 万亿元，占 GDP 比重为 29.0%，成为数字经济发展的主导力量。

发展数字经济，最直接的是数字产业化

数字产业化，是指通过现代信息技术的市场化应用，推动数字化产业形成与发展。主要包括数据的收集、处理与加工，数据交易，以及基于数据提供的结算、交付、融资等服务。

数字经济的发展离不开 5G、工业互联网、人工智能、云计算等数字新基建，以及大数据、工业互联网、物联网、人工智能、区块链等技术的蓬勃发展。政府工作报告强调要推动数字产业化转型，具体要加大 5G 网络和千兆光网建设力度，丰富应用场景，以及运用好“互联网 +”。“十四五”规划纲要中亦指出，我国要进一步发展云计算、大数据、物联网、工业互联网、区块链、人工智能、VR/AR、数字社会建设等七大数字经济重点产业，进一步构建基于 5G 的应用场景和产业生态，在智慧交通、智慧物流、智慧能源、智慧医疗等重点领域开展试点示范。

发展数字经济，产业数字化是主导力量

产业数字化是指利用数字和信息技术，对传统产业进行升级，推动产业供给侧与需求侧的信息数字化和网络化，实现产业上下游的全要素数字化改造，进而优化生产技术、提升生产效率，实现产业降本增效和升级产业模式。

“十四五”规划纲要提出，“实施‘上云用数赋智’行动，推动数据赋能全产业链协同转型”，具体包括建设若干国际水准的工业互联网平台和数字化转型促进中心，加快产业园区数字化改造等。无论是规模、占比还是未来影响面，数字产业化都是数字经济重要的组成部分，是推动经济增长的新引擎。

发展数字经济，对政府的要求是数字化治理

数字化治理方面，目前我国正加速推动政府治理从传统的线下到线上、从低效到高效、从被动触发到主动干预、从粗放作业到精细管理，从而推动政府治理能力步入现代化、智能化的发展阶段。

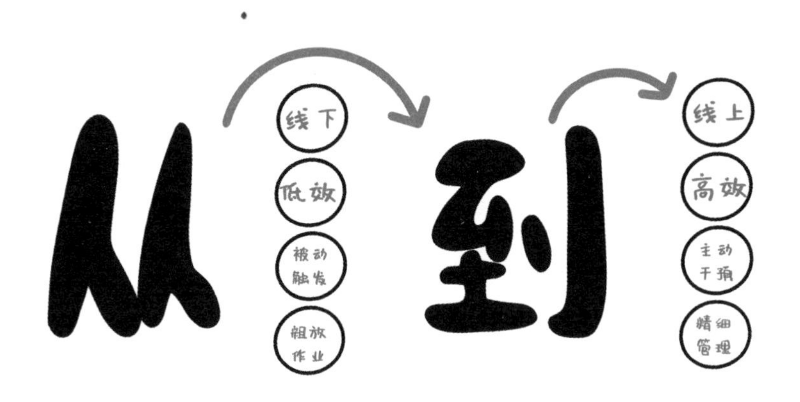

发展数字经济，数据资源价值化是基础

挖掘数据的内在价值，推动各类数据在不同场景下发挥作用，才能体现数据作为关键要素在数字经济中的重要意义。数据资源的价值发挥，对数据的流通、确权、交易等各个环节的规则和场所均有较高的要求，需要国家、社会和企业等明确规范、建立数据交易所，并监督数据的合法使用。数据资源的价值发挥，在于数据的合理使用频率和程度。数据的使用频率越高、程度越深，对推动资本、劳动力、土地和技术等传统生产要素的转型和升级，越能起到巨大作用。

2019 年，政府工作报告提出要促进新兴产业加快发展，壮大数字经济；2020 年提出要全面推进“互联网 +”，打造数字经济新优势；2021 年，“数字经济”和“数字中国”关键词同时出现，并且增加了“数字社会”“数字政府”“数字生态”等内容。可见，数字经济是数字中国的重要建设内容。

“十四五”规划纲要还首次提出数字经济核心产业增加值占 GDP 比重这一新经济指标，明确要求到 2025 年，我国数字经济核心产业增加值占 GDP 的比重，要由 2020 年的 7.8% 提升至 10%。接下来，我国将进入数字经济发展的快车道。

【扩展概念】

数字农业：数字农业是数字经济在农业领域的重要实践，代表了农业产业的新图景。其实质是用数字技术开展农业生产经营管理，把数字技术运用到农业生产、加工、运输、销售、服务等各个产业链环节当中，通过将现代农业和信息化深度融合，充分发挥数字技术对促进农业发展的重要效能，不断提高现代农业产业的数字化水平，从而助力乡村振兴战略的实施。

数字化治理

【导读】 数字化治理是“数字”与“治理”的融合，不是简单地将数字技术作为工具，也不是纯公共管理中的“治理”，而是以新基建为底座，以数据要素为驱动力，以互联网平台为支撑，构建的开放创新和协同治理的共享、共治和智治的新范式。

数字化治理，反映了数字技术应用与智慧治理的深度融合。究其本质，是指运用数字和信息技术，打通、整合、分析和运用城市大数据，为城市治理、公共服务和防疫管理等提供数字化大脑，优化企业和个人感受的城市服务体验，并为城市的各级管理者更合理地配置公共资源、创新社会治理方法、提升治理效能提供强大数据基础和科学手段，实现政府决策科学化、社会治理精准化、公共服务高效化，提升国家治理现代化水平。

数字化治理的基石是对数据的治理

通过打破政府内部各条线的“数据孤岛”，不断丰富数据资源接入，实现数据平台的协同与开放，打造城市数据智慧大脑，并基丁数据运用需要，统一数据维度，实现数据的有效整合，为后续数据运用打下基础。

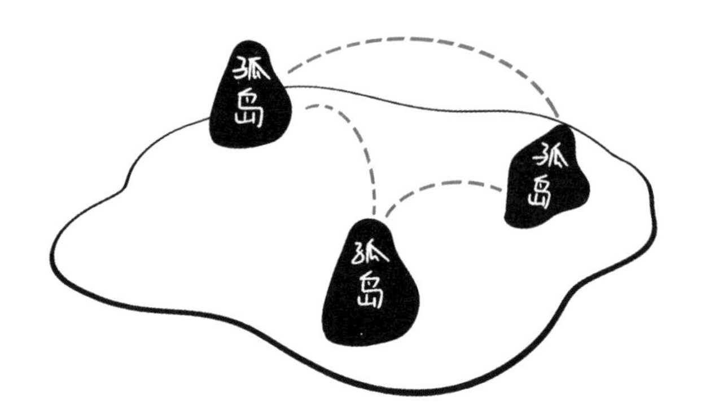

各地实施的“一网通办”平台，将以前需要去政务大厅实地办理的业务搬到了网上，并整合多个口径的政务数据和业务逻辑，形成一体化政务服务平台，使得公众通过电脑端或移动端操作，不用跑腿，就可以便捷地办理所需的各种民生类业务。比如开店办执照、买车办牌照，可以登录当地政府的“一网通办”平台在线办理，足不出户即能办妥手续。

数字化治理的实现途径是运用数字技术进行治理

数字化治理所依托的技术有大数据、人工智能、区块链技术等。基于数据要素的协同与合作，重塑治理的底层逻辑和模式，运用数字技术实现基于数据的决策和服务，推动政府治理领域的全方位数字化转型，实现公共服务的智慧化转型，具体运用领域如“互联网 + 教育”、大数据网格化管理、智慧交通调度、智慧社区等。

而各地政府实施的“一网统管”，通过将经济治理、社会治理和城市治理进行整合，将管理平台和数据进一步集中，实现集中统筹和有机衔接，成为城市治理的“最强大脑”，帮助建设平安城市、平安中国。

数字化治理是应数字技术、数字经济发展而产生的新型治理模式。“十四五”规划和 2035 年远景目标纲要指出，公共服务和社

会运行方式要创新，政府要运用数字技术为人民提供服务，全面打造数字社会。

目前我国正在加速推动政府治理从传统的线下到线上、从低效到高效、从被动触发到主动干预、从粗放作业到精细管理，并在“互联网+政务服务”、数字政府、城市大脑建设等领域获取了显著成效，成为全球数字治理的引领者。数字化技术的发展、更多数据的整合、更全数据运用平台的建设，将推动我国政府治理能力继续在现代化、智能化等领域发展壮大，成为数字中国建设的重要组成部分，反哺数字经济和数字社会的转型，为市场增效，为社会赋能。

数字民生

【**导读**】**数字民生**，顾名思义，是中国人民生活领域的数字化建设，是数字中国在人们的居住、工作、支付、交通、娱乐、医疗、就业和社保等各领域的数字化的落实。

建设数字中国是新时代国家信息化发展的总体战略，是为了满足人们日益增长的美好生活需要的新举措。那么数字中国在民生领域的运用，就成为数字中国的重要组成部分。数字民生的落实，与政府、产业和社会对数字社会的大力推进密不可分，也和人们对数字生活的态度较为开放息息相关。

数字社会

接下来，我们通过小美表哥的例子，告诉你什么是数字社会。

小美表哥今年大学毕业，他在一个省会城市找了份程序员的工作，没想到临近毕业却突逢新冠肺炎疫情。6 月份，小美表哥一边紧张地准备着在线毕业答辩，一边通过互联网中介平台看了十多套公寓，并租了居住环境较好、价格最合理的一套。他在线支付了定金，让中介为其预留房源到 7 月初。

7 月初，小美表哥办理完所有毕业手续后，在线购票，然后乘坐高铁来到了该临海城市。在出示了 48 小时行程码和健康码后，他顺利出站，然后通过手机扫码，很方便地乘坐当地公交和地铁到达了租住的公寓，办理了入住。很快，小美表哥去公司办理了入职，获得了一个社保账户，并通过线上政务平台领取了电子医保卡。

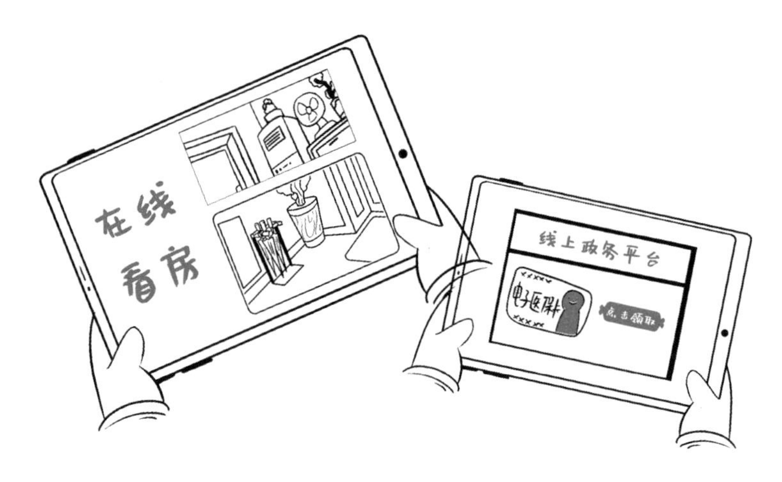

上述例子中，小美表哥毕业答辩、租房选房、订票乘车、电子社保卡 / 医保卡办理……这一切都能通过线上进行，方便极了。

可见，数字社会是对社会方方面面的数字化建设，覆盖了政务和人们的生活、教育、文化、生态等多个领域。比如在政务领域，政府将民生相关的服务，从线下搬到了线上，以数字化的方式来提供疫情防控（如出示防疫码、预约疫苗）、交通出行（如搭乘地铁公交）、医疗就医（如领取电子医保卡）、教育培训（如空中课堂）、缴费支付（如水电煤气缴费）等服务。

数字生活

在政府、产业和社会等各方的共同努力下，人们的生活也实现了高水平的数字化。再来看一下小美表哥工作后的日常生活。

小美表哥居住的公寓距离公司有五六千米远，他每天骑着共享单车上下班。周末，他会借助手机导航，骑行到各处逛逛。在公司上班时，他和同事去附近的餐馆吃饭。周末一个人时，他有时点外卖，有时通过买菜软件买点菜，然后自己做饭。当然，这一切都是在手机上操作的，他已经很久没有用过现金了。

疫情期间，公司有时会要求大家居家办公。小美表哥每天使用协同办公软件进行线上工作，通过在线视频会议参与各种例会，日常沟通和协作一点也没受影响。工作一段时间后，公司上了新项目，小美表哥深感知识储备的不足，于是在线上报了一门课，每天晚上下班后自我充电，收获很多。到了年底，小美表哥被评为了公司的“优秀员工”。

在上述例子中，我们可以看到，人们的日常生活实现了各场景的数字化——出行、购物、支付、办公、学习、娱乐甚至买卖房子等生活场景全面开花。现在，数字化已经成为提升人们生活水平、推动经济发展的重要举措，我国已成为全球数字化发展最快的国家之一。

“十四五”规划和2035年远景目标纲要提出的“构筑全民畅享的数字生活”，描绘了未来我国建成数字社会、让人民畅享数字生活的美好愿景。相信数字化会继续帮助提升民生类服务的便捷度和质量，促进人民生活的进一步改善。

【扩展概念】

智慧老龄社会：互联网为基础的信息化发展，使为老年人口提供更高效、更有针对性的智能产品和高质量服务成为可能。信息化所支持的老龄社会构成了智慧老龄社会，有助于建设智慧老龄社会。信息化在老龄化过程中的应用服务的衍生，是建设现代信息社会的重要组成部分，智慧老龄社会也勾勒了未来老龄社会的社会形态，可能是解决老龄化挑战的发展出路。

城市生命体征

【导读】通过城市中遍布各处的传感器和智能设备，可实时获取各类信息和数据。将这些信息和数据以城市运行指标的形式进行分类和展示，可得到城市的运行数字特征，即城市生命体征。

通过**城市生命体征**可以发现不利于城市运行的问题，必要的情况下可以启动应急联动机制解决问题，并对未来一定时间内可能发生的问题进行预测预警。

城市运行指标的设计搭建，以及信息和数据的多源汇聚是城市生命体征的重要因素。

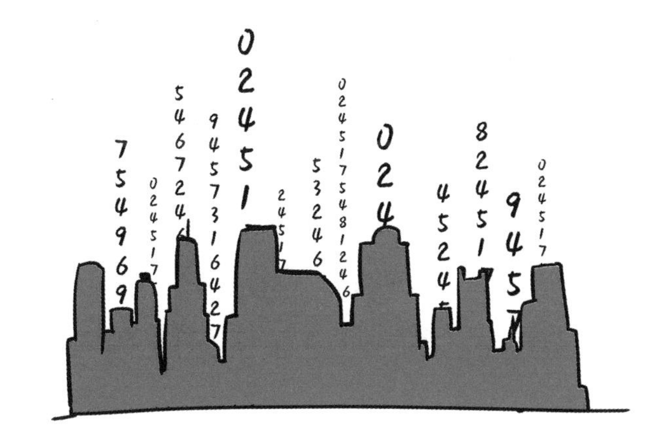

如何更形象地理解城市生命体征这个概念呢？让我们来看看小美家发生的事情吧。

这天，小美刚进家门，就听到爷爷的咳嗽声。爸爸赶忙过去查看，并询问道："爸，您这是怎么了，不舒服吗？"爷爷说："入冬后天气干燥，喉咙常感觉痒痒的，一咳嗽就停不下来，有时还有点头晕。"

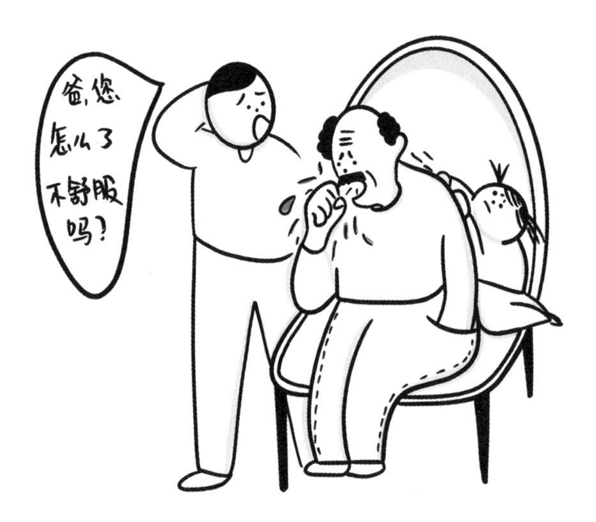

爸爸忙找出血压仪，为爷爷测量血压。血压仪上显示出了一组数字，100mmHg和160mmHg。在确认爷爷有定时服用降压药，并且这会儿并不头晕后，爸爸才慢慢放下心来。

第二天一早，爸爸带着爷爷去体检中心。抽完血，爷爷就开始了内科、外科、眼科、牙科、耳鼻喉科的检查，还做了B超和CT。一周后，爸爸拿到了体检报告，体检报告中不仅显示了爷爷这次体检的各项指标，还有重要异常结果、复查建议及治疗建议。其中，每个异常指标都会有历年数据的对比。通过这份体检报告，爸爸和爷爷一起商量了近期需要关注的症状，并安排了进一步去医院复查、治疗的计划。体检真是一个清晰了解身体健康状况的好办法呀！

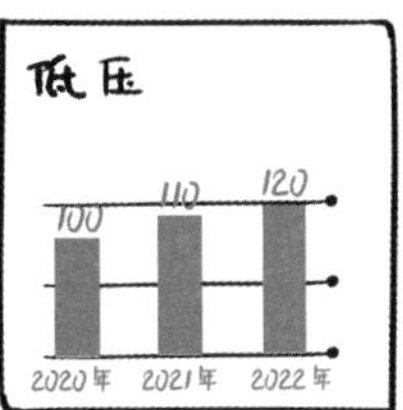

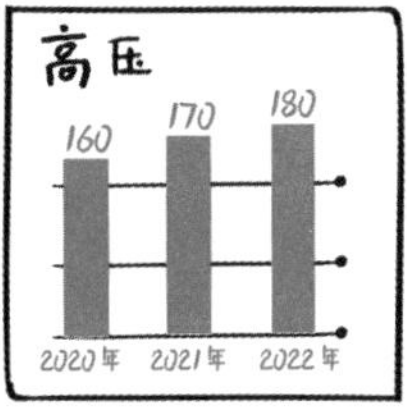

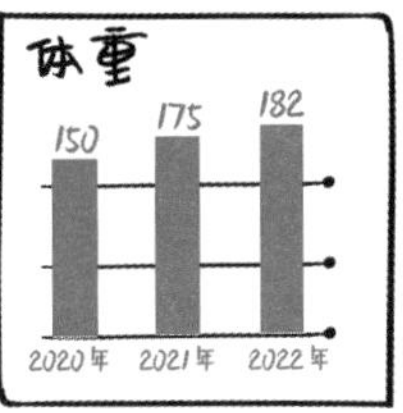

和小美爷爷的体检经历一样，城市生命体征就像是为我们的城市进行了一次全面的体检。遍布城市各处的传感器或智能设备，就像我们体检中用到的体检设备一样，将捕捉到的各类城市运行信息和数据汇入系统，形成类似“城市体检报告”一样的城市生命体征。

“城市体检报告”中精准发现的问题，类似于医院体检报告中的问题指标。并且，城市生命体征还能像家用血压仪一样，实时监测城市运行中的各项指标，对可能发生的隐患进行预测预警，对急需应急联动的事项给予处置建议。

目前，国内首个超大城市运行数字体征系统已经在上海市上线。正如医学上把呼吸、体温、脉搏、血压四个指标称为人体四大体征一样，上海超大城市运行数字体征系统也有一套城市运行体征，共分为 55 类、1000多项指标。

其中，有“城市之感”，即通过 218 类、1100 多万个物联网终端，每日采集包括水质、小区出入口安全、养老服务等在内的超过 3400 万条实时动态数据；有“城市之眼”，即基于算法库综合研判 31 万条高清公共视频采集的信息，实时智能发现消防通道车辆违停、下立交积水、严重交通拥堵等城市“堵点”；还有“城市之声”，即以 12345 市民热线为基础，整合环保热线、质量监督热线等 27 条热线，每天实时接听并处置近 2.5 万件市民诉求。这个系统实时监测着上海这座超大城市的生命体征，保障着这座城市健康、平稳地发展。

智能制造

【导读】智能制造是具有信息自感知、自决策、自执行等功能的先进制造过程、系统与模式的总称。具体体现在制造过程的各个环节与新一代信息技术的深度融合，如智能技术、物联网、大数据、云计算等。

智能制造（intelligent manufacturing）有四大特征：以智能工厂为载体，以关键制造环节的智能化为核心，以端到端数据流为基础，以网通互联为支撑。其本质是通用智能技术与工业场景、机理、知识结合，实现设计模式创新、生产决策智能、资源配置优化等创新应用。智能制造不仅能适应变幻不定的工业环境，还能完成多样化的工业任务，最终达到提高生产效率、提升产品性能、降低能耗等目的。

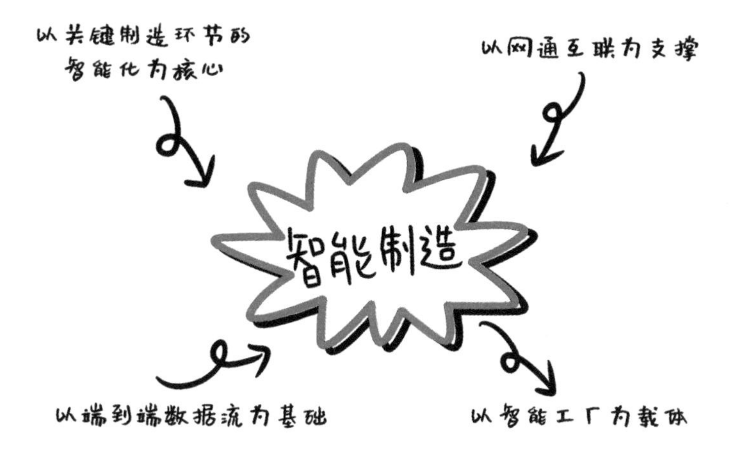

接下来，让我们一起跟随小美表姐的脚步，看看她所就职的全球领先的科技企业的车间，是如何践行智能制造的吧。

由于是生产旺季，小美表姐所在的车间经常需要高负荷运转赶制楼梯护栏。车间主任每天上班都如履薄冰，生怕哪条生产线超负荷运转着了火伤到人，精神过于紧张以至于有些体力不支。就在车间主任准备跟负责此条生产线的高管反馈需要增加人手时，高管却带来了惊人的好消息：小美表姐所在的车间要引入智能技术啦！整个车间在沸腾之余也在好奇，生产楼梯护栏这样在大家看来依靠人力和机器就可以完成的工作，要怎样运用听起来十分高大上的智能技术呢？

没过几天，一间崭新的监控室和机器上加增的传感器解答了大家的疑问。小小的监控室里有几块大大的仪表盘，每块仪表盘“各司其职”。通过内置的专门用于楼梯护栏生产车间的算法，系统能够实时展示检测到的不同生产线的生产效率、产品合格率等信息。

技术人员为大家介绍，目前车间生产线上的关键设备均已加装了多个传感器，每个传感器每秒可采集 20 000 多个数据点。生产线所有端口的数据均上传至云端，系统可以同时调集上千台服务器的算力，短时间内便从数千个变量里找到了影响良品率的60个变量。接下来，则交由智能技术实时监测并控制这些变量，生产线只要“奉命行事”，确保这些变量不出问题，就能保质保量交货。除了收集各生产线的各项数据（如温度、转速、能耗情况、生产力状况等），智能技术平台还存储大量数据以供二次分析，对各条生产线进行节能优化，并提前检测设备运行是否异常。

让小美表姐印象最深的一次，是数控机床刀具更换流程的变化。车间中的数控机床在运行一段时间后就需要更换新的刀具，以往需要人力每天多次检查确认是否需要更换、及时做好记录并在第二天更换好，避免刀具损坏影响生产效率。如今只需要分析历史运营数据，仪表盘便可以提前告知大家刀具将损坏的时间，大家据此便可以提前准备好更换的配件，并安排在最近的一次维护中更换刀具。还有一次，是系统在深夜捕捉到车间某处电机的异常振动，于是立刻发出警报声提示正在值班的小美表姐，她立刻停掉出了问题的电机，避免了大规模非计划性停机，保证了生产线的正常运行。

此外，引入智能技术的车间也具备了科学配送的“大脑”。在全生产流程中，从生产线向仓库发送需求，到仓库送出物料，再到具体配送物料，负责配送规划的执行组件能够选择最优的配送路线，并在合适的周期内完成配送。从此，小美表姐逢人便夸，有了智能技术加持，现在的工作终于不用再那么提心吊胆，也省时省力了许多。

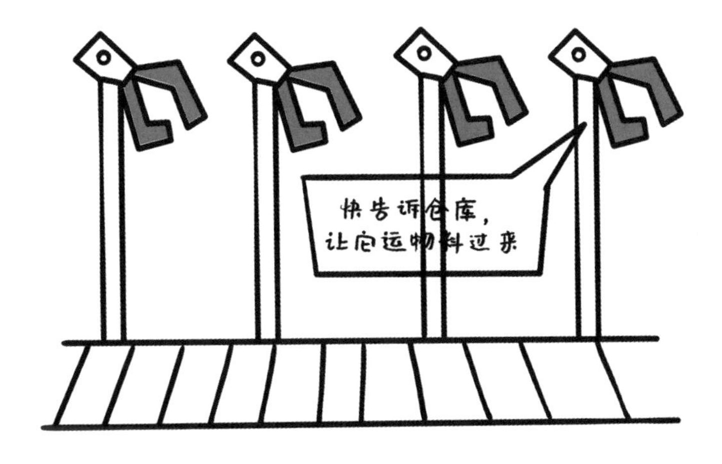

在上面的例子中，引入智能技术，将原始车间升级为智能工厂，为生产楼梯护栏这一关键制造环节加装传感器，将生产数据上传到“云”，并运用制造领域的专业知识对车间设备进行检测、分析，以实现节能优化以及提前预警的过程，即是对智能制造大展身手的

直观阐释。

总体而言，智能制造的应用是在以分析技术为核心的架构下，借助云技术提供的整体环境，处理在工业制造场景中搜集的大数据生产信息来帮助生产者做决断的过程。智能制造的运用能够提高劳动生产力、降低企业成本，帮助企业立于不败之地。

【扩展概念】

数字化工厂：是在计算机虚拟环境中，对整个生产过程进行仿真、评估和优化，并进一步扩展到整个产品生命周期的新型生产组织方式。数字化工厂是现代数字制造技术与计算机仿真技术相结合的产物，主要作为沟通产品设计和产品制造之间的桥梁。

智能工厂：在数字化工厂的基础上，智能工厂利用物联网技术和监控技术加强信息管理、服务，提高生产过程可控性，减少生产线人工干预，合理计划排程。智能工厂集初步智能手段和智能系统等新兴技术于一体，构建高效、节能、绿色、环保、舒适的人性化工厂。例如，在富士通的一家工厂中，量子计算系统让零件分拣作业的行程缩短了45%。

商业智能

【导读】商业智能，是指企业运用专门的技术工具处理分析与企业息息相关的数据、信息、资料，以充分挖掘数据价值的解决方案。

商业智能（business intelligence，BI）的运用能够帮助企业进行管理决策、经营决策并最大化商业价值，其通常需要利用数据仓库技术、联机分析处理（OLAP）工具、数据挖掘和数据可视化工具。

商业智能运作流程

下面通过小美舅妈的案例，看看她如何运用商业智能运筹帷幄，帮助公司度过瓶颈期。

小美舅妈是一家大型在线购物网站的老板，由于她是服务设计专业出身，且十分重视用户体验，网站商品目录布局设计合理，品类也非常丰富。日积月累，网站拥有了千万注册用户，日均访问量超过百万人次。

前段时间，小美舅妈发现，虽然自家网站看起来经营得红红火火，访客络绎不绝，但营业额却有些惨淡。又观察了一段时间后，舅妈意识到，很多用户在兴致勃勃地逛了一圈后，只是将商品加入购物车，却没有真正下单。舅妈十分困惑，搞不懂用户们为何乘兴而来，却败兴而归。于是，她调取近期的网站数据，召集大家一起来分析，结果大家和她一样，面对着庞杂无序的原始数据面面相觑。

正当局面僵持不下时，营销部经理提议道："不如，我们尝试一下用户体验分析系统。它可以帮助我们在充分了解用户行为的基础上，实施有针对性的网站改造。"小美舅妈立刻点头。说干就干，用户体验分析系统从许多来自不同运作系统的资料中提取有用信息后，对数据进行了处理，并将处理后的数据安置在企业级数据仓库中。在此基础上，利用多种 OLAP 工具，对其进行分析和处理，并将最终的分析结果呈现在一个可视化仪表盘上。

拖动仪表盘时间轴，小美舅妈清晰地看到了不同阶段影响用户消费行为的主要因素，以及对应的改进建议。分析后才知道，近九成用户表示，结账页面经常卡顿或崩溃，提交订单时莫名其妙出现付款失败的情况。另外，有八成用户都在曾经购买过的商品链接下方，评价说“从下单到收货花了整整二十天”，还有用户表示物流时效“仿佛在海淘”。

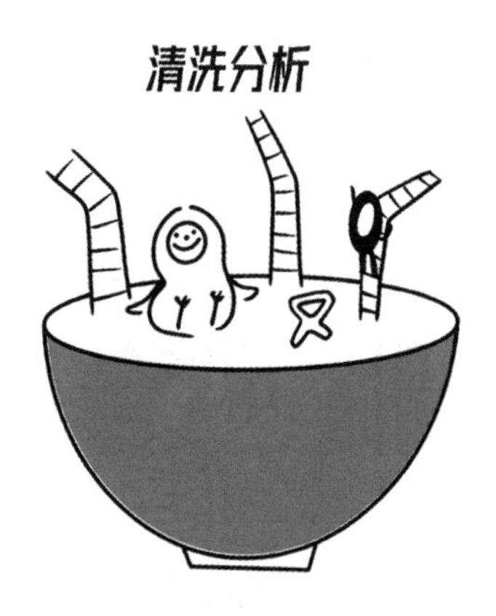

舅妈看后恍然大悟，立刻组织团队优化网站相应功能。首先，优化付款功能界面，并为网站服务器扩容，避免页面响应时间过长导致付款失败。其次，舅妈专门升级了物流系统，引入智能分拣机器人，实现“用户下单—仓库发货”全流程自动化，大大缩短了物流时效。

改造完成后仅一个月，小美舅妈网站的营业额就环比增长50%。一年后，舅妈网站的用户忠诚度明显提高，销售额同比增长了6倍。营销部经理顺理成章地升了职，舅妈看着日渐飙升的营业额也乐开了花。

在上面的例子中，用户体验分析系统的运作过程，即是商业智能在企业日常运转中的实际应用。数据仓库，用于存储与本公司相关的各种来源的数据信息；商业分析或数据管理工具，用于挖掘和分析数据仓库中的数据；可视化仪表盘即交互式用户界面，企业决策者可以在页面上进行“点击”“拖拽”等简单操作，快速、直观地获取有利于管理决策的信息。

总而言之，当企业自身体量较大时，任何决策都会牵一发而动全身，如果无法精准定位问题所在，不仅会浪费运作成本，还有可能南辕北辙。商业智能的出现，不仅能够帮助企业管中窥豹，面对

复杂的局面还能实现抽丝剥茧、庖丁解牛与对症下药。

【扩展概念】

商业智能仪表盘：是商业智能工具中的数据可视化模块，也是向用户展示分析信息和各项指标的平台，通俗点说，就是利用各种图表组件来展示数据信息。一般用于展现企业的一些关键性指标，像在商业智能软件FineBI的Dashboard中，就包括常规的图表、仪表盘、圆环、散点、气泡、雷达和地图等可视化组件来供分析展示。

数字货币

【导读】数字货币（digital currency，DC）广义上是一种基于加密算法的虚拟货币。而我们常说的数字货币，是指由中国人民银行发行的数字形式的法定货币——数字人民币（digital currency electronic payment，DCEP），是人民币的电子化形式。

数字经济时代在高速发展，智能手机和在线支付的普及，使大家的支付习惯从使用现金逐步转换成使用电子支付，此时需要建设安全、普惠的新型零售支付基础设施。区块链技术诞生后，以比特币为典型代表的加密货币发展迅速，国际社会对此也进行了高度关注，并纷纷开展国家数字货币研发，数字人民币就是在这种社会环境和国际环境下诞生的。

数字人民币有三大特点：法定货币、电子支付、可追溯。

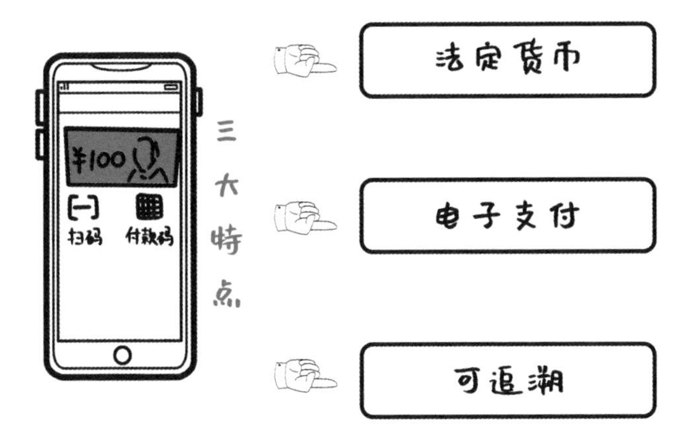

法定货币

数字人民币是人民银行发行的法定货币，具有货币的价值。数字人民币是将一部分现金等值替换成电子化形式的数字人民币，本质上，100 元现金和 100 元数字人民币只有形式上的区别，价值是相同的。

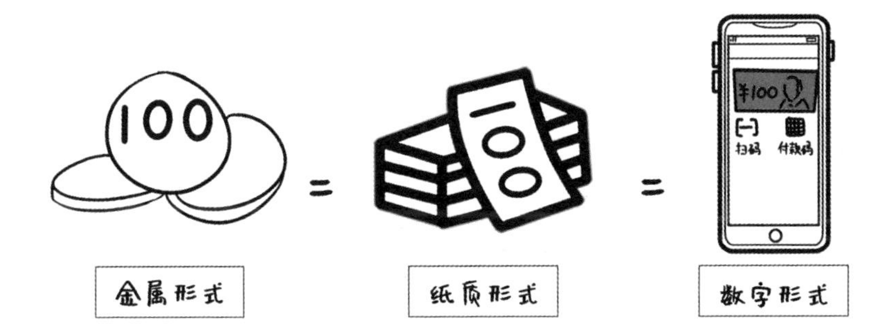

同时，作为法定货币，数字人民币也具有法偿性。以人民币支付债务，任何单位和个人不能拒收。《中华人民共和国中国人民银

行法》第 16 条和《中华人民共和国人民币管理条例》第 3 条规定，“以人民币支付中华人民共和国境内一切公共和私人的债务，任何单位和个人不得拒收”。

电子支付

数字人民币最大的特点是可以进行电子支付。通过扫码支付、汇款、收付款、“碰一碰”等功能，完成支付、转账、收款等常规货币使用操作。

小美妈妈最近开通了数字人民币钱包，并往钱包里进行了充值。这天，妈妈带着小美去商场体验数字人民币支付，小美看中了一个娃娃，妈妈打开了数字人民币钱包的“扫一扫”功能，扫了扫商家提供的收款二维码，进行了支付。小美妈妈说，这个扫一扫用起来跟平时的电子支付差不多，都一样方便。

数字人民币钱包功能，看起来与微信、支付宝等在线支付形式很相似，但存在一些区别。

第一，微信、支付宝本质上是第三方支付平台，是个人通过微信、支付宝平台使用自己银行卡内的钱，相当于使用的是存入银行卡的现金。而数字人民币钱包在线支付直接使用的是人民币，甚至不需要开通银行账户也能使用。

第二，数字人民币钱包支持“双离线”支付。如果手机硬件能够支持离线交互，即可实现在无网络的情况下付款。无网络情况下的接触式支付，能大大降低电子支付对网络的依赖性，为支付提供稳健的服务，提高支付的容灾能力。

2021 年 7 月，河南郑州发生了特大洪灾，受灾的区域停水、停电、断网、交通瘫痪，导致受灾民众的生活受到严重影响。停电停网，意味着人们无法使用电子支付进行交易，许多商铺只能使用现金。在人们习惯了电子支付的当下，手上现金储备不足，无法进行正常的购物，受灾地区甚至出现了“以物易物”的现象。

如果受灾地区推广了数字人民币，那么受灾地区的商品交易将大大降低断网的影响。数字人民币支持“双离线”支付，只要打开手机的 NFC 功能开关，就能通过“碰一碰”功能离线完成交易。即使是没有网络、没有现金的情况下，人们也可以正常进行商品交易，避免“有钱但没网络进行支付”的现象。

第三，数字人民币兑换成现金时是不需要手续费的，而通过微信、支付宝账户提现则需要手续费。

可追溯

每个数字人民币都有唯一标识，数字人民币的流动节点是可记录的，具有可追溯性，优化了现金难以记录流动过程的缺点。纸币虽然也有唯一标识，但是一般情况下无人记录交易时使用的纸币唯一标识。

比如，小美妈妈使用数字人民币在娃娃屋买了一个娃娃，娃娃屋老板在餐饮店吃饭后使用这笔钱结了账。数字人民币从小美妈妈到娃娃屋，再从娃娃屋到餐饮店的流动过程，也是电子化可被记录的。

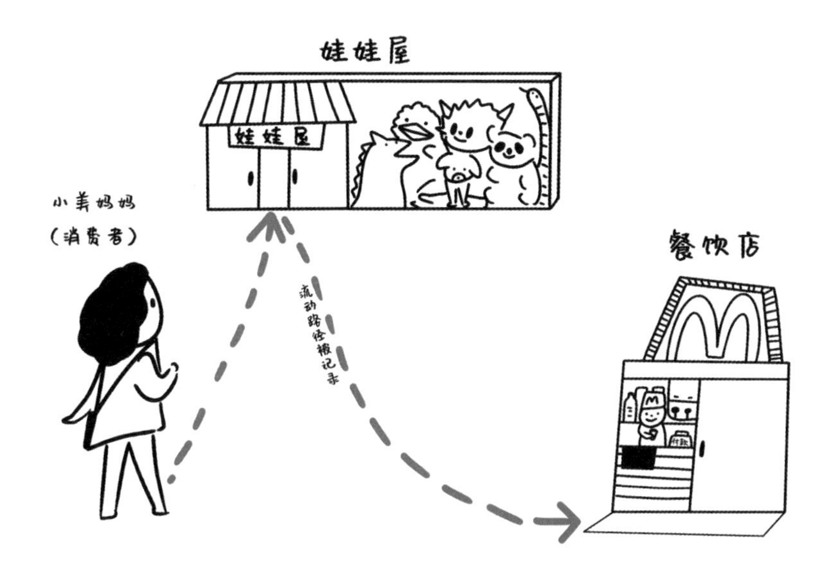

可追溯性一方面更便利于企业管理收入和支出的资金流动情况，另一方面也为监管部门在反腐、反洗钱、反逃税等大额金钱流动监管上提供了技术支持。

数字货币作为数字化支付工具，不需要印制发行、储藏运输等，降低了货币的发行成本。同时，数字化特性也使数字货币更安全、不易丢失。离线化支付则极大地方便了在信号不好时，人们依然可以使用数字货币进行交易。可追溯性使资金流动更透明，打击诈骗、贪污、洗钱、偷税漏税等行为，提高了经济交易的公平性。

总而言之，数字人民币提高了支付的安全性和便利度，是应运而生的新型货币形式。

【扩展概念】

电子货币：就现阶段而言，大多数电子货币是以既有的实体货币（现金或存款）为基础存在的，具备“价值尺度”和“价值保存”职能，且电子货币与实体货币之间能以 1 ：1 的比率进行交换。特点是匿名性、节省交易和传输费用、持有风险小、支付灵活方便、防伪造和防重复性以及不可跟踪性。

虚拟货币：随着互联网的发展壮大，各大网站在给广大网民提供大量免费服务的同时，根据公司盈利需要和用户多样化需求，纷纷推出了收费服务项目，这也推动了虚拟货币的产生。不少门户网站、网络游戏运营商为了提供更好的服务，很早就开始提供虚拟货币以供使用。据不完全统计，目前市面流通的网络虚拟货币（简称“网币”）不下 10 种，如 Q 币、百度币、酷币、魔兽币、天堂币、盛大（游戏区）点券等。